中央宣传部　新闻出版总署　农业部
推荐"三农"优秀图书

全方位养殖技术丛书

肉羊生产技术指南

冯德民　主编

中国农业大学出版社

主　　编　冯德民

编写人员　冯德民　衣同生　张明文
　　　　　高文祥　王丽丽　张立庆

总　序

畜牧业是以植物性和动物性产品为原料，通过动物生产获得人类必需动物产品的产业，其主体是养殖业。在发达国家，畜牧产值占农业总产值的比例多在 60%以上，在人多地少的国家甚至超过 80%。畜牧产品作为国民经济支柱产业的食品加工业的原料供应已占到 80%，人均年消费的食物中，肉、蛋、奶分别达到100 kg、15 kg 和 300 kg，占总量的 80%。这说明，现代畜牧业已成为农业乃至国民经济的重要组成部分，其发展水平也成为一个国家或地区发展水平的重要标志。

我国畜牧业的发展大致经过家庭副业、专业饲养和规模化饲养 3 个阶段，目前正在更广泛的区域向现代集约型方向转变，特别是改革开放以来的 20 多年，我国畜牧业得到迅速发展。主要表现在：①畜牧生产总量稳定增长，如 2002 年肉、蛋、奶总产量比 1978 年提高 6～11 倍，人均占有量和年均消费量也都有大幅度提高；②畜牧业科技含量明显提高，如主要畜禽的良种覆盖率、饲料转化率和发病死亡率等生产指标得到有益的改变，科技进步对畜牧经济增长的贡献率超过 45%；③畜牧业在农业生产体系中的主导地位已基本确定，如畜牧业产值占农业总产值的比例由 1949 年的 12.4%、1978 年的 15.0%上升到 2000 年的 30%以上；④畜牧产业化格局初具雏形，如社会化服务体系日趋完善、规模化经营不断提高和多渠道开拓市场初见成效等。

但是与发达国家相比，我国畜牧业也面临着生产结构失调、草原资源严重退化、饲料资源不足(尤其是蛋白质饲料资源缺乏)、畜(禽)种资源被无控制地杂交化、科技推广工作薄弱、疫病损失严重等问题，既影响到当前畜牧生产的产业化经营，又影响到我国畜牧业的可持续发展。实践证明，只有通过推广和实行标准化、规范化生产技术，不断提高畜牧业的科技含量才能切实解决这些问题，使我国的畜牧业跨上一个新的台阶，大大缩短与发达国家的差距。

根据我国国情，并借鉴发达国家的经验，笔者认为我国未来畜牧业发展的策略应是：①改变以粮为主的传统观念，建立种草养畜、以牧为主的农业生产体系，提高资源利用效率；②改变以猪、鸡为主的畜（禽）种结构，建立以食草畜禽为主、稳定食粮畜禽的畜牧生产体系，提高市场适应能力；③改变以品种改良为主的单一增产措施，建立良种良法配套的实用技术推广体系，提高整体科技含量。力争用10～15年的时间，使我国畜牧业基本实现良种化、产业化，生产水平跨入世界先进行列。

为了适应农村产业结构调整的需要和提高当前畜牧业从业人员的技术水平，中国农业大学出版社策划出版了这套畜禽全方位养殖技术丛书。本丛书畜（畜）种涉及到猪、鸡、鸭、鹅、羊、兔等，并以各畜（禽）种的关键生产环节为主题单独成册，内容上坚持以技术操作性强、文字简明易懂和学以能致用为原则，注重吸收现代畜牧科学的新技术和新方法，并与生产中的传统常规技术相结合使之综合配套。

相信这套丛书能够全方位、多层次地满足读者需要，为广大畜牧业从业人员规范生产技术、提高养殖效益，提供帮助。

王建民

2003年3月18日于泰安

前　言

我国养羊生产历史悠久，近年来，养羊业有了长足的发展。全国绵羊、山羊存栏数量和羊肉总产量位居世界第一。养羊生产开始由传统的粗放饲养向现代化的养羊业转化，养羊科技含量有了显著提高，养羊生产由兼用型向毛、绒、肉、皮、奶为主的专门化方向发展。但从总体上看，我国养羊生产还处于初级生产阶段，经营粗放，商品率低，与养羊业发达国家相比还有不少差距，在广大农村加快普及现代科学养羊实用新技术，是缩小这一差距的关键。根据当前全国肉羊生产发展的特点，以及各地农村养羊专业户、农民养羊户，迫切要求有一本适合他们学习的养羊专业书。为此，编写了《肉羊生产技术指南》一书。

本书主要介绍了我国羊肉生产的状况，国内外主要肉羊品种；系统地阐述了肉羊的消化特点，肉羊的饲料及其加工调制，肉羊的营养需要和日粮配合，肉羊的饲养管理，肉羊的快速育肥方法和典型日粮配方；详细地阐述了肉羊的繁殖技术和繁殖控制新技术；简明扼要地论述了羊场建设与羊病的防治等。本书对养羊生产中出现的各种生产问题提出了行之有效的解决措施，并在肉羊的繁殖方面提供了一些新技术。

本书的特点：适合我国国情，适合广大农村，内容深入浅出，语言通俗易懂，适合养羊者自学。也可作为大、中专农业院校学生及基层畜牧兽医工作者学习、参考用书。

由于水平所限，加上编写时间紧，尽管做了很大努力，但书中的不足之处乃至缺点、错误仍在所难免，请广大读者批评指正。

编　者

2003年2月27日

目 录

第一章　我国羊肉生产的现状及发展羊肉生产的途径

我国养羊历史悠久，绵、山羊品种资源十分丰富，在全国各地都有绵、山羊的分布，全国羊的饲养量及羊肉、羊皮、羊绒等产品产量均占世界第一位。我国草原辽阔，草山、草坡面积大，农作物副产品特别是秸秆饲草资源相当丰富，因此发展养羊业有着较大的潜力。随着科学技术的进步和社会主义市场经济的发展，大力发展节粮型养殖业，特别是发展肉羊业，对增加农民收入，促进农业发展的良性循环，振兴农村经济，改变人们膳食结构，丰富"菜篮子"，提高人民生活水平，促进国民经济发展具有十分重要的意义。

近些年来，羊肉已经摆上广大城乡居民的餐桌，成为我国膳食结构中不可缺少的食品之一。尽管我国羊肉生产量连年上升，并居世界领先地位，但按人口平均，每人每年羊肉占有量仅有 2 kg 多一点，呈现供不应求的趋势，国内外市场羊肉价格呈明显上涨趋势，是历史上羊肉价格较高的时期。要解决这一供需矛盾，就要从实际出发，根据现有羊品种资源状况，建立我国的肉羊业，使之逐步适应生产和生活的需要。

发展羊肉生产，特别是肥羔肉生产，同养牛相比有许多优点，羊的生理成熟较早，一只初生体重 4 kg 的细毛杂种羔羊，在随群放牧的条件下平均日增体重 175 g，在正常的饲养条件下，4 月龄断奶体重可达 25 kg。肉用性能好的半细毛羔羊，在正常的饲养条件下，平均日增重 200 g 以上，4 月龄可生产胴体 20 kg 以上，其肉呈"大理石"状，脂肪少，肉汁多，鲜嫩可口，适于多种烹饪。

羔羊育肥，当年屠宰，这在英国、法国、美国、加拿大、阿根廷、新西兰、澳大利亚等国家，早已成为羊肉生产的技术措施。近年来，我国有些地区、农业院校和科研单位也摸索出一些方法和经验。

国外和国内羊肉生产归纳起来，有以下两种方式：一是利用地方绵羊、山羊进行羊肉生产，主要是当年生羔羊当年屠宰，还有一些老龄的或无繁殖力的羊经短期育肥后屠宰；二是利用引进的、产肉性能好的、繁殖力强的绵羊品种之间杂交或同本地品种杂交进行肥羔生产。国外羊肉生产中主要是采用第二种方法。这两种方法均能获得较明显的产肉效果和经济效益。我国羊肉生产在养羊业中还是较薄弱的环节。发展羊肉生产特别是肥羔肉生产，从国内情况来看，就是充分发挥羔羊生长发育快的特点，在牧区利用夏季草山、草坡及草原牧草生长茂盛的优势进行抓膘育肥。在农牧区和农区除利用夏、秋季青绿多汁饲草外，冬、春季可充分利用农作物的秸秆和副产品以及酒糟等进行羔羊的补饲或舍饲育肥，羊不过冬就能出栏屠宰。采取这种方式有许多好处，可减少由于冬、春季缺草而影响怀孕母羊和后备羊群的越冬，有利于提高羔羊的繁殖成活率和质量。

推行羔羊育肥，当年出栏屠宰，是最经济、最合理的养羊技术措施，可减少资源浪费，提高物质和能量的转化率，为市场提供优质羊肉。这是提高养羊经济效益，增加农牧民收入的最好办法，也是加快羊群周转，促进肉羊业发展的有效措施。

我国绵羊、山羊资源丰富，发展羊肉生产的潜力很大。因此，合理利用现有草场资源及羊品种资源，发展羊肉生产，对国民经济发展和改善人民生活具有重要意义。

我国肉用养羊业的发展，还处于萌芽时期。虽然 20 世纪 60 年代起从国外引入几个肉毛兼用的细毛羊和半细毛羊品种(如德国肉用美利奴羊、考力代羊、罗姆尼羊、边区来斯特羊及林肯羊等)，用以发展我国的肉毛兼用细毛羊和半细毛羊业，在适合其发展地区相继开展了改良工作,但仍以生产羊毛为主。在国内原有地方绵羊和山羊品种中,有几个产肉性能好的品种,绵羊有产于北方牧区的阿勒泰羊、乌珠穆沁羊,产于中原农区的大尾寒羊,小尾寒羊、湖羊等,山羊有陕南白山羊、黄淮山羊、马头山羊、贵州白山羊、雷州山羊、隆林山羊、宜昌白山羊等,但这些品种都没有系统的选育。我国长期以来主要是利用淘汰老、残羊和去势公羊生产羊肉,经营方式落后,生产力水平低,远不能满足市场需求。

20 世纪 80 年代以来,我国羊肉生产无论在北方还是在南方都有了一定的发展,许多省、区羊肉生产出现了大发展的势头。新疆和内蒙古地区利用地方品种,当年生羔羊当年屠宰,生产羔羊肉。如新疆利用阿勒泰羊当年生羔羊当年屠宰,5 月龄平均活重 37.7 kg,平均产肉脂胴体重 20 kg,屠宰率为 53.05%。内蒙古利用乌珠穆沁羊生产羔羊肉,6 月龄的晚春羔羊平均胴体重 13.85 kg,7～8 月龄早春羔平均胴体重 16.6 kg。

近几年来,在牧区、农区也相继引入肉用性能好的德国肉用美利奴羊、罗姆尼羊、边区来斯特羊、萨福克羊、法国夏洛来羊、无角陶塞特羊、波尔山羊,同当地羊和细毛杂种母羊杂交生产羊肉的试验,都获得了比较好的效果。中国农业科学院兰州畜牧研究所利用无角陶塞特公羊同小尾寒羊母羊杂交,杂一代 6 月龄公羔羊在放牧加舍饲育肥条件下,屠宰前活重平均 44.41 kg,胴体重24.2 kg,屠宰率 54.49%,净肉重 19.14 kg,净肉率 43.1%,胴体产肉率为 79.09%,比小尾寒羊(8 月龄)胴体重 7.13 kg,屠宰率高 7.07%,净肉重多 6.75 kg,净肉率高 8.68%,胴体产肉率高 6.51%。

我国肉用养羊业只能说是零散进行,尚未形成羊肉生产体系。怎样尽快建立符合我国国情的羊肉生产体系,是亟待解决的问题,国外在这方面取得了不少成功的经验,我们要借鉴这些经验,来促进我国肉羊业的发展。

第一节 我国羊肉生产的现状

一、绵羊、山羊的数量，羊肉产量及人均占有量

我国养羊数量近20年来虽然有起有落，但羊肉产量呈逐年上升的趋势。人均占有量尽管有所增长，但与市场需求仍有一定的差距，其产量如表1-1所示。

表1-1 绵羊、山羊数量、羊肉产量及人均占有量

年份	羊存栏量（万只）	绵羊（万只）	山羊（万只）	羊出栏量（万只）	出栏率（%）	产肉量（万t）	平均胴体重（kg）	人均占有量（kg）
1980	18 731	10 663	8 068	4 241.9	22.6	44.5	10.5	0.5
1982	18 179	10 657	7 522	4 874.2	26.8	52.4	10.8	0.5
1984	15 840	9 519.3	6 320.7	5 080.5	32.1	58.6	11.5	0.6
1986	16 622.9	9 900.9	6 722	5 227.0	31.4	62.2	11.9	0.6
1988	20 152.7	11 057.1	9 095.6	6 827.2	33.9	80.2	11.7	0.7
1990	21 002.2	11 281.6	9 720.5	8 931.4	42.5	106.8	11.1	0.93
1992	20 732.9	10 971.9	9 761.0	10 266.6	49.52	125.0	12.2	1.08
1994	24 052.8	11 744.48	12 308.35	13 124.85	54.57	160.8	12.25	1.37
1996	30 337.3	13 269.0	17 068.4	19 426.1	64.03	240.0	12.35	2.01
1997	30 232.5	13 436.4	16 796.1	21 583.0	71.39	263.1	12.19	2.13

注：1996年、1997年为畜牧行业统计数字。

从表1-1中看到，1980—1997年的18年间，养羊数量由1.87亿只，增加到3.02亿只，增长61.4%；羊的出栏率提高了近50个百分点；产肉量由44.5万t增长到263.1万t，增长4.9倍；每只羊平均胴体重增加了1.69 kg，提高了16.1%；人均占有羊肉增加了1.63 kg。1997年人均占有羊肉2.13 kg，仍低于世界同年度平均水平。

二、不同生产区域各种肉类产量及所占比例

我国肉类生产的组成,在不同农牧业生产区域存在一定的差别,如表1-2所示。

表1-2 不同区域肉类产量及所占比例

肉类别	肉类产量（万t）	牧区		农牧区		农区	
		产量（万t）	百分比（%）	产量（万t）	百分比（%）	产量（万t）	百分比（%）
总计	3 430.7	127.7	100.00	812.0	100.00	2 491.0	100.00
猪肉	2 635.3	45.0	35.24	661.2	81.43	1 929.1	77.44
牛肉	180.3	29.2	22.87	37.0	4.56	114.1	4.58
羊肉	125.0	44.7	35.00	14.8	1.82	65.5	2.63
禽肉	454.2	4.2	3.29	92.1	11.34	357.9	14.37
其他	35.9	4.6	3.60	6.9	0.85	24.4	0.98

注:1992年资料。

从表1-2可以看出,牧区肉类产量所占比例,羊肉为35%,仅次于猪肉,高于牛肉和禽肉;而在农牧区和农区,其所占比例分别为1.82%和2.63%,明显低于猪肉、牛肉和禽肉。说明农区和农牧区羊肉所占比重很小,具有很大的生产潜力和羊肉销售市场。

三、我国绵羊、山羊的产肉性能

据国内有关资料,按绵羊、山羊品种和杂交后代分别统计,目前我国绵羊、山羊的产肉性能水平,如表1-3所示。

表1-3 我国绵、山羊产肉性能

分类	年龄	宰前体重(kg)	胴体重(kg)	净肉重(kg)	屠宰率(%)
绵羊	成年	60.26	27.34	23.23	45.31
	羔羊	35.76	16.36	11.70	45.75
	杂交羔羊	39.48	18.17	15.93	47.37
	平均	45.17	20.80	16.95	46.05

续表 1-3

分类	年龄	宰前体重(kg)	胴体重(kg)	净肉重(kg)	屠宰率(%)
山羊	成年	36.64	17.01	14.54	46.42
	羔羊	23.36	10.67	7.79	45.70
	杂交羔羊	29.95	14.88	9.29	49.68
	平均	29.98	14.19	10.54	47.33
	总平均	37.57	17.49	13.75	46.55

从表 1-3 中可以看出，地方绵羔羊与杂交羔羊其胴体重相比，后者提高 14.3%，净肉重相应提高 36.15%，屠宰率提高 3.54%；山羊分别提高 39%，19.26%和 8.71%。

第二节　我国羊肉生产的起步

随着城乡居民生活水平的逐步提高，对肉食种类、数量和质量的要求越来越高，特别是富含高蛋白质、高能量和低脂肪的羊肉越来越受城乡居民喜食。但在 1980 年期间，羊肉年产人均占有量也仅为 0.5 kg，显然满足不了需求。为改变我国传统的靠淘汰老龄羊和羯羊来生产羊肉的方式，广大的养羊生产者和畜牧科技工作者从此开展了提高全国羊肉产量的生产和研究工作。

一、利用地方绵羊、山羊品种发展羊肉生产

新疆维吾尔自治区王万跃(1983)、彭恩达(1984)和内蒙古自治区文浴兰(1984)、田果良(1986)、王睦生(1989)等，分别利用本地的阿勒泰羊、乌珠穆沁羊当年生羔羊幼年期生长发育快的特性，结合牧区牧草生长旺盛期的特点，进行了当年生羔羊当年屠宰的试验研究工作，取得了较好的结果，为我国北方牧区利用当地羊品种资源和草场资源发展羊肉生产开创了先例。如 5 月龄阿勒泰羊

羔羊体重（n＝4 028 只）平均达到 37.7 kg，胴体重 18.4～19.9 kg，屠宰率 48.4%～52.9%；6 月龄乌珠穆沁羊羯羊体重达到 33.32～35.32 kg，胴体重 15～17.7 kg，屠宰率 45%～49%，净肉重 9.8～10.3 kg，净肉率 28.23%～28.96%。

郑军(1986)、张泉福(1988)和阎远清(1988)、王景元(1988)等，对分布在农区的具有早熟、四季发情、产羔率高、早期生长快的湖羊和小尾寒羊的羔羊进行了生产羔羊肉的育肥试验。对湖羊羔羊的试验表明，羔羊 2.5 月龄断奶，在良好的饲养管理水平下，到 4 月龄时宰，羔羊体重可达 30 kg，胴体瘦肉多、脂肪少、蛋白质含量高。6 月龄小尾寒羊公羔屠宰前活重（n＝30 只）平均为 47.84 kg，胴体重 22.35 kg，屠宰率为 46.72%，净肉重 17.7 kg，净肉率为 37%。

二、采用杂交方式发展羊肉生产

我国利用国外引入的肉羊品种同当地绵羊杂交进行肉羔生产的试验研究，始于 20 世纪 70 年代末期。首先是内蒙古自治区畜牧科学院的科研人员在锡林郭勒盟正蓝旗黑城子种畜场开展了试验。据唐道廉(1988)报道，该试验以蒙古羊和细杂母羊为母本，英国的萨福克公羊为父本，在草原牧区放牧条件下育肥，6.5 月龄的杂一代羯羊产肉性能：宰前活重（n＝115 只）平均(37.25±3.94) kg；胴体重(18.33±2.06) kg，屠宰率 49.21%；净肉重平均为(13.49±1.63) kg，净肉率 36.21%；脂肪重平均为 1.14 kg，脂肪率 3.01%。杂交羊表现出生长发育快和产肉多的特点。

阎厚忠等(1985)及新疆农垦科学院畜牧所(1988)同时在新疆利用德国肉用美利奴羊、边区来斯特羊、罗姆尼羊同军垦细毛羊和阿勒泰羊杂交。试验表明，对杂交后代产肉性能的提高和被毛品质的改进均产生了较好的效果。

随着内蒙古和新疆地区肉羊杂交试验的获得成功，为了满足市场羊肉供应紧缺的状况，近几年来有关省、自治区主管部门分别从澳大利亚、法国、南非、新西兰引进萨福克羊、无角陶塞特羊、夏洛来羊、波尔山羊等肉羊品种。肉羊的杂交工作除在内蒙古和新疆开展外，逐步地扩展到甘肃、河北、山东、浙江、江苏、河南、陕西、湖北、福建、广西等省(自治区)。不仅在绵羊中进行，同时也在山羊中开展。不同肉用绵羊、山羊品种同本地绵羊、山羊杂交对杂交后代6～10月龄产肉性能的变化关系，如表1-4所示。

表1-4　国内半细毛羊、肉用羊、奶山羊同地方绵羊、山羊母羊杂交产肉性能统计表

类别	宰前重(kg)	胴体重(kg)	净肉重(kg)	屠宰率(%)
林×小、和、细	29.64～45.25	13.61～22.78	15.09～17.39	45.92～50.34
罗×小、阿、细	35.38～36.88	15.88～18.87	14.35	44.88～51.17
边×西、阿	37.04	18.54	—	50.05
无×小	44.41	24.20	19.14	54.49
德×小、军	51.50	22.23	18.87	43.17
萨×蒙	37.25	18.33	13.49	49.21
夏×河	39.76	20.76	16.87	52.21
南×浙	21.48	9.95	7.78	46.32
萨能×广	31.36	14.17	10.70	46.91

注：林为林肯羊；罗为罗姆尼羊；边为边区来斯特羊；德为德国肉用美利奴羊；萨为萨福克羊；夏为夏洛来羊；小为小尾寒羊；和为和田羊；西为西藏羊；细为细杂羊；无为无角陶塞特羊；阿为阿勒泰羊；蒙为蒙古羊；军为军垦细毛羊；南为南江黄羊；河为河北本地羊；浙为浙江山羊；广为广西山羊；萨能为萨能奶山羊。

从表1-4看到，绵羊中产肉性能比较好的是无角陶塞特羊同小尾寒羊的杂交，宰前重44.41 kg，胴体重24.2 kg，净肉重19.14 kg，屠宰率54.49%。再就是夏洛来羊同河北绵羊的杂交，相同指标分别为39.76 kg，20.76 kg，16.87 kg和52.21%。再次是萨福克羊同蒙古羊的杂交，相同指标分别为37.25 kg，18.33 kg，13.49 kg和49.21%。林肯羊、罗姆尼羊和边区来斯特羊的杂交效果也是较好的。山羊中，南江黄羊同浙江山羊、萨能奶山羊同广西山羊杂交，就屠宰率来看均达到46%。采用杂交明显提高绵羊、山羊的产肉性能，应大力推广这种办法。

第三节　我国发展羊肉生产的潜力和途径

我国发展羊肉生产，从当前条件来看，有极大的潜力。第一，我国绵羊、山羊品种资源丰富，有不少品种具有一定的产肉性能和高的繁殖力；第二，绵羊、山羊的存栏量也不少，1997年统计有绵羊、山羊数已达3.02亿只；第三，20世纪70年代以来，从国外引进几个具有早熟性、产肉性能好的肉用和肉毛兼用绵羊品种，20世纪90年代又从南非、新西兰等国引进了波尔山羊；第四，广大的农区，有丰富的农副产品可加工用做饲料；第五，建国50多年来，各高、中等农业院校和畜牧学校，培养了一大批畜牧兽医科技人员；第六，近20年来，我国一些省、自治区先后开展了羔羊杂交育肥试验，做了大量的试验示范工作，并积累了丰富的经验。吉林农业大学马宁教授(1985)进行了“东北细毛羊肥羔生产”的研究，浙江省畜牧兽医研究所张泉福研究员(1987)报道了“湖羊肥羔产肉性能及其影响因素的研究”，中国农业科学院兰州畜牧研究所姚树清研究员(1990)进行了“多胎肉羊杂交组合筛选及育肥技术的研究”等项研究，为开展肉羊生产，特别是肥羔羊生产做了大量的探索，提供了可参考的经验。根据国内外经验，结合我国的国情，可因地、因品种制宜地发展我国羊肉生产。

根据国外的经验和国内的实际情况，我国羊肉的生产途径，应从以下几个方面进行。

一、改变不合理的羊群结构

长期以来，我国的羊群结构一直处于不合理状态，特别是在牧区表现较为突出。特点是羊群大，一般 800～1 000 只为一群，羊群中有母羊、羯羊、公羊和幼龄羊。母羊中，繁殖母羊比例低，一般在 50%左右。所以羊群增殖慢，羊质量不高，经济效益低。必须建立合理的羊群结构。羊群结构应以繁殖母羊为基础，按照适当比例配置性别、年龄和用途的羊，以利于组织再生产，降低成本，增加产品产量和经济效益。各种生产用途的羊群结构要求不同，按年底（或年初）存栏计，产肉为主的粗毛羊，每群繁殖母羊应占 70%；毛肉兼用羊繁殖母羊应占 60%～70%；毛用羊繁殖母羊应占50%～60%。以产肉为主的羊群若繁殖母羊比例在 60%以下难盈利。如新西兰是养羊生产水平较高的国家之一，其繁殖母羊占总数的 70%。

二、利用多胎率高的品种

欧洲、美洲及大洋洲养羊业发达国家的经验表明，半细毛羊养羊业中，羊毛和羊肉的生产效率在很大程度上取决于母羊的繁殖率和羔羊的成活率。在正常的饲养条件下，每生产 1 kg 羊肉，产双羔的母羊比产单羔的母羊饲料消耗少 35%～50%。用多胎率高的品种进行羔羊肉生产既可提高母羊的生产比例，又可减少饲养母羊的数量。若把羊群中母羊的比例由 60%提高到 80%，每 100 只母羊的产肉量可增加 28%，半细毛产量可提高 13%以上，而每 100 只带羔母羊的饲料消耗仅增加 16%～18%。正是因为具有繁殖率高的绵羊品种能产生上述的经济效益，所以许多国家才引用多胎率高的绵羊品种同本国繁殖率低的品种杂交，提高产羔率，生产羊毛和羊肉。据报道(1979)，世界各国已有 40 多个绵羊品种与芬兰的兰德瑞斯羊杂交。国外在提高绵羊产羔率所用的父本品种，是芬兰的兰德瑞斯羊和俄罗斯的罗曼诺夫羊。我国绵羊品种中的小尾寒羊、湖羊及大尾寒羊，具有繁殖率 200%～250%的性能，在山羊中具有高繁殖率的品种就更多了。这是我们发展羊肉生产的最宝贵的遗传资源，应重视利用。

三、当年羔羊当年出栏

在牧区习惯宰杀大羯羊，一般养到3～4岁才宰杀，从经济上说这同当年生羔羊当年屠宰比较就很不合算了。据牧区的调查，生长发育正常的当年生羯羊，到冬季时，体重可长到35～40 kg，如不宰，经过一个冬、春季节，由于采食质差的枯黄草，加上低温寒冷气候的影响，体重下降10～12 kg。要使体重恢复到原来的水平，需经过1年的饲养，这样饲养时间拖长，体重增加较少，加大了饲养成本。羊的生长增重规律是前期快，后期慢，到1.5～2岁时达到体成熟，逐渐停止生长。生后前3个月骨骼生长最慢，4～6月龄肌肉和体重增长最快，以后脂肪沉积速度增快，到1岁时，肌肉和脂肪的增长速度几乎相等，而饲料报酬随日龄增长而降低。要善于利用羔羊生长发育快和饲料报酬高的特点及夏、秋季牧草营养丰富、气候好的优势，对用于生产羔肉的羯羊在夏、秋季青草期放牧育肥，入冬后适时屠宰，是节省饲料、增加收入的有效途径。

四、采用杂交方式

进行羊肉生产积极推行杂交和利用杂种优势，是取得养羊优质高产、高效益的重要途径。试验结果表明，二品种杂交，子代产肉量比父母品种平均值提高12%；三品种杂交，更能显著地提高产肉量和饲料报酬。但是不能忽视，推广良种和利用杂种优势必须与改善饲养管理结合起来，才能取得预期效果。

五、建立健全肉羊生产良种繁育体系

有了良好的羊种，但没有完整的良种繁育体系，同样不能适应现代肉羊生产的需要。目前我国虽然在肉羊生产试点上已取得了一定进展，但对全国肉羊生产来讲，肉羊的良种繁育体系尚未形

成。因此，发展肉羊业的重点应放在良种繁育体系的建设上。根据我国现阶段肉羊生产现状和联合育种技术的需要，良种繁育体系应重点抓好原种场、种羊繁育场的建设，并结合杂交改良，积极推广羊人工授精技术，加快羊人工授精网站的建设，大力推广优秀种公羊的使用面。同时要与肉羊生产基地结合，真正做到有试点、有示范、有推广面，点面结合的肉羊生产商品基地。

六、加快人员培训和市场开拓

肉羊生产在我国虽已有多年历史，但集约化羔羊生产和成羊育肥，仍是畜牧业中的一项新技术，组织肉羊生产必须有一批掌握现代养羊技术，懂管理、懂饲料营养、懂繁殖育种技术和开拓市场能力的人才。目前在农业产业化建设中实行的公司加农户，龙头企业应是养羊户生产组织者。在没有龙头企业的地方要积极提倡成立农民养羊协会，组织规模养羊专业村、专业户生产，积极开拓国际国内多方位市场，提高养羊生产效益。

在肉羊生产系统中需加强对养羊户的培训，首先要改变其生产经营观念，明确养羊效益获取的最佳途径是规模生产，专业经营，企业管理，加快出栏，提高母羊繁殖力，加快普及科学养羊知识，懂得和掌握疫病防病方法，这样才能实现肉羊生产的科学化、商品化和现代化。

第二章　肉羊的特点和品种

第一节　肉用羊的特点

目前，世界上已知绵羊品种和品种群 600 多个，山羊品种和品种群 200 多个。纯属肉用方向的品种约占 10%，这些绵羊、山羊品种具备以下特点。

一、体型和外貌特征

无论是绵羊还是山羊，不同的生产用途，其体型外貌也不一样。就肉用型的绵羊、山羊来说，其外形结构和体躯部位具备以下特征。

（一）皮肤　一般肉用羊皮下结缔组织及内脏器官发达，脂肪沉积量高，皮薄而疏松（也有例外，如波尔山羊皮较厚但疏松）。

（二）骨骼　肉用羊一般因营养丰富，饲料中矿物质充足，管状骨迅速钙化，骨骼的生长早期即行停止。因此，骨骼的形状也比较短。

（三）头骨　肉用羊一般头短而宽，鼻梁稍向内弯曲或呈拱形，眼圈大而明亮，而眼和两耳间的距离较远。

（四）颈部　肉用羊颈一般较短，由于颈部肌肉和脂肪发达，颈部显得宽深而呈圆形。

（五）鬐甲　鬐甲的部位是由前 5～7 个脊椎骨连同其棘突及横突构成。鬐甲两侧止于肩胛骨的上缘。肉用羊的鬐甲很宽，与背部成平行，由于脊椎横突较长和棘突较短，脊椎上长有大量的肌肉和脂肪，显得肌肉发达，鬐甲也显得宽。同时也可以看到发育好的肌肉和皮下脂肪充满了所有脊椎棘突和横突之间的空隙，因而使背线和鬐甲构成一直线。

（六）背部　肉用羊由于脊椎的横突较长，肋骨较圆，肌肉和脂肪发达，因而形成宽而平的背。

（七）腰部　肉用羊其腰部平直宽，故显肉多。

（八）臀部　肉用羊的臀部应与背部、腰部一致，肌肉丰满，后视，两后腿间距离大。

（九）胸部　肉用羊胸腔圆而宽，长有大量的肌肉。虽然脊椎短，胸腔长度不足，但肋骨开张良好，显得宽而深。肉用羊胸腔内的容量较小，心脏不发达。

（十）四肢　肉用羊四肢短而细，前后肢开张良好而宽、端正，显得坚实而有力。

二、早熟性

家畜在长期的系统发育过程中，在生态环境和遗传特性的影响下，形成了这种特性。这种特性并非所有家畜所具备。同早熟性相对的是晚熟性，即形成了早熟的和晚熟的品种。早熟性对于肉用家畜（肉牛或肉羊）来说，是一个重要的生理要素。表现在体成熟（即体格和体重的早熟）和性成熟都早。

体成熟早又称生长的早熟，即家畜生长较快，在未到成年羊的幼年时期，体重的增长就达到成年羊体重的70%～75%或以上。

性成熟早，也就是初情期早。

因此，我们就可以利用绵羊、山羊品种早期生长快的特点，生产羔羊肉，而利用性成熟早的特点增加终生的产羔次数。

三、体重大、生长速度快、胴体品质好

继英国早期育成的肉绵羊品种南丘羊、萨福克羊、汉普夏羊、

有角陶塞特羊等之后，又在欧洲和大洋洲的一些国家利用这些品种同当地品种杂交，又相继育成了若干个肉绵羊品种。在肉用山羊方面，南非育成了著名的肉用山羊品种——波尔山羊。这些羊的共同特点是体重大、生长快、肉的品质好。

（一）体重大，生长快　如来斯特羊，成年公羊平均体重为100～125 kg，母羊为80～100 kg；考兹伍德羊成年公羊平均体重110～135 kg，成年母羊为80～105 kg；萨福克成年公羊平均体重为113 kg，成年母羊为75 kg；有角陶赛特羊成年平均体重公羊为102～125 kg，成年母羊为75～90 kg。又如德国肉用美利奴羊，羔羊生后4～6周断奶，日增重可达350～400 g，3～4.5月龄就可屠宰，活重可达38～45 kg，4月龄羔羊的胴体重达18～22 kg，屠宰率48%～50%；南非改良型波尔山羊成年公羊平均体重为105～135 kg，成年母羊为70～85 kg，高于世界著名的肉用绵羊品种，周岁内表现出较高的日增重，出生至3月龄平均日增重为240 g，3～6月龄216 g，6～9月龄201 g，9～12月龄175 g。

（二）胴体和肉的品质　如特克塞尔、南丘羊、萨福克羊和波尔山羊，肌肉细嫩坚实，脂肪不多，肉多汁，肉质好，产肉量高。波尔山羊41 kg时的屠宰率为52.4%，周岁时屠宰率可达到50%以上，成年羊可达到58%，胴体外观较瘦厚而不肥，色泽纯正，呈深红色。波尔山羊肉丰味佳，胴体瘦而不干，松柔而鲜嫩。汉普夏羊生长快，在正常的饲养管理条件下，8～9月龄羊平均体重可达90 kg。又如波尔羊，生后5～6月龄的羔羊可生产17～22 kg重的胴体，羔羊肉好，体表脂肪少，瘦肉多，肉色也佳。

肉羊的胴体，从外部形态来看，身体粗圆，背腰宽平，背部肌肉厚实，臀部肌肉丰满。胴体倒挂起来，两后腿之间呈“U”形。从12肋骨处截断，可见到棘突两边的两条眼肌，面积大，体表覆盖的脂肪不厚。

四、繁殖力强

高的繁殖力是发展肉羊业的一个最重要经济性状。所以作为杂交的母本,不仅要性成熟早、生长发育快,而且还必须要具有高的繁殖力,不仅要具有1年2产或2年3产的特性,同时还要1胎产仔在2羔以上。要求母羊具有四季发情,多胎多产,母性强,泌乳量高,羔羊成活率高。如波尔山羊常年发情、性成熟早、多胎高产,母羊初情期为5～6月龄,初配年龄为7～8月龄,平均产羔数为2.26只,在饲养条件较好时可以安排1年2产或2年3产,母羊平均产羔数可提高到3～4只。波尔山羊母羊母性好,泌乳性强,日平均产奶量为2 kg,羔羊断奶成活率在90%以上。根据国外的经验,如作为生产羔羊肉,在羔羊出生后6～8月龄就肥育出栏,而作为生产羔羊则在生后4月龄就肥育出售。如果肉羊的繁殖性能差,1年1胎,1胎1羔,这样的繁殖速度,显然就不能适应市场和满足消费者的需求。

国外发展肉羊业对亲本繁殖力的选择极为重视。利用繁殖力高的品种同低繁殖率品种进行杂交,同时还采用多品种杂交,多特性结合。如英国育成的达姆兰(Damline)肉用羊,就是用4个品种采用复杂杂交的方法育成的,主要特点是繁殖力高。

五、经济效益高

高的经济效益,这也是肉羊品种的重要经济性状,同高繁殖力性状是相互联系的,肉用羊具有性成熟早、四季发情、产羔频率高(即1年2产或2年3产)、每胎产羔数多(2羔以上)等生理特点,决定了肉羊的饲养期短、周转快、充分利用季节性饲草资源,达到当年屠宰,当年收益。在正常的饲养管理条件下,1只产羔母羊年生产(羔羊)胴体重,比繁殖力低的母羊多增产1.5～2.5倍,甚至还高。

了解了肉羊的体型特征和生物学特点之后，就可根据这些特点进行选择，这样就有助于加速产肉性能的提高和增加经济效益。

第二节 适于生产羊肉的绵羊、山羊品种

任何绵羊、山羊品种都产肉，但是，由于品种不同，羊肉的产量、品质及效益有很大差异。目前，国外发展肉羊产业的主要途径和办法，是用本地的当家品种羊作为母本，选用世界著名的体大、早熟、羔羊生长快、育肥和产肉性能好及多胎的优良肉用品种为父本，通过二元杂交或轮回杂交的办法，生产商品羔羊，公、母羔羊全部屠宰，实行当年羔羊育肥生产羔羊肉。

下面介绍已经引入我国的世界优秀肉用绵羊、山羊品种，以及我国肉用性能较好的地方绵羊、山羊品种的生产性能以及适合于生产羊肉的绵羊、山羊品种。

一、我国主要肉用绵羊品种

(一)阿勒泰羊

1. 原产地　新疆维吾尔自治区北部阿勒泰专区的福海县、阿勒泰县和富蕴县。

2. 外貌特征　头部大小适中，鼻梁稍隆起，公羊隆起较高。耳大下垂，公羊有较大的螺旋形角，母羊多数有角，角小，颈长中等。胸宽深，鬐甲平宽，背腰平直，肌肉发育良好。后躯较前躯略高，股部肌肉丰满，四肢高大结实。尾脂呈方圆形，被覆短而密的毛，尾脂下缘正中部有浅纵沟，将脂尾分成对称的两半。被毛颜色以棕红色为主，约占41%；头为黄色，体躯为白色的占27%，纯黑和纯白的各占16%。

3. 生产性能　成年公羊平均体重90.5 kg，成年母羊67.4 kg。4月龄公羔平均体重39.5 kg，母羔为37.3 kg；1.5岁公

羊平均体重为70 kg，母羊为54 kg。成年羯羊屠宰率53%，5月龄羯羊屠宰率为48.1%。阿勒泰羊羊毛质量较差，毛色混杂，年剪毛量成年公羊平均为2.47 kg，成年母羊为2.07 kg。平均年产羔率110.3%。

（二）乌珠穆沁羊

1. 原产地　内蒙古自治区锡林郭勒盟东北部东乌珠穆沁旗和西乌珠穆沁旗，以及毗邻的锡林浩特市、阿巴嘎旗部分地区。

2. 外貌特征　体格高大，体躯长，背腰宽，肌肉丰满，全身骨骼坚实，结构匀称。鼻梁隆起，额稍宽，耳大下垂或半下垂。公羊多数有半螺旋状角，母羊多数无角。脂尾厚而肥大，呈椭圆形。尾的正中线出现纵沟，把尾分成左右两半。毛色混杂，全白者占10.43%；体躯为白色、头颈为黑色者占62.1%；体躯杂色者占11.74%。

3. 生产性能　乌珠穆沁羊生长发育快，6月龄平均体重公、母羊分别为39.6 kg、35.9 kg。周岁公、母羊为53.8 kg、46.67 kg。成年公、母羊平均体重分别为74.43 kg、58.4 kg。屠宰率平均为51.4%，净肉率为44.8%。母羊1年1产，平均产羔率为100.2%。

（三）小尾寒羊

1. 原产地　主要产于河北省沧州、邢台，河南省东部及山东省西南部的菏泽、济宁地区。以山东省西南部所产的羊较优。

2. 外貌特征　公羊有大的螺旋形角，母羊有小角或姜形角，鼻梁隆起，耳大下垂；公羊前胸较深，鬐甲高，背腰平直，体躯高大，前后躯发育匀称，四肢粗壮，蹄质坚实；母羊体躯略呈扁形，乳房发达；小脂尾呈椭圆形，被毛白色。

3. 生产性能　周岁公羊平均体重为65 kg，母羊为46 kg；成年公羊平均体重为95 kg，母羊为49 kg；剪毛量公羊平均为3.5 kg，母羊为2.0 kg，净毛率为63%；产肉性能，周岁前生长发育快，具有较大产肉潜力，在正常放牧条件下，日增重公羔为160

g,母羔为 115 g,改善饲养条件情况下,日增重可达 200 g 以上;周岁育肥公羊宰前平均活重为 72.8 kg,胴体平均重为 40.48 kg,屠宰率为 55.6%,净肉重平均为 33.41 kg,净肉率为 45.89%;公、母羊性成熟早,5~6 月龄就发情,当年可产羔,母羊常年发情,多集中在春、秋两季,有部分母羊 1 年可 2 产或 2 年 3 产,产羔率依胎次增加而提高,产羔率为 260%~270%。可利用该品种的特性发展羔羊肉生产。如成熟早、早期生长发育快、体格高大、肉质好、四季发情、繁殖力强、遗传性稳定等特性。

(四)湖羊

1. 原产地　浙江省北部、江苏省南部的太湖流域地区。

2. 外貌特征　头型狭长,耳大下垂,眼微突,鼻梁隆起,公、母羊无角;体躯长,胸部较窄,四肢结实,母羊乳房发达;小脂尾呈扁圆形,尾尖上翘;被毛白色,初生羔羊被毛呈美观的水波状花纹;成年羊腹部无覆盖毛。

3. 生产性能　繁殖力强,性成熟早,四季发情,早期生长发育快。周岁平均体重公羊为 35 kg,母羊为 26 kg;成年公羊为 52 kg,母羊为 39 kg;剪毛量公羊平均为 1.5 kg,母羊为 1.0 kg,毛长 12 cm,净毛率 55%;产肉性能,公羊宰前活重为 38.84 kg,胴体重 16.9 kg,屠宰率 48.51%,母羊相应为 40.68 kg、20.68 kg 和 49.41%;在正常情况下,母羊 5 月龄性成熟,成年母羊四季发情,大多数集中在春末初秋时节,部分母羊 1 年 2 产或 2 年 3 产,产羔率随胎次而增加,一般每胎产羔 2 只以上,产羔率在 245%以上。湖羊是发展羔羊肉生产和培育肉羊新品种的母本品种。

(五)大尾寒羊

1. 原产地　河北南部的邯郸、邢台和沧州地区的部分县,山东聊城地区的临清、冠县、高唐以及河南的郏县等地。

2. 外貌特征　头稍长,鼻梁隆起,耳大下垂,公、母羊均无角。颈细稍长,前躯发育欠佳,后肢发育良好,尾部倾斜,乳房发育良好。尾大肥厚，长过飞节，有的接近或拖及地面，毛色为白色。

3. 生产性能　成年公、母羊平均体重分别为 72 kg、52 kg；尾重成年母羊 10 kg 左右，种公羊高达 35 kg。成年公、母羊年平均剪毛量分别为 3.3 kg 和 2.7 kg；毛长 10.4 cm 和 10.20 cm，净毛率 45%～63%。成年公羊屠宰率 54.21%，净肉率 45.11%，尾脂重 7.80 kg。大尾寒羊性成熟早，母羊一般为 5～7 月龄，公羊为6～8 月龄。母羊初配羊龄 10～12 月龄，公羊 1.5～2 岁开始配种。全年发情，1 年可产 2 胎或 2 年产 3 胎。产羔率为 185%～205%。

(六)同羊

1. 原产地　陕西渭南、咸阳两地区北部各县，延安地区南部和秦岭山区有少量分布。

2. 外貌特征　全身被毛纯白，公、母羊均无角，部分公羊有栗状角痕，颈长，部分个体颈下有一对肉垂。体躯略显前低后高，鬐甲较窄，胸部较宽而深，肋骨开张良好。公羊背部微凹，母羊短直且较宽。腹部圆大。尻斜而短，母羊较公羊稍长而宽。尾的形状不一，但多有尾沟和尾尖，90%以上的个体为短脂尾。

3. 生产性能　成年公羊平均体重 39.57 kg，成年母羊 37.15 kg，年平均剪毛量成年公、母羊分别为 1.42 kg 和 1.17 kg，净毛率 55.35%；屠宰率公羊为 47.1%，母羊为 41.7%。母羊一般 1 年 1 产、1 胎 1 羔。

(七)蒙古羊

1. 原产地　原产于内蒙古自治区，目前内蒙古、东北、华北、华东及西北各省(自治区)均有分布。

2. 外貌特征　头狭长，鼻梁隆起。公羊多数有角，母羊多数无角，耳大下垂。短脂尾，但尾形不一。被毛多为白色，头和四肢多为杂色。

3. 生产性能　成年公羊平均体重 30～45 kg，成年母羊 26～40 kg。1 年剪毛 2 次，平均剪毛量 1～1.5 kg。毛长 5～15 cm 不等，净毛率 60%～80%，屠宰率 40%～50%。年产 1 胎，双羔极少，产羔率为 105%。

(八)哈萨克羊

1. 原产地　天山北麓和阿尔泰山南麓是哈萨克羊的原产地，现主要分布在新疆、甘肃、青海等地。

2. 外貌特征　四肢高大，鼻梁隆起。公羊有粗大角，母羊多数有角。肥臀，底分两瓣，形似“W”，高于臀部，故称肥臀羊。毛角混杂，多为褐、灰、黑、白等杂角毛，纯白或纯黑者极少。

3. 生产性能　成年公羊平均体重 60 kg，最高可达 85 kg，成年母羊为 50 kg。剪毛量成年公羊平均 2.61 kg，成年母羊 1.88 kg，净毛率 68.9%。哈萨克羊母羊 1 年 1 产，1 胎 1 羔，产羔率 101.62%，屠宰率 49%左右。

(九)西藏羊

1. 原产地　原产于青藏高原，主要分布在西藏、青海、甘肃南部、四川西北部及云南、贵州等的部分地区。

2. 外貌特征　西藏羊分两种类型，即牧区的草地型和农区的山谷型。草地型藏羊都有角，角长而扁平，角向外上方呈螺旋状弯曲。头呈三角形，鼻梁隆起，体躯较长，呈长方形。毛色全白者占 6.85%，头肢杂色者占 82.6%，体躯杂色者占 10.5%；山谷型藏羊体格较小，体躯稍短，四肢较矮。公羊有角，母羊多数无角，毛色混杂。

3. 生产性能　草地型藏羊成年公羊平均体重 50.8 kg，成年母羊为 38.5 kg；剪毛量成年公羊平均 1.42 kg，成年母羊 0.97 kg。成年羯羊屠宰率平均 50.11%；山谷型藏羊成年公羊平均体重 36.79 kg，成年母羊 29.69 kg；剪毛量成年公羊 1.5 kg，成年母羊 0.75 kg，屠宰率 48.7%。藏羊均为 1 年 1 产，一般 1 胎 1 羔，双羔极少。

二、我国主要肉用山羊品种

(一)南江黄羊　南江黄羊是采用多品种复杂杂交,并经多年选择和培育而成的,适于山区放养的肉用型山羊新品种。目前,已经由农业部正式批准命名,是我国产肉性能较好的山羊品种之一。

1. 原产地　产于四川省南江县。

2. 外貌特征　具有体格大,生长发育快,四季发情,繁殖力强,泌乳力好,抗病力强,采食性好,耐粗放,适应能力强,产肉力高及板皮品质好的特性。羊头大小适中,耳大且长,鼻梁微拱;公、母羊分为有角与无角两种类型,其中有角者占 61.5%,无角者占 38.5%;公羊颈粗短,母羊细长,颈肩结实,呈黑黄色,整个体躯椭圆形;被毛呈黄褐色,但颜面毛色黄黑,鼻梁两侧有一对黄白色条纹,从头顶沿背脊至尾根有一条宽窄不等的黑色毛带,公羊前胸、颈下毛黑黄色较长,四肢上端着生黑色较长粗毛。

3. 生产性能　6 月龄公羔平均体重 16.18～21.07 kg,母羔 14.96～19.13 kg;周岁公羊平均体重 32.2～38.4 kg,母羊 27.78～27.95 kg;成年公羊平均体重 57.3～58.5 kg,母羊 38.25～45.1 kg;产肉性能,6 月龄屠宰前体重 21.3 kg,胴体重为 9.6 kg,屠宰率 45.12%,净肉率 29.63%;8 月龄屠宰前体重 23.78 kg,胴体重为 11.36 kg,屠宰率 47.89%,净肉率 35.72%;10 月龄时体重平均可达 27.53 kg,以 10 月龄时屠宰最好,肉质细嫩,肌肉中粗蛋白质含量为 19.64%～20.56%,且膻味轻。南江黄羊板皮面积宽大,而且板面平整,厚薄均匀,质地柔软,富有弹性。性成熟早,3 月龄就有发情表现,但母羊以 6～8 月龄、公羊以 12～18 月龄配种为最佳时期;大群母羊平均产羔率为 194.62%,其中经产母羊为 205.2%。

(二)黄淮山羊

1. 原产地　主要产于河南省周口、商丘地区,安徽省和江苏省徐州地区。

2. 外貌特征　该品种鼻梁平直，面部微凹，下颌有髯；分有角和无角两个型。有角者公羊角粗大，母羊角细小，向上向后伸展呈镰刀状；胸较深，肋骨开张，背腰平直，体型呈筒形；母羊乳房发育良好，呈半圆形；被毛白色，粗短。

3. 生产性能　具有性成熟早，生长发育快，板皮品质优良，四季发情及繁殖率高等特点。9 月龄公羊平均体重为 22 kg，母羊为 16 kg；成年公羊平均体重为 34 kg，母羊为 26 kg；产区习惯于当年生羔羊当年屠宰，肉质细嫩，膻味小；7～10 月龄羯羊宰前平均体重为 21.9 kg，胴体重平均为 10.9 kg，屠宰率平均为 49.77%；成年羯羊宰前平均体重为 26.32 kg，屠宰率 45.77%。性成熟早，一般 4～5 月龄的母羔就能发情配种，常年发情，部分母羊 1 年 2 产或 2 年 3 产，产羔率为 238.66%。

（三）雷州山羊

1. 原产地　产于广东省雷州半岛和海南省。

2. 外貌特征　体质结实，头直，额稍凸，公、母羊均有角，颈细长，颈前与头部相接处较狭，颈后与胸部相连处逐渐增大，鬐甲稍隆起，背腰平直，臀部多为短狭而倾斜，十字部高，胸稍窄，腹大而下垂；乳房发育较好呈球形；被毛多为黑色，角、蹄为褐黑色，少数为麻色及褐色，麻色除毛被黄色外，背线、尾及四肢前端多为黑色和黑黄色。

3. 生产性能　周岁公羊平均体重 31.7 kg，母羊 28.6 kg；2 岁公羊平均体重 50.0 kg，母羊 43.0 kg；3 岁公羊平均体重 54.0 kg，母羊 47.7 kg；肉质优良，脂肪分布均匀，肥育羯羊无膻味，屠宰率一般在 50%～60%，肥育羯羊可达 70%左右。性成熟早，一般 3～6 月龄达性成熟，母羊 5～8 月龄就已配种，1 岁时即可产羔；公羊配种年龄一般在 10～11 月龄；多数 1 年产 2 胎，少数 2 年 3 胎，每胎产 1～2 羔，多者产 5 羔，产羔率为 150%～200%。

具有成熟早，生长发育快，肉质和板皮品质好，繁殖率高等特性，是我国热带地区以产肉为主的优良地方山羊品种。

(四)马头山羊

1. 原产地　湖南省的常德、黔阳地区和湖北省的郧阳、恩施地区以及湘西自治州各县。

2. 外貌特征　体质结实，结构匀称；全身被毛白色，毛短贴身，富有光泽，冬季长有少量绒毛；头大小适中，公、母羊均无角，但有退化角痕；耳向前略下垂，下颌有髯，颈下多有两个肉垂；成年公羊颈较粗短，母羊颈较细长，头、颈、肩结合良好；前胸发达，背腰平直，后躯发育良好，尻略斜；四肢端正，蹄质坚实；母羊乳房发育良好。

3. 生产性能　成年公羊平均体重 43.81 kg，成年母羊为 33.7 kg，羯羊为 47.44 kg；幼龄羊生长发育快，1 岁羯羊平均体重可达成羊羯羊的 73.23%。肉用性能好，在全年放牧条件下，12 月龄羯羊平均体重 35 kg 左右，18 月龄以上达 47.44 kg，如能适当补饲，可达 70～80 kg；据测定，12 月龄羯羊胴体平均重 14.2 kg，花板油平均重 1.71 kg，屠宰率 54.1%，胴体长 56.59 cm，眼肌面积 7.81 cm^2；24 月龄羯羊的上述指标相应为 14.94 kg，2.3 kg，54.85%，58.71 cm 和 9.77 cm^2；30 月龄羯羊的上述指标应为 21.35 kg，4.41 kg，60.79%，64.20 cm 和 19.24 cm^2。性成熟早，5 月龄性成熟，但适宜配种月龄一般在 10 月龄左右；母羊四季均可发情配种，一般 1 年产 2 胎或 2 年产 3 胎，产羔率 191.94%～200.33%。

(五)陕南白山羊

1. 原产地　产于陕西省南部的安康、汉中及商洛地区。

2. 外貌特征　羊头清秀而略宽，额微突，鼻梁平直，颈短而宽厚，胸部发达，肋骨开张良好，背腰长而平直，腹围紧凑，四肢粗壮，毛被以白色为主，少数为黑、褐或杂色；分短毛和长毛两个类型，两类型羊中有的有角，有的无角。

3. 生产性能 该品种性早熟，产肉率高，肉呈红色、细嫩，板皮幅面大、致密而拉力强。成年公羊平均体重为 33 kg，母羊为 27 kg；产肉性能 6 月龄 羯羊屠宰前平均体重为 22.17 kg，胴体重为 10.1 kg，屠宰率为 45.56%；1.5 岁的羯羊屠宰前平均为 35.27 kg，胴体重为 17.84 kg，屠宰率 50.58%。性成熟早，公羊在生后 120 d，体重在 10.4 kg 时出现性行为并产生成熟精子；母羊在生后 110 d，体重在 7.8 kg 时初次发情，配种后有 57.6%受胎；产羔率平均为 259.02%，2 月龄的繁殖成活率 173.8%。

（六）成都麻羊

1. 原产地 四川盆地西部的成都平原及其邻近的丘陵和低山地区，是乳肉兼用的优良地方良种。

2. 外貌特征 该羊全身毛被呈棕黄色，色泽光亮，为短毛型；单根纤维颜色可分成 3 段，即毛尖为黑色，中段为棕黄色，下段为黑灰色，各段毛色所占比例和颜色深浅在个体之间及体躯不同部位略有差异。整个毛被有棕黄而带黑麻的感觉，故称“麻羊”。在体躯上有两处异色毛带：一处是从两角基部中点沿颈脊、背线至尾根有一条纯黑色毛带；另一处是沿两侧肩胛经前肢至蹄冠又有一条纯黑色毛带，两条纯黑色毛带在鬐甲部交叉，构成明显的十字形；另外，从角基部前缘，经内眼角沿鼻梁两侧，至口角各有一条纺锤形浅黄色毛带。头中等大，两耳侧伸，额宽而微突，鼻梁平直；公、母羊大多数有角；公羊前躯发达，体型呈长方形，体态雄壮；母羊后躯深广，背腰平直，尻部略斜，乳房呈球形，体型较清秀，略呈楔形。

3. 生产性能 周岁公羊平均体重 26.79 kg，母羊 23.14 kg；成年公羊平均体重 43.02 kg，母羊 32.6 kg；周岁羯羊胴体重 12.15 kg，净肉重 9.21 kg，内脏脂肪重 0.89 kg，屠宰率 49.66%，净肉率 75.8%；成年羯羊上述指标相应为 20.54 kg，16.25 kg，2.73 kg，54.34%和 79.1%。常年发情，产羔率 205.91%；泌乳期 5～8 个月，可产奶 150～250 kg，乳脂率 6.47%；皮板组织致密，乳头层占全皮厚度1/2以上，网状层纤维粗壮，加工成的皮革弹性好，强度大，质地柔软，耐磨损，是一般皮制品和航空汽油滤油革的上等原料。

（七）海门山羊

1. 原产地　主要分布在江苏省海门地区。

2. 外貌特征　体格中等偏小，头呈三角形，面微凹。公、母羊均有角，公羊角粗长，向后上主伸展，呈倒“八”字形；母羊角细短，形似长辣椒，向外上方伸出，呈倒“八”字形。背腰平直，前胸较发达，后躯较宽深。四肢细长，蹄质坚实，全身被毛洁白、光亮。

3. 生产性能　成年公、母羊平均体重分别为25～30 kg和16～20 kg，羯羊和淘汰母羊的屠宰率为46%～49%。性成熟早，为3～4月龄，一般6～7月龄开始配种。可年产2胎，产羔率230%左右，海门山羊可产笔料毛50～80 g，品质优良。

（八）长江三角洲白山羊

1. 原产地　产于我国东海之滨的长江三角洲。羊群主要分布在江苏的南通、苏州、扬州和镇江地区，上海市郊区，浙江省的嘉兴、杭州、宁波和绍兴地区。

2. 外貌特征　体格较小。头呈三角形，面微凹，公、母羊均有角、有髯，公羊额部有绺毛。前躯较窄，后躯丰满，背腰平直，全身被毛直而短，光泽度好。

3. 生产性能　成年公、母羊平均体重分别为28.58 kg和18.43 kg，周岁公、母羊平均体重为16.36 kg、14.91 kg。产区群众习惯吃带皮羊肉，连皮羊的屠宰率48%左右，剥皮羊在35%～45%。长江三角洲白山羊皮板致密，有油性，以晚秋和初冬屠宰所产皮最佳。长江三角洲白山羊羊毛洁白，弹性好，光泽度好，是制毛笔的上等原料。制成的“湖笔”在晋朝就有“毛颖之技甲天下”之美称。

三、肉绒兼用山羊品种

(一)辽宁绒山羊

1. 原产地 主产区为辽宁省辽东半岛的盖县、岫岩、庄河、凤城、宽甸及辽阳等县。现陕西、山西、甘肃、新疆、河北、黑龙江、吉林等地均有分布。

2. 外貌特征 体格较大,体质结实,结构匀称。公、母羊均有角、有髯,公羊角大,向后外方呈螺旋式伸展,母羊多为板角。颈肩结合良好,背腰平直,后躯发达,四肢肢势端正,尾短瘦,上翘。全身被毛为白色,外层粗毛,光泽好,内层为绒毛。

3. 生产性能 成年公、母羊平均体重分别为 51.66 kg 和 44.86 kg;周岁公、母羊为 28 kg 和 26 kg。产绒量成年公羊平均 540 g,最高个体可达 1 375 g;母羊 470 g,最高个体可达 1 025 g。山羊绒自然长度 5.9 cm,伸直长度 9.8 cm,细度 16.5 μm 左右,单纤维强度 0.049 9 N,净绒率 70%以上。成年羯羊屠宰率 50%左右,净肉率 35.37%,产羔率 110%~120%。母羊初配年龄 1.5 岁。

(二)内蒙古白绒山羊

1. 原产地 主产区为内蒙古自治区的阿尔巴斯、二朗山和阿拉善地区。阿尔巴斯地区白绒山羊主要分布在伊克昭盟的鄂托克旗、杭绵旗等地。二朗山地区白绒山羊主要分布在巴彦淖尔盟的乌拉特中旗,包拉特后旗、乌拉特前旗和磴口县。阿拉善地区白绒山羊分布于阿拉善盟的阿拉善左旗、阿拉善右旗和额济纳旗等地。

2. 外貌特征 公羊有粗大的角,向后上方呈螺旋式伸展,母羊角小,呈倒“八”形。头部清秀,眼大突出,面部平直,耳大下垂,额部有一束长卷毛。背腰平直,体躯深长,臀斜,四肢端正,蹄质结实。体大而匀称,整体似长方形。全身被 毛纯白 ,外层粗毛,光泽良好,内层绒毛纤细。

3. 生产性能 成年公、母羊平均体重分别为 45.1 kg 和 35.5

kg，产绒量为 385 g 和 305 g，绒长为 7.6 cm 和 6.6 cm，细度为 15.6 μm 和 14.6 μm，单纤维强度为 0.039 5 N 和 0.039 2 N，净绒率为 67.98%和 70.0%。内蒙古白绒山羊肉质细嫩，肌肉、脂肪分布均匀。成年羯羊屠宰率为 46.9%，母羊为 44.9%。母羊平均日产乳 0.4 kg，泌乳期 7～8 个月，产羔率 103%～105%。

（三）沂蒙黑山羊

1. 原产地　山东沂蒙山区的蒙阴、平邑、沂源、临朐等县。

2. 外貌特征　沂蒙黑山羊毛色有 3 个类型，全黑色的占 68%，棕红色占 21.3%，二花脸占 10.7%。公、母羊多有角。公羊角粗大，母羊角较细小，向后伸展呈倒“八”形。头大小适中，面部微凹，耳中等不下垂。背腰平直，后躯较丰满，四肢端正结实。

3. 生产性能　成年公、母羊平均体重为 31.36 kg 和 26.63 kg，产羔率 109.5%，繁殖率 140%。成年公羊产绒 225.53 g，成年母羊产绒 117.37 g，羯羊产绒 220 g。周岁公羊、成年母羊和成年公羊屠宰率分别为 43.33%，46.4%和 48.29%。板皮面积分别为 0.51 m^2，0.83 m^2 和 0.64 m^2。该羊一般 1 年产 1 胎，饲养好者可 2 年产 3 胎，一般每胎 1 只。

（四）贵州白山羊

1. 原产地　贵州省东北部乌江中下游的沿河、思南等县，以及铜仁、遵义两地区各县。

2. 外貌特征　公、母羊均有角、有髯，公羊额顶有卷毛。颈部宽，胸深，腿短，体躯呈圆筒状，被毛为白色，短毛型。

3. 生产性能　成年公羊平均体重 32.8 kg，成年母羊 30.75 kg。周岁羯羊宰前活重平均 24.11 kg，胴体重 11.45 kg，净肉重 8.83 kg，屠宰率为 53.3%，净肉率为 36.26%。成年羯羊宰前活重 47.53 kg，胴体重 23.26 kg，净肉重 19.02 kg，屠宰率 57.92%，净肉率 40.02%，肉质好。贵州白山羊板皮质量好，柔软，弹性强，是上等皮革原料。每张板皮面积 3 000～6 000 cm^2。性成熟早，母羊

4～6 月龄初次发情，常年发情，可 1 年产 2 胎，产羔率高达 273.6%。

(五)槐山羊

1. 原产地 中心产区在河南周口地区的沈丘、淮阳、项城、郸城等县，京广路以东、陇海路以南、津浦铁路以西、淮河以北平原农区均有分布。

2. 外貌特征 体格中等，分为有角或无角两种类型。公、母羊均有髯，身体结构匀称，呈圆筒形。毛色以白色为主，占 90%左右，黑、青、花色共占 10%左右。有角型槐山羊具有颈短、腿短、身腰短的特征；无角型槐山羊则有颈长、腿长、身腰长的特点。

3. 生产性能 成年公羊平均体重 35 kg，母羊 26 kg。羔羊生长发育快，9 月龄平均体重占成年体重的 90%。7～10 月龄羯羊平均宰前活重 21.93 kg，胴体重 10.92 kg，净肉重 8.89 kg，屠宰率 49.8%，净肉率 40.5%。槐山羊是发展山羊肥羔生产的好品种。

槐山羊板皮品质好，以秋、冬季宰杀的山羊最优，其板质致密、柔软、韧性和弹性大，分层性好，每张皮可分 6～7 层。它是世界上高级“京兰革”和“苯胺革”的原料，在国际市场上享有很高声誉。

槐山羊繁殖性能强，性成熟早，母羊为 3 个多月，一般 6 月龄可配种，全年发情。母羊 1 年产 2 胎或 2 年产 3 胎，每胎多羔，产羔率平均 249%左右。

(六)板角山羊

1. 原产地 四川东北的万源、城口、巫溪三县和四川东南的武陵县。

2. 外貌特征 公、母羊均有角、有髯，角长而宽薄，向后方弯曲扭转。鼻梁平直，额微凸。体躯呈圆筒状，背腰平直，肋骨开张好，尻部略斜，四肢，骨骼坚实。被毛多为白色，有少量黑色和杂色个体。

3. 生产性能 成年公羊平均体重 40～50 kg，成年母羊 30～

35 kg，屠宰率 50%～55%。板角山羊性成熟早，一般 6 月龄，产羔率 184%左右。板角山羊板皮质量较好，质地致密，张幅大，弹性好，特级皮比例较高。

四、国外引进的肉绵羊品种

(一)德国肉用美利奴羊

1. 原产地　产于德国，主要分布在萨克森州农区。是用泊力考斯和英国来斯特公羊同德国原产地的美利奴母羊杂交培育而成。我国在 20 世纪 50 年代末和 60 年代初由前德意志民主共和国引入 1 000 余只，分别饲养在辽宁、内蒙古、山西、河北、山东、安徽、江苏、河南、陕西、甘肃、青海、云南等省(自治区)。

2. 外貌特征　公、母羊均无角，颈部及体躯皆无皱褶；体格大，胸深宽，背腰平直，肌肉丰满，后躯发育良好；被毛白色，密而长，弯曲明显。

3. 生产性能　生长发育快，产肉力强，繁殖力强，被毛品质好。成年公羊体重 100～140 kg，母羊 70～80 kg；羔羊生长发育快，日增重 300～350 g，130 d 可屠宰，活重可达 38～45 kg，胴体重 18～22 kg，屠宰率 47%～49%。毛密而长，弯曲明显；公羊毛长 8～10 cm，母羊毛长 6～8 cm；细度母羊毛长为 22～24 μm(64 支)，公羊毛长 22～26 μm(64～60 支)；剪毛量公羊 7～10 kg，母羊 4～5 kg；净毛率 50%以上。德国肉用美利奴羊具有较高的繁殖力，性早熟，12 月龄前就可第一次配种，产羔率 150%～250%；泌乳能力好，羔羊生长发育快，母羊母性好，羔羊死亡率低。

该品种对干燥气候、降水量少的地区有良好的适应能力且耐粗饲。除进行纯种繁育外，曾与蒙古羊、西藏羊、小尾寒羊和同羊杂交，后代被毛品质明显改善，生长发育快，产肉性能良好，是育成内蒙古细毛羊的父系品种之一。对这一品种资源要充分利用，可用于改良农区、半农半牧区的粗毛羊或细杂母羊，增加羊肉产量。

(二)特克塞尔羊

1. 原产地　荷兰。特克赛尔羊是用林肯羊和来斯特羊与当地马尔盛夫羊杂交选育而成。该品种羊已被引入到德国、法国、英国、比利时、美国、捷克、印度尼西亚和秘鲁等国家,并且已经成为这些国家推荐的优良品种和用作经济杂交生产肉羔的父本。黑龙江省大山种羊场 1995 年首先引进此品种羊,该羊现以分布于我国许多地区。

2. 外貌特征　具有生长快、体大、产肉和产毛性能好等特性。羊头大小适中,颈中等长、粗,体格大,胸圆,鬐甲平,背腰平直、宽,肌肉丰满,后躯发育良好。

3. 生产性能　成年公羊体重 110～140 kg,母羊 70～90 kg;剪毛量 5～6 kg,毛长 10～15 cm,净毛率 60%,毛细 48～50 支;性早熟,母羔 7～8 月龄便可配种繁殖,而且母羊发情的季节较长;80%的母羊产双羔,产羔率为 200%左右;4～5 月龄体重达 40～50 kg,可出栏屠宰,平均屠宰率为 55%～60%。

(三)无角陶赛特羊

1. 原产地　澳大利亚和新西兰。无角陶赛特羊是以雷兰羊和有角陶赛特羊为母本,考力代羊为父本,然后再用有角陶赛特公羊回交,选择所生无角后代培育而成。

2. 外貌特征　具有早熟,生长发育快,全年发情和耐热及适应干燥气候的特点,公、母羊无角,颈粗短,胸宽深,背腰平直,躯体呈圆筒状,四肢粗短;后躯丰满,面部、四肢及蹄白色,被毛白色。

我国新疆维吾尔自治区和内蒙古自治区及中国农业科学院畜牧研究所在 20 世纪 80 年代末和 90 年代初从澳大利亚引入,除进行纯种繁育外,还用于同新疆、内蒙古自治区的地方绵羊和山东省的小尾寒羊杂交,生产羔羊肉。

3. 生产性能　公羊体重 90～100 kg,母羊 55～65 kg;剪毛量 2～3 kg,毛长 7.5～10 cm,毛细 48～58 支;胴体品质和产肉性能好;产羔率130%左右。据朱曼报道,无角陶赛特羊在新疆产多羔的母羊占72.8%。据中国农业科学院畜牧研究所和兰州畜牧研究所分别在山东省嘉祥种羊场和郓城种羊场的试验结果表明,杂交一代公羊均表现了较好的产肉性能,6月龄的胴体重为24.2 kg,屠宰率54.5%,净肉重19.14 kg,净肉率43.1%,后腿、腰肉重11.15 kg,占胴体重的46.07%。在澳大利亚该品种羊作为生产大型羔羊肉的父系。

(四)萨福克羊

1. 原产地　英国英格兰东南的萨福克、诺福克、剑桥和艾塞克等地。该羊以南丘羊为父本,当地体大、瘦肉率高的黑脸有角诺福克羊为母本杂交培育而成,是19世纪初期培育出来的品种,在英国、美国是用做终端杂交父本的主要公羊。

2. 外貌特征　公、母羊无角,颈粗短,胸宽深,背腰平直,后躯发育丰满;成年羊头、耳及四肢为黑色,被毛有有色纤维;四肢粗壮结实。我国从20世纪80年代起先后从澳大利亚引进,主要分布在内蒙古和新疆等自治区,除进行纯种繁殖外,还同当地粗毛羊、细毛羊低代杂种羊进行杂交生产肉羔。该品种在澳大利亚同细毛羊杂交培育南萨福克羊,因早熟、产肉性能好,美国用做肥羔生产的终端品种。

3. 生产性能　成年公羊体重100～110 kg,母羊60～70 kg;3月龄羔羊胴体重达17 kg,肉嫩脂少;剪毛量3～4 kg,毛长7～8 cm,毛细56～58支,净毛率60%,产羔率130%～140%。该品种性早熟,生长发育快,产肉性能好母羊母性好,产羔率中等。

(五)夏洛来羊

1. 原产地　法国中部的夏洛来丘陵和谷地,是生产肥羔的优良品种。

2. 外貌特征　该羊无角,头部无毛,脸部呈粉色或灰色;额宽,耳大,体躯长,胸深宽,背腰平直,后躯宽大,肌肉丰满;两后肢距离大，肌肉发达，四肢较短。其被毛同质，白色。

3．生产性能 成年公羊体重 110～140 kg，母羊 80～100 kg；周岁公羊 70～90 kg，母羊 50～70 kg；4 月龄肥育羔羊 35～45 kg。屠宰率 50%。4～6 月龄羔羊胴体重 20～23 kg，胴体质量好，瘦肉多，脂肪少。羊毛长度 7 cm 以上，细度 56～60 支，剪毛量 3～4 kg。产羔率高，经产母羊为 180%，初产母羊为 135%。夏洛来羊早熟，耐粗饲，采食能力强，对寒冷潮湿或干燥气候，适应性强。中国于 20 世纪 80 年代引入夏洛来羊，除进行纯种繁殖外，并同当地粗毛羊杂交生产羔羊肉。

五、引进的肉用山羊品种

波尔山羊是世界上惟一的公认的肉用山羊品种，与各品种山羊杂交，杂交优势明显，经济效益十分显著，目前我国掀起了波尔山羊的养殖和改良热潮。

1．原产地 波尔山羊原产于南非。目前已引种到德国、澳大利亚、坦桑尼亚、新西兰、博茨瓦纳、马拉维、斯里兰卡、中国等国家。

2．外貌特征 肉用体型明显，体躯为白色，头部为红色或褐色，并有一条白色毛带，颈、胸、腹部有红色或褐色斑点，有的全身为棕红色。被毛短或中等长，光泽好，角突出，耳宽下垂。胸宽深，背腰平直，肋骨开张良好，体躯呈圆筒状，主要部位肌肉丰满，体躯圆厚而紧凑，四肢短而壮。

3．生产速度快 成年公羊体高 75～90 cm，体长 85～95 cm，体重 90～110 kg。成年母羊体高 67～75 cm，体长 70～80 cm，体重 60～75 kg。早期生长速度快，波尔山羊出生羔羊重为 3～4 kg，单羔出生重 5 kg 以上，断乳前日增重公羔为 170 g 以上，母羔为 160 g以上；公羔断乳重（106 d）为 23.4～41.5 kg，母羔为 22.5～33.0 kg；公羔断乳后日增重为 74～168 g，母羔为 46～125 g。波尔山羊 6 月龄即可达到 30 kg 体重出栏上市。

4. 屠宰率高，板皮优良　波尔山羊的屠宰率超过 50%，肉骨比为 4.7：1，骨仅占 17.5%。良种波尔山羊屠宰率高于绵羊，且随年龄增长而增高，8～10 月龄为 48%，周岁，2 岁和 3 岁时分别为 50%，52%和 54%。胴体脂肪少，瘦而不干，厚而不肥，色泽纯正，膻味小，且肉质细嫩多汁，肉味纯正。

板皮面积大，手感厚实，质地均匀，弹性好。成年羊皮均可达到商业一级裘皮标准。

5. 适应性广　波尔山羊善于登山，喜采食短草、嫩枝，在灌木丛中、荒漠地带、山区陡坡、贫瘠草场均可饲养，波尔山羊性情温顺，群聚性强，易管理，适合于集约化饲养。在严冬季节圈舍饲养增重较快。对气候有极强的适应性，在热带、亚热带内陆甚至半沙漠地带均有分布。已被很多国家引入，对不同环境条件有很强的适应性。

从不同地区的饲养实践证明，在我国北亚热带和北温带的几个省份基本包括了湿润、半干旱半湿润、丘陵、山区等生态，在这种跨大纬度引种、季节反差、饲草品质相差极大的情况下，波尔山羊仍然表现正常，均能够适应。

第三章　羊的生物学特性及消化特点

第一节　羊的生物学特性

一、行为特点

(一)山羊　山羊属于活泼型,行动灵活喜欢登高,善于游走,反应敏捷,有"猴山羊"之称。在其他家畜难以到达的悬崖陡坡上,山羊可以行动自如地采食。当高处有喜食的牧草或树叶时,山羊可以将前肢攀在岩石或树干上,甚至前肢腾空后肢直立地采食。因此,山羊可以在绵羊和其他大家畜所不能利用的陡坡山峦上放牧。

(二)绵羊　绵羊属沉静型,有"疲绵羊"之说,反应迟钝,行动缓慢。山羊、绵羊同群放牧时,山羊总走在前面,把优质草抢先吃掉,而绵羊慢慢地走在后面,只能吃到劣质草。绵羊不能攀登高山陡坡,采食时喜欢低头吃,能采食到大家畜、山羊啃不到的短小、稀疏的牧草。

二、生活习性

(一)合群性　羊有较强的合群性,只要有"头羊"带头,其他羊只就可随从放牧、出入、起卧、过河、过桥或通过狭窄处,有利于大群放牧管理,羊的种类不同,其合群性也有差别。粗毛羊合群性强,细毛羊次之,半细毛羊及长毛种半细毛羊、肉用羊合群性最差。绵羊、山羊二者比较,山羊比绵羊的合群性更强。

(二)饲料利用范围广,采食力强　羊有长、尖而灵活的薄唇,下切齿稍向外弓而锐利,上颚平整坚强,上唇中央有一纵沟,故能采食地面低生草，捡食落叶枝片，利用草场比较充分。在马、牛放牧的短草草场上，羊生活自如。羊能利用多种植物性饲料，对粗纤维的利用率可达50%～80%，适应在各种牧地上放牧。羊对半荒漠地牧草的利用率可达65%，而牛仅为34%。羊对杂草的利用率达95%。

绵羊、山羊比较而言，山羊的采食更广、更杂。山羊可采食600余种植物，占供采食植物种类的88%，比绵羊多85种。山羊特别喜欢树叶、嫩枝，可用以代替粗饲料需要量的1/2。不适于绵羊放牧的灌木丛生的山区丘陵，可供山羊放牧。利用这一点，能有效地防止灌木的过分生长，具有生物调节者的功能。

（三）爱清洁，喜干燥　羊最怕潮湿的牧地和圈舍，放牧地和栖息所都以高燥为宜。在潮湿的环境下，羊易发生寄生虫和腐蹄病，同时毛质降低，脱毛加重。山羊较绵羊更喜干燥，舍饲时常常在较高的干燥处站立或休息。绵羊因品种不同对潮湿气候的适应性也有差异。细毛羊喜欢温暖、干旱、半干旱的气候条件，肉用羊和肉毛兼用羊则喜欢湿润、温暖的气候。羊爱清洁，有高度发达的嗅觉，遇到有异味或被污染的草料和饮水，宁可忍饥挨渴也不愿食用。因此饲养管理要细心，每次喂羊，饲槽要清扫，饮水要勤换。

（四）胆小懦弱、易受惊　羊一受惊就不易上膘，所以管理人员平常对羊要和蔼，不应高声吆喝、抽打，同时也要防止别的动物窜入羊群引起惊吓。

（五）怕热不怕冷　由于羊毛被较厚、体态散热较慢，夏季炎热时，常有“扎窝子”现象。所以夏季应有防暑降温措施，早牧晚回，中午休息时应设遮阳棚或把羊群赶到树荫下。

（六）抗病能力强　羊对疫病的反应不像其他家畜那么敏感，在发病初期或遇小病时，往往不易表现出来，一旦有了明显症状，就说明病情较严重了。因此管理人员应随时留心观察羊群，发现有病及时治疗。

三、对环境的适应性

绵羊、山羊对外界各种气候条件具有良好的适应性。我国广大养羊地区往往是一些干旱贫瘠、荒漠地区，自然条件十分恶劣，而且草料的供给受季节性影响很大。但是羊却能顽强地生活下来，表现出很强的耐粗饲、耐饥渴、耐炎热、耐严寒及抗病力（即构成了某一品种羊的适应性）。这些能力的强弱，不仅直接左右羊的生产力发挥，同时也决定各品种发展的命运。

每个绵羊、山羊品种都有一定的适应范围。所以在肉羊改良引进种羊时必须详细了解原产地的自然气候条件。一个品种的适应范围大小和适应强弱，大体可以从品种育成历史和原产地条件等方面判断，育成历史久、分布地区广的品种，如美利奴羊、波尔山羊具有悠久的历史，几乎遍布世界各地，具有较广泛的适应性。一般说来，新引入地与原产地纬度、海拔、气候、饲养管理等方面相差不大，那么引种容易成功，其生产力、生活力及繁殖性能等与原产地会大体相同；相反，如果原产地与引入地的自然环境、饲养条件相差较大，引种就不易成功，表现生产力降低、生长发育受阻、体重减轻、繁殖性能减退甚至丧失等。虽然存在这些影响，但只要适当注意引入后的风土驯化措施，也能成功。

由于羊怕热不怕冷，所以比较炎热地区的绵羊、山羊品种迁移到较寒冷地区比较容易成功。其原因如下：羊全身覆盖羊毛，尤其绵羊的毛更密，能保持体温抗寒；人工防寒设备比降温设备简单、经济；一般热带品种的饲养管理较粗放；相反，温带绵羊、山羊品种引入热带或亚热带地区，比较难于成功。如林肯羊、罗姆尼羊引入我国南方虽已多年，但生活力、生产力及繁殖力均表现出不同程度的下降，失去了原有特征。其原因一般认为是温带品种在生理上的耐热力较差，对炎热地区的地方疾病抵抗力也较弱，同时热带地区饲养管理粗放。

肉羊最适宜的环境条件是:母绵羊适宜温度7～24℃,最适温度13℃。初生羔羊适宜温度为10～15℃。肉羊羊舍或其周围环境湿度以50%～70%为宜,气流冬季应为0.1～0.2 m/s,夏季应加大气流速度。

第二节　肉羊的消化特点

动物采食饲料后,把饲料降解释放营养成分的过程叫做消化。饲料被消化成小分子营养成分后,经血液吸收并运送到各个组织器官利用。因此,了解肉羊消化系统的主要组成和功能,以及各种营养物质的消化、吸收和利用,是成功饲养肉羊的第一步。

一、肉羊的消化系统

肉羊属于反刍动物,它的消化系统主要包括口腔、唾液腺、食管、瘤胃、网胃、瓣胃、皱胃、小肠、大肠。羊采食饲料时分泌大量唾液,有助于饲料的咀嚼和吞咽。与非反刍动物的唾液不同,羊的唾液不含淀粉酶,因此口腔不对淀粉进行消化。成年羊的唾液内含大量缓冲物质(如碳酸氢钠),能中和瘤胃内生成的挥发性脂肪酸,使瘤胃内容物保持中性,避免酸中毒。

肉羊在消化上与猪和禽等单胃动物的主要不同点是,羊的瘤胃内有数以亿计的厌氧微生物——细菌、原虫和真菌。这些微生物依靠羊采食的饲料生长。瘤胃内是这些微生物生长和繁殖的理想环境。同时,它们发酵释放的营养物质和死后的细胞也为羊提供了大量营养物质。因此,羊得到的许多用于生产的营养成分并不是直接来自饲料,而是瘤胃微生物发酵的产物。

(一)胃的组成和功能　羊的胃由4个胃室组成,即瘤胃、网胃、瓣胃和皱胃。饲料按顺序流经这4个胃室,其中一部分在进入瓣胃前返回到口腔内再咀嚼。这4个胃室并非连成一条直线,而是相互交错存在。瘤胃、网胃和瓣胃由于没有腺体组织，称前胃；皱胃由于能分泌消化液，又称真胃。

1. 瘤胃　成年母羊的瘤胃容积平均达 25 L。瘤胃的功能有：

(1)暂时储存饲料。羊采食时把大量饲料储存在瘤胃内，休息时将大的饲料颗粒反刍入口腔内，慢慢嚼碎，嚼碎后的饲料迅速通过瘤胃，为再吃饲料提供空间。

(2)微生物发酵。饲料不断进入和流出瘤胃，唾液也很稳定地进入瘤胃，调控酸碱度。微生物(细菌、真菌和原虫)根据饲料类型进行不同的发酵，发酵终产物被羊经瘤胃壁吸收利用。每克瘤胃内容物中含 500 亿～1 000 亿个细菌，每毫升瘤胃液中含纤毛原虫 20 万～400 万。瘤胃微生物可以消化粗纤维，分解糖、淀粉和蛋白质，合成氨基酸和蛋白质，合成 B 族维生素和维生素 K。

为了保持瘤胃的正常功能和合成 B 族维生素及蛋白质，瘤胃细菌和原虫需要不断从日粮中获得营养物质，包括：能量、氮源、无机盐等。

能量：除粗纤维等缓慢释放的能量外，羊还需要一定量的快速释放的能量，如糖、糖蜜或淀粉。羊在饲养中必须考虑适当的精粗料比来配合日粮，才能使饲料利用率达到最高值。

氮源：分为降解速度快的氮源(如尿素)和降解速度慢的氮源(如豆饼)。两者比例合适才能使微生物生长速度最快。生产中一般要求前者占 25%，后者占 75%。

无机盐：以钠、钾和磷为最重要，如果饲料中使用尿素，必须考虑硫和镁的含量。对微生物生长比较重要的微量元素是钴，因为钴不但有利于微生物的生长，还是合成维生素 B_{12}的原料。

瘤胃微生物发酵饲料的过程中产生了大量二氧化碳、甲烷和氨，还有少量的氢气、硫化氢、一氧化碳及其他气体。正常情况下，这些气体经呼吸道排出，有时不能及时排出气体，就会发生瘤胃臌胀病。

2. 网胃　网胃位于前胃部，为球形状，平均容积为 2.0 L，实际上这两个胃并不完全分开，因此饲料颗粒可以自由的在两者之间移动。网胃内皮有蜂窝状组织，故网胃俗称蜂窝胃。网胃的主要功能是对饲料有机械消化作用。

3. 瓣胃　瓣胃是第三个胃，其内表面排列有无数纵列的皱褶。对瓣胃的作用还不十分清楚，一般认为它的主要功能是吸收饲料内的水分和挤压磨碎饲料，平均容积 0.9 L。

4. 皱胃　皱胃也称为真胃。其功能与单胃动物的胃相同，分泌消化液，使食糜变湿。真胃的消化液内含有酶，能消化部分蛋白质，基本上不消化脂肪、纤维素或淀粉。饲料离开真胃时呈水状，然后到达小肠，进一步消化。未消化的物质经大肠排出体外。

（二）反刍　肉羊的反刍时间每天约为 8 h，反刍时需要安静的环境。经过反刍将饲料磨碎，可使饲料暴露的表面积更大，有助于微生物对粗纤维的消化。但是最近的实验证明，反刍不能提高消化率，只能增加羊利用的总饲料量，因为饲料颗粒必须小到一定细度才能通过瘤胃。反刍时，每一个柔软的饲料团（即食团），从瘤胃经食管到口腔需要的时间不到 1 s。每个食团的咀嚼时间约 1 min，然后全部吞咽下去。吃优质牧草用的反刍时间少，过瘤胃的速度快，因此采食量较大。

（三）羔羊的胃　羔羊出生时瘤胃最小，皱胃最大，消化过程与单胃动物相似。羔羊胃的大小和机能，随年龄的增长而发生变化。初生羔羊的前三胃很小，结构还不完善，没有建立微生物区系，作用不大，只有第四胃起作用。羔羊哺乳，乳汁不接触前三胃的胃壁，靠食道沟的闭锁作用，直接到达第四胃。初生羔羊只能靠母乳生活，不能利用植物性饲料，随着日龄的增长，消化系统特别是前三胃不断发育完善，一般生后 10～14 d 开始啃食牧草，1 个月左右就能大量采食植物性饲料。到 1.5 个月，瘤胃和网胃重量占整个胃重的比例已达成年羊程度，皱胃比例已缩小；如果不及时采食牧草，仍然仅靠母乳生活，瘤胃的发育就会放慢。只有采食植物性饲料后，瘤胃的生长发育才加速，并逐步建立起完善的微生物区系，植物性饲料为微生物的繁殖生长创造了营养条件，反过来微生物区系的建立，又增强了对植物性饲料的消化利用。

（四）羊的肠道　与猪等单胃动物一样，羊的肠道分为小肠和大肠两部分。小肠包括十二指肠、空肠和回肠；大肠包括盲肠、结肠和直肠。小肠是羊消化的主要器官，成年羊小肠长20～25 m，细长而曲折，约为体长的27倍。小肠能产生各种重要的消化酶，如蛋白酶、脂肪酶、转糖酶。当酸性的胃内容物进小肠后，经各种消化酶的化学性消化作用，被分解为各种简单的营养物质而被小肠绒毛膜吸收。

大肠较小肠短，仅为小肠长度的1/10。它的主要功能是吸收水分和形成粪便。凡小肠未消化的营养物质，也可在大肠微生物和由小肠液带入大肠的各种酶的作用下分解、消化和吸收，剩余渣滓则随粪便排出体外。

二、肉羊对营养物质的消化与吸收

（一）碳水化合物的消化与吸收　碳水化合物一是来自精料，主要含有淀粉和可溶性糖；二是来自牧草和其他粗饲料，如干草、作物秸秆和青贮料，这类饲料的粗纤维含量很高。碳水化合物饲料是肉羊的主要能量来源。

1. 可溶性糖的消化　可溶性糖主要包括单糖和双糖，是谷物饲料的成分，这些糖类几乎全部在瘤胃内被微生物发酵生成丙酮酸，丙酮酸进一步分解生成挥发性脂肪酸（VFA）和二氧化碳。挥发性脂肪酸是反刍动物可以直接吸收利用的能量，也可被细菌直接利用转变为菌体多糖。

2. 淀粉的消化　淀粉是谷物和某些作物块茎的主要成分，有直链淀粉和支链淀粉两种形式。淀粉进入瘤胃后，在微生物的作用下被迅速分解为麦芽糖和葡萄糖。淀粉的消化速度受饲料来源和加工条件的影响，例如，加热可以加快淀粉的消化速度。在瘤胃内未被消化的淀粉与菌体多糖一起到达小肠，被分解生成葡萄糖，经小肠吸收后被利用。

3. 粗纤维的消化　粗纤维是纤维素、半纤维素、木质素和果胶的总称，主要在瘤胃内消化，少部分在大肠内消化。粗纤维在瘤胃内被微生物分解的最终产物是挥发性脂肪酸，到达大肠的粗纤维也同样被栖居在那里的微生物所降解。

(二)蛋白质的消化与吸收

1. 蛋白质在瘤胃内的消化　饲料蛋白质在瘤胃内被微生物消化，可分为4个过程：

第一，瘤胃微生物分泌的蛋白质分解酶与肽酶将食入的蛋白质水解，变为肽与游离氨基酸。

第二，游离氨基酸直接被利用以合成微生物蛋白质或微生物的其他成分，如细胞壁和核酸。

第三，氨基酸被继续分解而产生挥发性脂肪酸、二氧化碳与氨。

第四，氨被用于合成微生物蛋白质。饲料蛋白质60%～80%在瘤胃内降解，剩下20%～40%直接进入皱胃与小肠。

2. 非蛋白质氮饲料在瘤胃内的消化　非蛋白质氮简称非蛋白质(NPN)。目前使用最多的非蛋白质氮是尿素。尿素在微生物脲酶的作用下分解为氨的二氧化碳，其中氨被微生物利用合成菌体蛋白质。但是，尿素在瘤胃内的分解速度太快，利用效率低，还容易出现氨中毒。提高尿素饲料利用效率的方法有：

(1)延缓尿素在瘤胃内的分解速度，使微生物有充分的利用时间。目前常用的方法包括：

①使用分解较慢的非蛋白氮作饲料，如缩二脲、缩三脲等。

②采用保护剂，以硫、蜡及某些化学聚合物包裹尿素，以减缓

其降解速度，效果好。目前已用于生产的“糊化淀粉尿素”系将玉米、高粱、大麦等富含淀粉的谷物粉碎后与尿素混合，配成相当于粗蛋白质含量40%～70%的混合物，再经糊化处理而制成的产品。

③利用瘤胃微生物脲酶抑制剂降低脲酶的活性，减慢尿素分解的速度，从而提高尿素的利用效率和避免氨中毒。脲酶抑制剂技术属20世纪90年代国际新技术，优点是成本低，效果明显，易于工业化生产。

(2)增强微生物的合成利用能力，主要包括两种方法：

①不同种类的微生物利用尿素的能力不同，因此饲喂尿素时可以由少到多，逐渐增加，使瘤胃微生物逐步适应，15 d后饲喂较大量的尿素也就安全了。

②除了氨以外，其他许多物质也为微生物合成自身菌体蛋白时所需要，其中能量最重要。在不同的碳水化合物中，纤维素发酵太慢，提供的有效能不足，糖类发酵太快，不易做到与氨生成同步，而淀粉可以较好地达到上述目的，碳水化合物在提供能量的同时，也提供了一定数量的氨基酸合成所需的碳架。除了能量以外，日粮中应含有一定数量的真蛋白质，以及矿物质元素钴。此外，在尿素用量较大时还应考虑补充一定量的硫，以满足含硫氨基酸合成的需要。

(3)采用适宜的喂量喂法：尿素的用量，一般认为以不超过日粮总氮的1/4～1/3为好。推荐用量为日粮干物质的1.0%。尿素以混于饲料中喂给为好，不宜与饮水混喂，以免进入皱胃。

3. 瘤胃微生物蛋白质的合成

(1)微生物蛋白质的生成量：在氮源充足的条件下，微生物蛋白质的合成量依赖于日粮的有效能含量。瘤胃微生物的氨基酸含量为80%，非氨基酸氮含量为20%。

(2)微生物蛋白质的品质：细菌的粗蛋白质含量为58%～

60%,原虫为24%~35%。日粮条件不同时,微生物蛋白质的品质较好,其真消化率一般在70%以上,生物学价值为66%~75%。

4. 过瘤胃蛋白质　日粮蛋白质除有一部分在瘤胃内降解外,其余部分直接进入后部胃肠道,称为过瘤胃蛋白质。过瘤胃蛋白质的数量除受蛋白质溶解度及其在瘤胃中滞留时间的影响外,还可通过各种物理和化学的加工方法加以改变。

对那些由理想的氨基酸构成而且在后部胃肠道中又有较高消化率的蛋白质,我们自然希望他们在瘤胃中有较低的降解率,即有较高的过瘤胃蛋白质,以避免降解所造成的蛋白质周转和浪费。为了达到这个目的,近年研究采用的保护措施主要有:

(1)将蛋白质热处理:但要防止加热过度,以免降低蛋白质的总消化率和某些氨基酸的有效率。

(2)用甲醛处理蛋白质:例如,酪蛋白质经甲醛处理后,溶解度大为下降,可减少微生物的分解作用。

(3)使用胶囊保护,以避免其在瘤胃中分解:胶囊保护的蛋氨酸加入日粮内时,可提高肉羊的生长性能。

过瘤胃蛋白质进入后部胃肠道以后的消化吸收与单胃家畜相同,微生物蛋白质与过瘤胃蛋白质一起到达小肠,在小肠内被分泌的消化酶分解为各种氨基酸,然后被吸收利用。

(三)脂肪的消化与吸收

1. 瘤胃内脂肪的消化与代谢　饲料脂肪进入瘤胃后,发生3种变化,即水解作用,水解产物的氢化作用和脂肪酸的合成。瘤胃微生物能够把脂肪水解为脂肪酸和甘油。脂肪酸被微生物氢化饱和,甘油则进一步发酵降解生成丙酸。瘤胃微生物能合成各种结构的脂肪酸。

2. 小肠内脂肪的消化　尽管瘤胃微生物对脂肪有一定的消化作用,但起主要作用的是小肠。在胆汁胰液的作用下,脂肪在空肠后段被完全降解并吸收。

第四章 肉羊的饲料及其加工调制

饲料是各种营养素的载体，它几乎含有肉羊所需要的所有营养物质。肉羊生长、肥育、繁殖等生理、生产活动所需要的养分，无一不是来源于饲料。所以，饲料是发展肉羊生产的物质基础，广辟饲料来源，备足饲料，并合理加工利用，才能把羊养好。肉羊的饲料种类很多，根据国际饲料命名及分类原则，按饲料特性分为粗饲料、青绿饲料、青贮饲料、能量饲料、蛋白质饲料、矿物质饲料、维生素饲料、添加剂共 8 大类（表 4-1）。

表 4-1 饲料分类

编　号	归类条件	天然水分（%）	干物质中粗纤维（%）	干物质中粗蛋白质（%）
1-00-000	粗饲料	＜45	≥18	—
2-00-000	青绿饲料	≥45	—	—
3-00-000	青贮饲料	≥45	—	—
4-00-000	能量饲料	＜45	＜18	＜20
5-00-000	蛋白质饲料	＜45	＜18	≥20
6-00-000	矿物质饲料	—	—	—
7-00-000	维生素饲料	—	—	—
8-00-000	添加剂	—	—	—

第一节 精饲料及其加工方法

精饲料是指粗纤维含量低于 18%，无氮浸出物含量高的饲料。这类饲料的蛋白质含量，可能高也可能低。谷物、饼（粕）、面粉业的副产品（如玉米面筋等）都是精饲料。对于肉羊而言，精饲料是一种补充料，肥育羊日粮的精料含量可高一些，母羊喂少量精料，以保证维持需要。精饲料可分为能量饲料和蛋白质饲料。能量饲料有玉米、高粱、甜菜渣和糖蜜等。蛋白质饲料包括真蛋白质饲料（如豆饼和棉子饼等）和非蛋白氮（如尿素）。主要精饲料营养成分如表 4-2 和表 4-3 所示。

表 4-2 常用谷物饲料及其营养成分

饲料名称	干物质（%）	粗蛋白（%）	粗脂肪（%）	粗纤维（%）	无氮浸出物（%）	粗灰分（%）	钙（g/kg）	磷（g/kg）	消化能（MJ/kg）	可消化粗蛋白（%）
大麦	88.8	10.8	2.0	4.7	68.1	3.2	0.12	0.29	13.93	85
高粱	93.0	9.8	3.6	1.4	76.4	1.8	—	—	14.69	66
谷子	91.9	9.7	2.6	7.4	67.1	5.1	0.06	0.26	11.67	70
小麦	91.8	12.1	1.8	2.4	73.2	2.3	—	0.36	14.73	94
燕麦	90.3	11.6	5.2	8.9	60.7	3.9	0.15	0.33	13.18	97
玉米	88.4	8.6	3.5	2.0	72.9	1.4	0.04	0.21	15.40	65
谷糠	91.9	7.6	6.9	22.6	45.0	9.8	—	—	8.54	33
黑麦麸	91.7	8.0	2.1	19.1	57.9	4.6	0.05	0.13	9.08	46
小麦麸	88.6	14.4	3.7	9.2	56.2	5.1	0.18	0.78	11.09	108
玉米糠	87.5	9.9	3.6	9.5	61.5	3.0	0.08	0.48	11.38	56

表 4-3 常用饼粕类饲料及其营养成分

饲料名称	干物质（%）	粗蛋白（%）	粗脂肪（%）	粗纤维（%）	无氮浸出物（%）	粗灰分（%）	钙（g/kg）	磷（g/kg）	消化能（MJ/kg）	可消化粗蛋白（%）
菜子饼	92.2	36.4	7.8	10.7	29.3	8.0	0.73	0.95	14.85	313
菜子粕	90.0	41.8	5.4	5.1	32.5	5.2	0.34	0.77	15.94	355
豆饼	90.6	43.0	5.4	5.7	30.6	5.9	0.32	0.50	15.94	366
豆粕	92.4	47.2	1.1	5.4	32.6	6.1	0.32	0.62	15.65	401
胡麻饼	92.0	33.1	7.5	9.8	34.0	7.6	0.58	0.77	14.48	285
棉仁饼	92.2	33.8	6.0	15.1	31.2	6.1	0.31	0.64	13.72	267
向日葵饼	93.3	17.4	4.1	39.2	27.8	4.8	0.40	0.94	7.03	141
芝麻饼	92.0	39.2	10.3	7.2	24.9	10.4	2.24	1.19	14.69	357

一、能量饲料

国际饲料分类原则把粗纤维含量少于18%,蛋白质含量少于20%的饲料称为能量饲料。从营养功能来说,能量饲料是家畜能量的主要来源,在配合日粮中所占的比例最大,50%~70%。主要包括禾本科的谷实饲料和面粉工业的副产品,块根、块茎和其加工的副产品,以及动、植物油脂和糖蜜都属于能量饲料。

(一)谷实类饲料 谷实类饲料主要来源于禾本科植物的子实,是能量饲料的主要来源,需要量很大,可占肥育期肉羊日粮的40%~70%。我国常用的种类有玉米、高粱、大麦、燕麦、黑麦、小麦和稻谷等。谷实类饲料的营养特点是:干物质中无氮浸出物含量为70%~80%,纤维含量一般在3%以下,消化率高。粗蛋白质含量为8%~13%。脂肪含量2%左右,钙的含量比磷的含量少。

1. 玉米 我国东北、西北和华中等地区盛产玉米,大部分用作饲料。玉米中所含的可利用能值高于谷实类中的任何一种饲料,在肉羊饲料中使用的比例最大,被称为"饲料之王"。玉米的不饱和脂肪酸含量高,因而粉碎后的玉米粉易于酸败变质,不宜长期保存,因此以储存整粒玉米最佳。黄玉米中含有胡萝卜素和叶黄素,营养价值高于白玉米。在满足肉羊的蛋白质、钙和磷需要后,能量可以全部用玉米满足。玉米的无氮浸出物含量为65.4%,粗蛋白质为9.7%,粗纤维为2.3%。

2. 高粱 高粱的品种很多。去皮高粱的组成与玉米相似,能值相当于玉米的90%~95%。高粱的平均蛋白质含量为10%。其种皮部分含有鞣酸,具有苦涩味,影响家畜的适口性,色深的高粱含鞣酸量高,一般含量为0.2%~2.0%。一般高粱不作肉羊的主要饲料。

3. 大麦 我国大麦的产量近几年来有下降的趋势,大麦很少作为食用,大部分大麦用作家畜的饲料。少部分用于酿造工业。大麦的蛋白质含量为12%～13%，是谷实类饲料中含蛋白质较多的饲料，大麦种子有一层外壳，粗纤维含量较高，约为7%，无氮浸出物较低。

4. 燕麦　内蒙古、东北等地有少量生产，在我国谷实类饲料中用量很少。燕麦的蛋白质含量与大麦相似，粗纤维含量较高，为9%。

5. 小麦　我国种植小麦的地区很广，是主要的粮食作物之一，很少直接用作饲料。小麦的营养价值与玉米相似，蛋白质含量14.7%。喂肉羊，小麦占精料的比例不应超过50%，用量过大，会引起消化障碍。喂前应碾碎或粉碎。

6. 稻谷和糙大米　稻谷种子外壳粗硬，与燕麦相似。粗纤维含量约10%，粗蛋白质含量约8%。去掉壳的稻谷称糙大米，它的粗纤维含量为2%，蛋白质为8%，在饲料中的用量为25%～50%。糙大米的营养价值比稻谷高。

(二)谷物子实类的加工副产品　谷物类饲料在加工过程中产生大量副产品，可被用作饲料。这类产品包括麦麸、米糠、玉米糠、高粱糠、小麦糠等。糠麸类饲料主要是谷实的种皮、糊粉层、少量的胚和胚乳。粗纤维含量为9%～14%，粗蛋白质含量为12%～15%，钙、磷比例不平衡，磷比钙含量高约1%。

1. 小麦麸　俗称麸皮，是小麦加工成面粉时的副产品，主要由小麦子实的种皮、糊粉层、少量的胚乳和胚组成，加工方式的不同造成了麸皮营养成分的差异，一般麸皮含粗纤维较高，约10%，无氮浸出物约58%，由于麸皮中存在着大量胚，使其粗蛋白质含量较高，为11%～15%。

2. 米糠　稻谷加工成大米时分离出的种皮、糊粉层和胚3种物质的混合物，不包括稻壳。稻谷加工成大米时，大米越白，其副产品米糠的营养价值越高。米糠含粗纤维10.2%，无氮浸出物小于50%，粗蛋白质含量为13.4%，粗脂肪为14.4%。粗脂肪中不饱和脂肪酸较高，因此易酸败，不易贮藏。钙、磷比例不平衡，约为1∶15。砻糠是稻谷外面的一层坚硬的壳，含粗蛋白质3%，粗脂肪1.15%，粗纤维46%，无氮浸出物28%，营养价值比秸秆饲料低。统糠是米糠和砻糠的混合物。统糠的营养价值取决于米糠所占的比例。瘪谷糠，是在稻谷加工过程中，首先分离出来的瘪谷，加工磨碎后称瘪谷糠，含粗蛋白质9.8%，粗脂肪0.9%，粗纤维24%，无氮浸出物45%，灰分7.5%，它的营养价值高于砻糠，低于米糠。

（三）其他高能量饲料　高能量饲料是指饲料中无氮浸出物高，粗纤维低，所含可利用能高的饲料。有人把每千克饲料中含消化能大于12 MJ的统称为高能量饲料。

1. 棉子　棉子是一种高蛋白高能量饲料，代谢能14.52 MJ/kg，粗蛋白质24%，磷0.76%，粗纤维21.4%（干物质）。

2. 油脂　油脂的能量是碳水化合物的2.25倍，属高能量饲料，在肉羊日粮内占2%。在饲料内添加油脂，可以提高能量浓度，控制粉尘，减少设备磨损，增加适口性。油脂还可以作为某些微量营养成分的保护剂。

添加动物性脂肪和植物性脂肪的效果相同，采用哪一种主要取决于价格。脂肪内应加抗氧化剂。对玉米日粮无需添加油脂，因为玉米含有4%的油脂。

3. 糖蜜　不仅能量含量高，适口性也好。包括甘蔗糖蜜、甜菜糖蜜、柑橘糖蜜、木糖蜜和淀粉糖蜜。在肉羊日粮中不超过10%。

4. 块根、块茎　块根、块茎也称多汁饲料，包括胡萝卜、甘薯、木薯、马铃薯、饲用甜菜的芜菁等。干物质中淀粉和糖类含量高，蛋白质含量低，纤维素少，并且不含木质素，是适口性好的饲料。由于这类饲料体积大，一般含水量为75%～90%。每千克鲜饲料中营养价值低，一般不用作肉羊肥育期的饲料。但这类饲料的干物质含能值与禾本科子实类饲料相似。

二、蛋白质饲料

蛋白质含量在20%以上的饲料称为蛋白质饲料。蛋白质饲料在生产中起到关键性作用,影响着肉羊的生长与增重,使用量比能量饲料少,一般占日粮的15%～25%。蛋白质饲料的能量值与能量饲料基本相似,但是蛋白质饲料的资源有限,价格较高,所以它不能当做能量饲料来使用。肉羊的蛋白质饲料主要是饼或粕(用压榨法提取油后的残渣称为饼,浸提法或压榨后再浸提的残渣称为粕)。

由于加工方法不同,同一种原料制成的饼与粕的营养价值也不一样,饼类的含脂量高,能量也高于粕类,但是蛋白质含量低于粕类。

(一)大豆饼(粕)　豆饼是我国畜牧生产中主要的植物性蛋白质饲料,粗蛋白质含量39%～43%,浸提或去皮的豆粕的粗蛋白质含量大于45%。日粮中除了能量饲料之外,可以全部用豆饼满足肉羊的蛋白质需要量。在所有饼类中,豆饼的氨基酸平衡,适口性好,是植物性蛋白质中最好的蛋白质,但是它的胡萝卜素和维生素D含量较低。

(二)棉子饼(粕)　棉子经脱壳之后压榨或浸提油后的残渣,粗蛋白质含量33%～40%。未去壳的棉子饼含粗蛋白质24%。虽然棉子饼内含有毒物质棉酚,但由于在瘤胃内棉酚与可溶性蛋白质结合为稳定的复合物,因此对反刍动物影响很小。肉羊精料中棉子饼的比例可达到18%～20%。在喂棉子饼的饲料内加入微量硫酸亚铁,可以促进肉羊的生长。

(三)菜子饼(粕)　含粗蛋白质36%～40%,粗纤维12%,无氮浸出物约30%,有机物质消化率约70%。菜子饼含有硫葡萄糖甙,在芥子酶的作用下,分解产生有毒物质异硫氰酸盐和噁唑硫烷酮,因此不适合作猪和鸡的饲料,但是可以用做肉羊的蛋白质饲料，可占精料的10%～15%。

（四）花生饼（粕）　目前我国市场上所见的花生饼，大部分是去壳后榨油的，粗纤维含量低于7%，习惯上称花生仁饼。带壳榨油的花生饼，粗纤维含量约为15%，含蛋白质较少。花生仁饼的粗蛋白质含量为43%～50%，适口性好。花生仁饼在贮藏过程中最易感染黄曲霉，产生黄曲霉素，必须严格检验，否则严重时会导致家畜死亡。

（五）亚麻子饼（粕）　亚麻子饼（粕）又称胡麻饼。亚麻子产于我国的东北和西北地区，粗蛋白质含量34%～38%，粗纤维含量9%，含钙0.4%，磷0.83%。亚麻子饼含有黏性物质，可吸收大量水分而膨胀，从而可使饲料在肉羊的瘤胃内停留较长时间，以利于饲料的利用。黏性物质对肠胃黏膜起保护作用，可润滑肠壁，防止便秘。

（六）葵花子饼（粕）　带壳的葵花子饼，粗蛋白质仅为17%，粗纤维39%，部分去壳或去壳较多的葵花子饼蛋白质含量在28%～44%，粗纤维9%～18%，是肉羊肥育期较好的饲料。

三、精饲料的加工方法

精饲料加工是指用某种方法改变饲料的物理、化学或生物学特性，加工后不仅能提高营养价值，还能延长储存时间、脱毒、改善适口性和减少水分等。饲喂肉羊的主要精饲料包括小麦、大麦、玉米和高粱，它们的淀粉和蛋白质在瘤胃内降解的顺序是小麦大于大麦，大麦大于玉米，玉米大于高粱。现代加工方法要同时考虑湿度和压力2个因素。目前常用的加工方法有浸泡、蒸煮、压片、粉碎和制粒。最新使用的方法还有挤压、蒸汽压片和高温处理等。

（一）常用能量饲料的加工

1. 玉米　对玉米的加工方法有3种，即蒸汽处理、压片和粉碎。在肥育羊日粮含70%的玉米时，蒸汽处理或压片可使净能提高 6%～8%，能量沉积提高 7%。饲喂前浸泡，可使玉米的消化率提高 5%。如果没有条件进行蒸汽处理或压片，可以将玉米粗粉碎（颗粒大小为 2.5 mm），千万不要粉碎太细，以免影响粗饲料的消化率。

2. 高粱　当日粮内粗饲料的含量小于 30%时，对高粱进行蒸汽处理和压片可使能量利用率提高 4%～7%，淀粉消化率提高 3%～4%。在没有条件进行蒸汽处理或压片的地区，可将整粒高粱在水中浸泡 4 h，然后晾干，再粉碎，这样可以提高能量和淀粉的消化率，效果与蒸汽处理相同。优点是成本低，还可增加肉羊的采食量。与粗粉碎相比，细粉碎（1 mm）可使高粱的净能提高 6%，与蒸汽处理效果相等。因此，最简单实用的方法是将高粱细粉碎到 1 mm后饲喂。

3. 粉碎或压扁能提高大麦的消化率和利用率　为了增加采食量和减少瘤胃臌胀等消化性疾病，对大麦不要粉碎过细，粗粉碎效果最好。对大麦进行蒸汽处理没有效果。

4. 压片、粗粉碎片和蒸汽处理　压片、粗粉碎和蒸汽处理都可以提高小麦的营养价值，但是不应粉碎过细，否则容易引起肉羊的采食量降低，甚至引起酸中毒。

5. 燕麦　给肉羊饲喂燕麦时需要进行压片或粉碎，才能达到最佳效果。

（二）保护蛋白质过瘤胃的方法　在肉羊饲料中使用保护蛋白质的意义是能降低蛋白质的使用量，增加非蛋白氮的用量，降低成本和提高肉羊的生产性能，保护蛋白质过瘤胃有 8 种方法。

1. 天然保护蛋白质　指使用蛋白质降解率较低的饲料，如玉米面筋粉、啤酒糟、压榨的豆饼、肉粉、鱼粉和水解羽毛粉等。

2. 加热加压处理　在一定压力下对蛋白质饲料加热，可使蛋白质内氨基酸发生交链，从而降低降解率。但是不能过热，否则易出现蛋白质的过保护现象，即在瘤胃内不降解，在小肠内也不能被消化，造成浪费。

3. 鞣酸处理蛋白质　用1%的鞣酸均匀地喷洒在蛋白质饲料上，混合后烘干。

4. 用甲醛处理蛋白质　用0.8%的甲醛均匀地喷洒在蛋白质饲料上，混合后烘干。

5. 氢氧化钠处理蛋白质　最近研究用氢氧化钠处理来降低豆饼等蛋白质饲料在瘤胃内的降解率，效果比热处理、甲醛处理或鞣酸处理好，因为后面几种处理常出现保护程度不够或过保护。

6. 鲜血处理蛋白质　用鲜血保护蛋白质饲料过瘤胃效果很好，血液在瘤胃内不易被降解，是一种保护性包膜。

7. 保护性氨基酸　给高产反刍家畜补充必需氨基酸（尤其是蛋氨酸和赖氨酸）和脂肪，使它们过瘤胃后被直接吸收。目前有两种形式的保护性蛋氨酸，即包膜蛋氨酸的蛋氨酸类似物或多聚化合物。最初蛋氨酸包膜是用甲醛处理后的蛋白质或脂肪，但是这种物质在瘤胃内仅部分稳定，并且过瘤胃以后的释放很差。后来找到了既在瘤胃酸碱度条件下稳定，又在真胃酸碱度条件下离解的多聚物包膜。最近，又将蛋氨酸与脂肪酸的钙盐成功地结合在一起，使血液内的蛋氨酸浓度增加。

蛋氨酸羟基类似物对单胃动物具有生物学活性，但是在瘤胃内不稳定，生产应用效果也不一致。

8. 商品性保护蛋白质　这类饲料市场有售，属于反刍动物的浓缩料，不仅含有保护性蛋白质，还有微量元素和维生素，能明显增加肉羊的生长速度。

（三）保护脂肪过瘤胃的方法　当瘤胃内脂肪，尤其是不饱和脂肪酸浓度高时，会降低粗纤维的消化率和降低食欲，保护脂肪首先是用甲醛处理酪蛋白包膜脂肪，然后喷雾干燥。但酪蛋白成本高和喷雾技术要求高均限制了这一技术的应用。饲喂长链脂肪酸的钙盐或脂肪酸钙盐与脂肪酸的混合物，会使饲喂脂肪酸的负效应最小。当日粮精、粗比过高或瘤胃氢离子浓度很高时，需要使用碱性缓冲液调控瘤胃氢离子浓度到正常范围，以防钙皂的离解。

第二节　粗饲料及其加工方法

按国际饲料分类原则，凡是饲料中粗纤维含量18%以上或细胞壁含量35%以上的饲料统称为粗饲料。粗饲料对反刍家畜和其他草食家畜极为重要。因为，它们不仅提供养分，而且对肌肉生长和胃肠道活动也有促进作用。母羊可以完全用粗饲料满足维持营养需要。能饲喂肉羊的粗饲料，包括干草、农作物秸秆、青贮饲料等。其中苜蓿、三叶草、花生秧等豆科牧草是肉羊良好的蛋白质来源。

粗饲料的特点是：a. 体积大，密度小；b. 粗纤维含量高于18%，能量浓度低；c. 木质素含量高，消化率低；d. 钙、钾和微量元素的含量比精料高，但磷的含量低；e. 脂溶性维生素的含量比精料高，豆科牧草B族维生素含量丰富；f. 蛋白质含量差异较大。豆科牧草的粗蛋白质含量可达20%以上，而秸秆的粗蛋白质含量只有3%～4%。

总的来看，粗饲料的营养价值可能很高，如嫩草、豆科牧草和优质青贮；也可能很低，如秸秆、谷壳和禾本科牧草。但是，通过合理加工调制，都可以饲用。

一、干草

干草是指植物在不同生长阶段收割后干燥保存的饲草，通过晒干，使牧草水分降低至15%～20%，从而抑制酶和微生物的活性。牧草成熟后，干物质含量增加，但是消化率降低，因此收割期应选择干物质含量与消化率的最佳平衡点。大部分干草应在牧草未结子前收割。

(一)干草的种类和特点　干草的种类包括豆科干草和禾本科干草。豆科干草中苜蓿营养价值最高,有“牧草之王”的美称。中等质量的干草含粗纤维 25%～35%,含消化能为 8.64～10.59 MJ/kg干物质。制备干草的目的与要求:

(1)在最佳时间收割,最大限度地保存青草的营养物质,保证单位面积生产最多的营养物质和产量,不影响下一茬种植。

(2)在牧草生长旺季,制备大量的干草,使青草中的水分由65%～85%降低到 20%以下,达到长期保存的目的,供家畜在冬天饲草不足时饲用。

干草的优点是:干草是长期贮藏的最好方式,可以保证饲料的均衡供应,是某些维生素和无机盐的来源;用干草饲喂家畜还可以促进消化道蠕动,增加瘤胃微生物的活力;干草打捆后容易运输和饲喂,可以降低饲料成本。

干草的缺点是:收割时需要大量劳力和昂贵的机器设备;收割过程中营养损失大,尤其是叶的损失多;由于来源不同,收割时间不同,加工方法不同及天气的影响,使干草的营养价值和适口性差别很大;如果干草晒制的时间不够,水分含量高,在储存过程中容易产热,发生自燃;干草不能满足高产肉羊的营养需要。

(二)干草营养的饲养价值　在各类粗饲料中,干草的营养价值最高。其营养价值的高低取决于制作干草的青饲料种类、生长阶段和调制及贮藏的方法,如豆科植物制成的干草蛋白质和钙含量较多,禾本科植物制成的蛋白质和钙的含量少。

干草作为重要的粗饲料,被广泛用于肉羊生产中。可占肥育肉羊日粮能量的 30%,占其他肉羊日粮能量的 70%。干草虽然主要作为能量来源,但是豆科牧草也是很好的蛋白质来源。

优质干草可以代替精料。有试验证明,日粮内含 60%苜蓿、

40%精料时的肥育效果优于日粮内含80%精料、20%粗料的效果。当精饲料供应紧张或价格过高时,用全粗料日粮肥育肉羊也有较好的效果。

(三)调制干草的意义　夏、秋季节,牧草中所含的蛋白质、脂肪、碳水化合物和维生素等能够满足草食家畜的需要。冬、春季由于牧草地上部分干枯,无论从牧草的数量还是质量都不能满足家畜正常需要。且冬季气候严寒,家畜养分消耗多,如果没有一定量干草储备,势必出现家畜夏活、秋肥、冬瘦、春亡的恶性循环。因此,夏、秋季节在牧草生长旺盛时,对牧草进行干燥、贮藏,解决冬、春饲草不足,全年均衡供给家畜饲草,保证家畜生长发育和健康,促进畜牧业稳定发展。

(四)干草的制备　在青草制备干草的过程中,青草中干物质或养分含量均要有所损失。例如,苜蓿从收割到饲喂,叶片损失35%,干物质损失20%,蛋白质损失29%。在地里放置时间越长,营养损失越多。

调制干草的方法不同,养分损失差别很大。目前制备干草的方法基本上可分为两种:一种是自然干燥(晒干和舍内晾干);另一种是人工干燥。晒制过程中营养物质损失途径有呼吸损失、机械损失和发热损失,还有日晒雨淋的损失。植物收割后,与根部脱离了联系,但植物体内细胞并未立即死亡,它们仍然要利用本身储存营养物质的能量进行蒸发与呼吸作用,继续进行体内代谢。由于没有了从根部输送的水分和营养物质,异化过程始终超过同化过程,植物体内的一部分可溶性碳水化合物被消耗,糖类被氧化为二氧化碳和水排出植物外。同时蛋白质也有少量降解为氨基酸,这些可溶性氨基酸,在不良条件下较易流失或进一步分解成氨气排出。由于植物细胞内物质的损耗,细胞壁物质的比例就会相对提高,所以干草中粗纤维含量有所增高,无氮浸出物下降,各种营养物质的消化率也下降。当植物体水分降低到38%左右时,植物细胞的呼吸作用停止。所以要提高干草的营养价值，在割下青饲料后应尽量加快植物体内水分的蒸发，使水分由60%～80%迅速下降到38%左右，在这个过程中，所用时间应尽量缩短，减少营养损失。自然干燥调制干草时，应把收割后的青草平铺成薄层，在太阳下曝晒，尽量在很短时间内使水分降至38%左右。在使水分进一步蒸发降至14%～17%的阶段中，尽量减少曝晒面积和时间。此时，植物细胞虽已死亡，呼吸作用停止，但外界微生物的发酵作用，可分解植物体的养分，日光照射使胡萝卜素受氧化而破坏、植物细胞壁的通透性改变，雨淋和露水使可溶性无机盐、糖、氨基酸等营养物质流失。植物在干燥过程中，叶片干燥较快、茎秆干燥较慢，容易造成叶片大量脱落，应引起注意。安全贮藏干草的最大含水量为：疏松干草25%，打捆干草20%～22%，大捆为20%，切碎干草18%～20%，干草块16%～17%。

干草水分达到14%～17%时，可堆垛或打捆储存。北方气候较干燥，干草水分为17%时就可储存；在南方，气候潮湿，水分为14%时才能储存。否则，在堆垛中发霉或发酵，发酵不仅继续损失碳水化合物，破坏维生素，更严重的是垛心温度上升到66～83℃时，将干草烤焦，升至85℃时，就可发生自燃。干草储存6个月时，干物质损失5%～7%，其他养分的消化率无显著变化。总的来说，日晒干草过程中，可消化干物质一般损失15%～35%，可消化粗蛋白质损失20%～25%。

牧草的干燥方法多数为田间干燥法和架上晒草法。还有人工干燥法。

1. 田间干燥法　青草收割后，即可在原地或另选地势较高处将青草摊开曝晒，每隔数小时翻晒，加速水分蒸发。傍晚将青草耙集成约高1 m的小堆。在小堆内继续风干。

在草原区，草场面积大，地势平坦，可采用割草机收割，割下的青草就地曝晒，然后用搂草机将青草搂集成高度约30 cm的草垄，在草垄内水分下降为20%左右(打成草绳时既不断,又不出水),便可运回畜舍附近堆集成大草垛,完成干燥过程。北方地区干旱,青草本身含水量仅有50%左右,割后直接搂成草垄或集成小堆,进行风干也可以。

晒制人工栽培牧草如苜蓿、紫云英、苕子等,亦应先平铺曝晒,后堆成小堆干燥。

2. 架上晒草法　多雨地区或逢阴雨季节制作干草,宜采用草架上干燥。草架的形式很多,如独木架、三角架、棚架、长架等,可用木、竹或金属制成。在架上晾晒的青草,要堆成圆锥形或屋脊形,堆得蓬松些,厚度70～80 cm,离地面应有20 cm左右,堆中留有通道以利空气流通。外层平整保持一定坡度以便排水。

用此法调制干草,需要一定设备和较多的人工。但架上调制比地面干燥的干草质量好。

3. 人工干燥法　人工干燥法调制的干草几乎完全可以保存青绿饲料的营养价值。人工干燥法有低温法和高温法。低温法可采用45～50℃的温度,在小室内停留数小时便使青草干燥;高温法采用500～1 000℃的热空气脱水6～10 s。在这样的高温下,只要植物体内水分含量未完全失去,植物本身的温度不会超过100℃。因此不会损失有机物质。

人工干燥法消耗大量能源,在我国能源不足的情况下,不宜采用此方法。而在美国和北欧部分地区普遍采用高温快速脱水法来生产干草粉,主要是豆科干草粉,广泛用于畜禽饲料中。

(五)干草质量及其判断要点　优质干草的特点是:营养价值高;适口性好;消化率高;利用效率高。干草质量表观的检查要点如下:

1. 牧草品种　豆科牧草的营养价值比禾本科牧草高。

2. 收割期　牧草在盛花期和成熟期收割时蛋白质、无机盐、维生素的含量比在初花期收割要低。

3. 叶的比例　叶的营养价值最高，当叶的比例高时，整株牧草的营养价值也就高。

4. 颜色　深绿色牧草的质量最高，表明没受雨淋，胡萝卜素含量高。

5. 气味　优质牧草有香味。有霉味的牧草质量较低。

6. 柔软性　牧草的柔软性好时，质量较高。

7. 杂质　杂质和脏物少时，牧草质量较高。

（六）干草饲喂技术　干草饲喂前要加工调制，常用加工方法有铡短、粉碎、压块和制粒。铡短是较常用的方法，对优质干草，更应该铡短后饲喂，这样可以避免挑食和浪费。干草可以单喂，也可以加工成草粉与精料混合喂。混合饲喂的好处是：a. 避免羊挑食；b. 增加干草的适口性；c. 增加干草的采食量。

在饲喂时要掌握下列换算关系：1 kg 干草相当于 3 kg 青贮或 4 kg 青草，2 kg 干草相当于 1 kg 精料。

二、农作物秸秆及其加工

秸秆是作物子实收获后的茎秆和残存的叶片。我国秸秆年产量为 5.7 亿 t，主要来源于小麦、水稻、玉米、高粱、燕麦和小米等作物。这些秸秆粗纤维高达 20%～50%，粗蛋白仅 3%～6%，胡萝卜素和 B 族维生素几乎没有，且体积大、水分少，因而适口性差、难消化。

对羊、牛等反刍家畜来说，限制秸秆营养的限制因素有 4 个：第一是消化率低，常用秸秆的体外有机物消化率：小麦秸 25%～58%，玉米秸 31%～50%，稻草 40%～52%，大麦秸 34%～61%，燕麦秸 34%～68%。这是由于秸秆所含木质素和木质化纤维特殊结构造成的。秸秆细胞壁包含的纤维素依靠分子间很多氢键相互连接而成牢固的纤维素胶束并排列成网状结构，使其分子链与其他细胞壁物质紧密嵌合，化学性质十分稳定。半纤维素则与木质素紧密嵌合，限制了动物的利用。秸秆中的木质素几乎不能被利用，它与纤维素、半纤维素间的嵌合妨碍了后二者的消化利用。第二是可发酵氮源和过瘤胃蛋白质含量少，且消化率低，如小麦秸粗蛋白质仅2.8%，茎节消化率只有27%。这样羊瘤胃内微生物生长繁殖受阻，不利于发酵，不能很好地提供羊所必需菌体蛋白和挥发性脂肪酸来满足其对能量和蛋白质的需要。第三是大量饲喂秸秆时，瘤胃发酵类型是酸型，丙酸产量过低。秸秆日粮外源性葡萄糖几乎是零，只得动用羊体内的内源氨基酸去合成葡萄糖，造成蛋白质代谢状况更加恶化，不利于羊的生命和生产活动。第四是矿物质元素缺乏，如钠、钴、硫、镁、钙、磷含量低于需要量，且消化率低。因此利用秸秆养羊必须进行系统的营养调控，如补加可发酵氮源和可发酵能源，饲喂过瘤胃蛋白质含量高的饲料，补饲青饲料，控制生态小环境等，其中很主要的一项措施就是加工调制。秸秆加工调制的方法有多种，其中铡短或粉碎和氨化是养羊生产中最实用的一种方法。

(一)切短、粉碎　秸秆质地粗硬，原状喂给时，羊往往吃掉叶子而把茎部剩下，造成浪费。切断或粉碎后便于羊咀嚼，同时也容易使消化液直接进入秸秆内部，提高利用率。一般秸秆喂羊可切成长1.5～2.5 cm为宜。

秸秆经粉碎制成秸秆粉后喂羊，采食完全，效果可靠。秸秆粉粗细程度很关键，过细不易反刍，容易引起前胃疾病，过粗采食率降低，造成浪费。最好使用锤式粉碎机，筛孔直径12～15 mm，制成的秸秆粉长10～20 mm，宽1～3 mm喂羊。具体做法是：将秸秆粉加入1%食盐，然后加水(最好是30℃左右的温水)搅拌均匀，用手攥成团，撒手能散开即可。堆放在10℃以上屋角内发酵24 h，然后饲喂。如不发酵，现喂现拌也可以。秸秆粉氨化成氨化秸秆粉，营养可以进一步提高。一般按秸秆粉重量的4%称取尿素，用温水溶解后加到秸秆粉中，再加40%水搅拌均匀，一层一层堆放在室内，踏实，上面盖好塑料布，室温要求在10℃以上。经30 d后，放氨即可饲喂。

饲喂量每次在0.5 kg以内，可一次喂给，0.5 kg以上，可分多次喂给。最好与精饲料或青贮饲料混拌均匀，在一起饲喂效果更好。

（二）氨化秸秆制作及利用　氨化秸秆就是在农作物秸秆中加入一定比例的氨源，使秸秆发生氨解反应，破坏连接木质素与多糖的酯键，从而提高秸秆的消化率。同时氨化秸秆中含氮量增加，使其营养价值相当于中等品质青干草。

氨化原料选用未霉烂变质、含水分不超过13%的农作物秸秆，如麦秸、玉米秸、高粱秸等。供选用的氨源有液氨（无水氨），一般含氨量99.8%，用耐高压的氨瓶或氨罐装运；氨水（液体），含氨量13%左右，无毒无杂质，用陶瓷罐、塑料罐等密闭容器装运；尿素或碳铵，均为白色粉粒状，含氮量分别为46%，16%，用双层塑料袋贮运。

(1)氨化设备有多种，应在背风、向阳、高燥处修建或放置。

氨化池——用砖（石）砌壁，水泥抹面，光滑无缝的正方形、长方形或圆形的池子，容积根据氨化秸秆需要量而定，一般修两个交替使用，每立方米氨化秸秆50～60 kg。

氨化窖——形状与氨化池相同，氨化窖有地下、半地下或地上窖，用砖（石）砌壁，水泥勾缝，四周平直。

氨化塑料袋——0.2 mm厚的无毒聚乙烯塑料薄膜袋，长1～1.5 m，口径0.5～0.7 m。

(2)氨化专用工具一般仅在使用液氨时配备，包括以下几种设备。

液氨罐（氨瓶）——盛装液氨的容器，并配备运输用的液氨槽车。

钻孔器——长2～4 m，内径35 mm的铁管，前端为锥形或马蹄形，后端为“丁”字形，用于氨化垛钻孔。

氨枪——长 2～4 m，内径 15 mm 的铁管或硬质塑料管，前端为锥形或马蹄形。由前向后至管的 1/2 打三排小孔，每排 7 个。管和后端用塑料管与氨源连接。

塑料膜——0.2 mm 厚的无毒聚乙烯薄膜，长宽根据堆垛大小决定。

安全防护用品——防毒面具、胶皮手套、胶靴、风镜、口罩、水桶、毛巾等。

液氨氨化操作方法：首先堆垛，根据原料秸秆含水量，边打捆、边堆垛、边喷水，使含水量达到 30%～40%。把原料整株捆成直径 0.5～0.7 m 的捆，将塑料膜铺在场地上，其上堆秸秆捆，高 1.7～2.2 m。堆好垛后用塑料膜覆盖，四周边各长出 0.3 m，与铺底的塑料膜边缘重合，由外向里卷好用土压紧压实。充氨操作，由佩戴好防护用品的氨化操作人员进行：在原料堆距地面 0.5 m 处用钻孔器打孔，插入氨枪，打开氨罐（氨瓶）阀门，充氨量达到原料的 3% 时，立即关闭阀门，拔出氨枪，并用绳子把充氨口的塑料膜扎紧，用液氨法制氨化秸秆注意液氨罐（氨瓶）的储存库要远离居民区，运输时，严禁互相碰撞或在烈日下曝晒。氨化操作人员必须穿好工作服、胶靴、戴好防毒面具、胶皮手套等防护用品。非氨化操作人员严禁进入充氨现场。充氨前要仔细检查液氨罐（氨瓶）阀门及输氨的塑料管，严防漏气，并备足清水，用于发生事故时清洗。充氨现场严禁火源和电源，切勿用火或电熨斗烤补塑料膜漏洞和封闭充氨口，以防爆炸。若发现白色雾状气体，要立即关闭阀门，用绳子把漏气口扎紧。

尿素（碳铵）氨化操作方法：首先确定氨源添加量。应添加氨源量＝3 kg÷（氨源含氮量%×1.21）。将所需添加的尿素（或碳铵）按每 100 kg 秸秆的需要量，溶解在 20～30 kg 水中，制成溶液，喷洒在切碎的（长 1.5～2 cm）秸秆中，拌匀备用，氨化窖先用塑料膜铺衬窖底和周壁,再将喷洒尿素(或碳铵)溶液的秸秆尽快装入窖内,边装边踩压,待高出窖口 0.2~0.3 m 后,用塑料膜覆盖,四周边缘用土压实(氨化袋口用绳子扎紧,氨化缸口用塑料膜覆盖并用泥封严)。

氨水氨化操作方法:在距化肥厂较近(10 km 以内)的地区选用氨水来源使用方便。氨水含氨量一般应高于 8%,否则影响氨化效果。氨水添加量=3 kg÷氨水含氨量%。首先将氨化原料铡成 1.5~2 cm 长,装入氨化池(缸)内,装满压实后盖一层塑料薄膜,留出注氨口,周边用泥土封严。操作人员所用毛巾、口罩要用醋浸透,并戴风镜、手套等防护用品,站在上风头一边。将注氨管插入秸秆中,打开氨水罐阀门,待事先计算好的氨水量全部注入后,迅速抽出注氨管,用绳子将注氨口扎紧。

氨化期间经常检查塑料膜有无破损漏气,发现破损及时贴补。氨化时间与温度密切相关,一般环境温度 30~45℃需 3~7 d,15~30℃需 7~28 d,5~15℃需 28~56 d,5℃以下时需 56 d 以上。根据色泽、气味和质地对氨化饲料品质可进行评定。优良者褐黄色,发亮,有糊香味,质地松散柔软;良好者黄褐色,有糊香味,质地柔软;一般者黄色或褐黑色,无糊香味或微臭,有轻度黏性,这种氨化秸秆要弃去霉坏部分后再饲喂。低劣者颜色呈灰白或褐黑,有刺鼻臭味,黏结成块,这种氨化秸秆不能作饲料。

氨化秸秆达到规定时间后,即可开封取用,应先从一边开口,禁忌全部打开。每次取数日喂量即可。随取随盖,防止氨挥发,降低含氮量。取出的氨化秸秆要经自然通风将氨味全部放掉才能喂用,一般需 2~5 d。秸秆经氨化处理后,消化率提高 10%~12%,粗蛋白质提高 4%~5%,喂量或自由采食可占日粮干物质的 70%。但一开始喂时要由少到多,先与青干草等搭配喂,7~10 d 后即可全部喂氨化秸秆。

第三节 青贮饲料

青贮是将新鲜的青饲料铡碎装入青贮窖或青贮塔内，通过封埋措施，造成缺氧条件，利用微生物的发酵作用，达到长期保存青饲料的一种方法。

一、青贮的原理

（一）高水分青贮（水分65%～75%） 在厌氧条件下，迫使青贮原料植株细胞停止呼吸作用，减少养分损失；乳酸菌在厌氧条件下利用青贮原料中的可溶性糖和淀粉为能源，迅速繁殖，产生乳酸，乳酸水平为鲜样品1.0%～1.5%或占干物质7%～8%时，青贮料的pH值下降到4.0左右，大部分微生物停止繁殖，包括乳酸菌本身也停止活动，从而达到了青贮目的。为使乳酸菌迅速繁殖，青贮原料中应含有占新鲜样品2%的可溶性糖和淀粉（占干物质6%）。

（二）低水分青贮（水分45%～55%） 低水分青贮又称半干青贮。青贮原料风干到水分含量50%左右，某些细菌如腐生菌、酪酸菌、乳酸菌的活动因受水分的限制而被抑制。青贮原料汁液浓度浓缩，渗透压升高，当微生物细胞内部渗透压低于外部渗透压时，也会引起细胞质容量减少，从而引起微生物细胞膜障碍，不仅使丁酸菌、霉菌、硝酸还原菌、腐生菌等被抑制，甚至乳酸菌也受到限制，均呈生理干燥状态，达到了青贮目的。

半干青贮原料中含糖多少以及最终pH值高低均无关紧要，对青贮原料的要求条件放宽，青贮原料的范围可以扩大。青贮饲料味不酸或微酸，有果香味，适口性好，pH4.8～5.2，湿润、深绿色、茎叶结构完好。

二、青贮的优缺点

青贮饲料的优点可以归纳为以下几点：

(1)可以提高作物的利用量。整株植物都可以用作青贮，比单纯收获子实的饲喂价值高 30%～50%。

(2)与晒成的干草相比，其质地柔软，养分损失少，在较好的条件下晒制成的干草养分也损失 20%～40%，而青贮方法只损失 10%，比干草的营养价值高，蛋白质、维生素保存较多。

(3)不受天气的影响。

(4)占地面积比干草小 75%。

(5)能避免火灾。

(6)是储存糟渣等副产品的好方式。

(7)由于微生物作用，青贮料有酸甜的芳香味，适口性好，可提高家畜食欲，具有轻泻作用。

(8)保存时间长。

青贮的缺点是建筑青贮窖一次性投资大，需要管理技术高，饲料维生素 D 含量低。

三、青贮的原料种类

(一)禾本科作物

1. 玉米　玉米青贮有 4 种青贮形式，即全植株青贮、果穗青贮、去穗茎秆青贮及玉米子粒青贮。全株青贮收割期为蜡熟期至黄熟期。去穗茎秆青贮是玉米果穗成熟收获后，茎秆有 1/2 以上的绿叶，立即收割玉米秸进行青贮。

2. 高粱　高粱植株高 3 m 左右，产量高。茎秆内糖分含量高，特别是甜高粱品种，可调制成优良青贮料，适口性好。一般在蜡熟期收割。

3. 冬黑麦、大麦　冬黑麦青贮约在抽穗期收割。大麦于 5 月中旬抽穗期收割青贮。近年来有将冬大麦与冬黑麦混播栽培,以改进冬黑麦的青贮品质。

此外,无芒雀麦、鸭茅、黑麦草、苏丹草等均是优质青贮原料。

(二)豆科作物　苜蓿、草木犀、三叶草、紫云英、豌豆、蚕豆等。因其含蛋白质高,糖分少,制作高水分青贮时应和含可溶性糖、淀粉多的饲料混合青贮。例如,与玉米秸混贮,与糠麸混贮等。通常在始花期收割。

(三)蔬菜、瓜果类饲料　胡萝卜缨、白菜、甘蓝叶、马铃薯秧、红薯藤、南瓜秧以及野草、野菜等,因含水分高,青贮前晾晒,或与含糖多的原料混贮。

(四)块根、块茎饲料　饲用甜菜、糖用甜菜及其副产品、马铃薯、甘薯等,含糖量和淀粉高,可与豆科饲料混贮。

四、青贮添加剂

(一)青贮添加剂的主要作用　青贮添加剂主要作用是防止营养损失和提高饲喂价值。对低质青贮,添加剂作用较大。其主要作用是:a. 添加营养成分;b. 提供可发酵碳水化合物;c. 添加酸,降低 pH 值;d. 抑制有害细菌和霉菌的繁殖;e. 减少氧气含量;f. 减少水分含量;g. 吸收可溶性养分,避免流失。

(二)青贮添加剂的种类

1. 尿素　可按每吨青贮干物质加 4.5 kg 尿素,一层一层地撒入,同时每吨青贮加 0.8 kg 硫酸钙,使氮硫比小于 15∶1。这种做法的优点是:a. 使青贮粗蛋白质从 8.3%提高为 12.3%;b. 适口性好;c. 开窖后青贮不会坏。

2. 酸类　a. 无机酸有磷酸,用于高水分青贮,但缺点大于优点,因为添加无机酸后影响青贮的适口性。b. 有机酸包括丙酸、乙酸、乳酸、柠檬酸和甲酸,效果优于无机酸,按 1%使用。

3. 发酵增强剂　即助发酵剂,包括细菌培养物、酵母培养物和酶制剂。该类添加剂的缺点是活性不稳定或容易失活。

4. 储存剂　包括抗生素、盐和消毒药等。

五、青贮设备

首先选择适宜的青贮地址，要求选择土质坚硬、排水良好、高燥、靠近畜舍、远离水源和粪坑的地方。可以修筑长期使用的永久建筑，亦可挖简易土窖。或就地取材，利用闲置的贮水池、氨化池、废井，养殖户也可以用水缸、塑料袋等。在地下水位较低、冬季寒冷地区宜采用地下式或半地下式青贮窖、壕、沟。近年来也采用在地面上用塑料薄膜覆盖堆贮的方法。

（一）青贮窖　一般为地下式和半地下式两种。如地下水位较高应采用半地下式，窖底须高出地下水位 0.5 m 以上，以防水渗入窖内。窖呈圆形或长方形。如长方形，四角挖成半圆形，窖壁平滑并有一定斜度，上大下小，以防倒塌和便于压实。青贮窖在制作青贮前 1～2 d 挖好，经晾晒减少土壤水分，增加窖壁坚硬度。土窖易渗水，窖四周原料霉烂，损失较大，而且每年都要修建。有条件可建永久性窖，窖四周用砖石砌成，坚固耐用，不透气、不漏水。圆形窖直径与窖深比例以 1∶(1.5～2)为宜，长方形宽深之比与圆形窖相同，长度视家畜头数和饲料多少而定。

（二）青贮壕　青贮壕长 20～40 m，上口宽 5.5～6 m，下口宽 4.5～5.5 m，深 2.5～3.5 m。底部向一侧斜以便排出青贮料渗出液，或者底部与壁接合处修一排水沟。有条件底部和四壁采用砖石结构或混凝土结构。也可以用塑料薄膜代替，避免泥土污染。

（三）青贮塔　青贮塔为圆筒形建筑，耐用、贮量大、损耗少，但成本高。建材可分镀锌钢板、水泥砖板、硬质塑料等。塔身每隔2 m开一个窗口，便于取料。一般塔直径 3～6 m，高 12～14 m。在寒冷地区不适用青贮塔，以防青贮饲料冻结。

（四）塑料袋　塑料袋青贮简易，适用于农户。用无毒聚乙烯双幅塑料薄膜，厚度为 0.8～1.0 mm，每袋装 100～150 kg 青贮原料。

六、青贮饲料的制作

（一）制作青贮的条件

（1）在最佳成熟阶段收割。收割时水分含量 60%～67%。

（2）铡的长度要合适，玉米青贮一般铡成 1～1.5 cm，秸秆要铡得更细。这样不仅有利于装窖时压实，排除空气，而且使汁液渗出，润湿原料表面，有利于乳酸菌的发酵。

（3）适宜的水分含量为 60%～67%，如果水分超过 67%，可以与粉碎的干草或秸秆混合青贮。用秸秆制作青贮时，应加水使含水量达到 60%～65%。青贮原料含水量的控制是决定青贮品质的重要因素。

（二）判断水分含量的方法

1. 手挤法　抓一把铡碎的青贮原料，用力挤 30 s，然后慢慢伸开手。伸开手后有水流出或手指间有水，含水量为 75%～85%，此时太湿不能做成优质青贮，应该晒一段时间，或与秸秆等一起青贮，或每吨加 90 kg 玉米面。伸开手后料团呈球状，手湿，含水量为 68%～75%，也应该晒一段时间，或每吨加 69 kg 玉米面，或每层之间加一层秸秆。伸开手后料团立即散开，含水量低于 60%，要添加水分后才能青贮。

2. 扭弯法　在铡碎前，扭弯秸秆的茎时不折断，叶子柔软、不干燥，这时的含水量最合适。

3. 实验室测定法　用实验室方法测定水分含量，优点是准确，缺点是时间长。

（三）青贮饲料制作方法　青贮制作分为切短、装填与压实、密封等几个步骤。

将含水分 65%左右青贮原料切碎，便于压实，排出空气，尽量造成厌氧环境。一般切成 2～3 cm 长度，随切碎随入窖，装填 15～20 cm 厚时，长窖可用拖拉机层层压实，尤其是窖四周边缘和窖角，拖拉机压不到的地方一定要用人工踩实。青贮原料装满窖后再超出窖面 1 m 左右。然后及时用塑料薄膜盖严。上面用土覆盖拍实，土厚 30～50 cm 并呈圆顶，以利排水。青贮窖(壕)密封后，在窖的周围约 1 m 处挖排水沟，以防雨水渗入窖内。如发现顶出现裂缝，应及时加土压实，以防漏气。

半干青贮制作方法与高水分青贮制作主要区别是青贮原料要晾晒，水分达到 45%～55%。半干青贮也要求切短、压实和高度的密封。

塑料袋青贮装袋时，应先将袋的底部两角填满压实，然后分批少量加入，层层压紧，每袋装满后用绳子将饲料处扎紧袋口，不要留有空隙。塑料袋严加保护，一旦损坏要立即补好。

七、开窖与利用

(一)开窖　青贮饲料在封窖 40～60 d 后即可开窖饲喂。一般以气温较低又缺饲草的季节开窖为宜。开窖前清除封窖时的盖土、铺草等。圆窖顶部盖好塑料布或席，便于逐层取用。大的长形窖应从一端开始，逐段取料，逐段清除盖土。袋装青贮用完一袋再开下一袋，未用完时应将袋口扎紧。注意防止二次发酵。

(二)青贮饲料的品质鉴定　我国一般凭感官鉴定。

1. 气味　质量好的青贮饲料具有一种酸香味，气味芳香，酸味也较浓，似酒糟味。中等青贮酸味较少，具有香味但不浓。劣等青贮带有丁酸味或刺鼻糊臭味、霉味。

2. 色泽　上等青贮呈绿色或黄绿色，接近原料颜色；中等呈黄褐色或暗绿色；下等呈褐色或黑色。

3. 质地　上等青贮茎叶结构保存良好，拿到手中很松散，质地柔软略带湿润；中等柔软但稍干或者水分稍多；下等青贮粘成一团,茎叶腐烂,或者松散干燥、粗硬。

下等青贮不能饲喂家畜,只能作肥料。

(三)青贮饲料饲喂量　羊喂青贮饲料时,喂量由少到多,先与其他饲料混喂,使其逐渐适应。肉羊每只每天可喂1.5~2.0 kg。

第四节　青绿饲料

青绿饲料来源十分广泛,包括天然草地青草、人工栽培牧草、蔬菜类作物茎叶、水生作物等。一般含水分60%以上,柔嫩多汁,适口性好,羊喜食。羊对青饲料中的有机物质消化率可达75%~85%。

青饲料中蛋白质含量丰富,干物质中含粗蛋白13%~24%,豆科比禾本科的蛋白质高1倍左右。青饲料粗蛋白质中氨化物(游离氨基酸、酰胺、硝酸盐等)占总氮30%~60%,羊可由瘤胃微生物把它们转化为菌体蛋白被机体吸收。青饲料的氨基酸组成比较完全,赖氨酸、色氨酸和精氨酸较多,营养价值高。同时青饲料富含维生素,尤其是B族维生素、维生素C、维生素E、维生素K丰富。含钙、磷较多,且比例适当,以青饲料为主喂羊一般不会缺钙。

青饲料是一种营养相对比较平衡的饲料,但喂羊要注意两个问题:第一是青饲料的含水量较高,干物质较少,能量相对较低。在育肥期和哺乳期要视青饲料质量及供给量,适当补充谷物、饼(粕)等能量饲料和蛋白饲料。第二是幼嫩的青饲料干物质中粗纤维含量不超过15%(叶、菜类)至30%(一般青草等),无氮浸出物在40%~50%,二者比例1∶1或1∶2。老化的青饲料中粗纤维大幅度提高,二者比例则变为2∶1或3∶1,特别是其中的木质素含量提高,羊虽然是反刍畜,对木质素的消化率也只有32%~58%。蛋白质含量也随着植株生长而逐渐降低,所以青饲料要适时刈割、饲喂。

一、禾本科青绿饲料

禾本科草种很多,大部分品种在子实尚未成熟时适口性均非常好。

(一)青饲玉米 在禾本科青绿饲料中以青饲玉米品质最好,老化晚,饲用期长,从抽穗期直到成熟期消化率变化不大,收割晚些干物质单位面积产量增加。青饲玉米柔软多汁,适口性好,适于做羊的青饲料(表4-4)。

表4-4 青玉米不同生长期营养成分与消化率 %

生长阶段	干物质	粗蛋白质		粗脂肪		粗纤维		无氮浸出物		钙	磷
		含量	消化率	含量	消化率	含量	消化率	含量	消化率		
抽穗	15.0	1.6	61	0.3	69	4.2	64	7.8	—	—	—
乳熟	19.9	1.6	59	0.5	73	5.0	62	11.6	76	—	—
蜡熟	26.9	2.1	59	0.7	79	6.2	62	16.6	77	0.08	0.07
成熟	37.7	3.0	58	1.0	78	7.8	62	24.2	73	0.11	0.07
平均	24	2.0	59	0.6	74	6.6	62	14.5	73	0.09	0.07

摘自南京农学院主编,饲料生产学。

青饲玉米饲喂羊,日喂量可达4～5 kg。

(二)青饲高粱 高粱的青绿茎叶,尤其是甜茎品种,是牛、羊、马的好饲料,可在抽穗开花至乳熟期收获,早期收割如留茬3～5 cm,还可再生供青割利用。

(三)青饲大麦 青饲大麦是优良的青绿多汁饲料。生长期短,分蘖力强,再生能力强,及时收割还可收到再生草。大麦于孕穗至开花期收割后,经30～40 d可再割一次,产量与第一次近似或略高,但品质好。大麦抽穗以后老化,品质下降。

(四)青饲燕麦 燕麦叶多茎少,叶子宽长,柔软多汁,适口性好,是一种很好的青饲料。收获期对营养成分影响不大,从乳熟期至成熟期均可收获(表4-5)。

表 4-5 不同收获期对青割燕麦营养成分影响

风干基础,%

收获期	水分	粗蛋白质	粗脂肪	无氮浸出物	粗纤维	粗灰分
开花期	7.5	8.4	1.8	45	32	5.3
乳熟期	9.2	6.6	2.5	42	34	5.7
糊熟期	7.3	6.1	2.9	48	30	5.7
成熟期	8.1	5.7	1.9	46	33	5.3

摘自南京农学院主编,饲料生产学。

(五)黑麦草 黑麦草生长快,分蘖多,茎叶柔软光滑,品质好,各种家畜均喜欢吃。喂猪应在抽穗前收割,喂牛、羊则可稍迟。如调制干草可在抽穗后收割。

此外,鸡脚草、无芒雀麦、牛尾草、羊草、披碱草、象草和苏丹草均为重要的禾本科牧草。鲜草可喂牛、羊、马,幼嫩草可以打浆喂猪,也可以调制成干草或制作青贮。

二、豆科青绿饲料

豆科饲用植物的种类比禾本科少很多。豆科植物蛋白质含量比禾本科高。茎秆中纤维素含量高而可溶性碳水化合物含量较低。叶子营养丰富。豆科牧草的钙、镁和硫含量比禾本科高,而锰和锌则较禾本科低。

(一)苜蓿(紫花苜蓿、紫苜蓿) 苜蓿营养价值高,适口性好,各种家畜均喜欢吃,一年可收割几茬。可鲜喂,也可制成干草、干草粉或调制青贮饲料。但苜蓿茎的木质化比禾本科草早且快(表4-6)。

现蕾前后比较粗纤维含量急剧增加,而蛋白质的消化率急剧下降,不消化的粗纤维增加。一般认为有1/10～1/2植株开花收割适宜,苜蓿不仅是草食家畜的良好饲料,也是猪和禽的好饲料,在平衡日粮中可加一定量苜蓿干草粉或鲜苜蓿。

表 4-6 苜蓿不同生长阶段营养变化 %

营养成分	蕾前期	现蕾期	盛花期
粗纤维	22.1	26.5	29.4
粗蛋白质	25.3	21.5	18.2
粗灰分	12.1	9.5	9.8
可消化粗蛋白质	21.3	17.0	14.1
不消化粗纤维	8.0	12.8	16.2

摘自东北农学院主编,家畜饲养学。

(二)红三叶(三叶草) 在现蕾开花期叶多茎少,草质柔嫩,品质较好。盛花期蛋白质含量下降,粗纤维增加,消化率降低,适时收割是很重要的(表 4-7)。

表 4-7 不同生长阶段红三叶营养成分 %

生长阶段	干物质	占干物质				
		粗蛋白质	粗脂肪	粗纤维	无氮浸出物	粗灰分
现蕾前期	18.1	20.4	5.0	16.1	49.7	8.8
开花期	27.3	15.0	4.0	28.2	45.5	7.3

摘自南京农学院主编,饲料生产学。

白三叶、草木犀、金花菜、毛苕子、紫云英、沙打旺等均为重要的豆科牧草。

三、蔬菜类饲料

蔬菜类饲料包括块根、块茎类地上部分绿色茎叶和某些蔬菜。

(一)苦荬菜 苦荬菜鲜嫩多汁,味稍苦,适口性好,促进食欲,帮助消化。通常切碎或打浆拌一定量的精饲料喂猪,也可以饲喂奶牛。苦荬菜生长快,再生力强,北方一年可收割 3～5 次,南方收获 5～8 次。每公顷可产鲜菜 7.5 万～15 万 kg(表 4-8)。

表 4-8 苦荬菜营养成分 %

样品	水分	粗蛋白质	粗脂肪	粗纤维	无氮浸出物	粗灰分
鲜样	89.0	2.6	1.70	1.60	3.20	1.90
干样	0	23.63	15.53	14.53	29.01	17.30

据浙江省农业科学院畜牧所分析结果。

（二）聚合草 聚合草产量高，株大叶茂，一年收割多次，每公顷产 11.25 万～15 万 kg。营养丰富，含有多种维生素，据江苏省农学院分析，蛋白质含量较高，与苜蓿相近似，而粗纤维低于苜蓿（表 4-9）。

表 4-9 聚合草营养成分 %

收割时期	水分	占干物质				钙	磷
		粗蛋白质	粗脂肪	粗纤维	无氮浸出物		
第二茬	93.33	18.41	1.35	14.69	41.83	1.5	1.2
第三茬	92.34	24.15	2.87	12.01	39.16	1.4	1.2
第四茬	90.05	23.42	1.31	12.97	42.41	1.31	1.11
第五茬	84.90	26.43	2.92	8.43	43.82	1.73	0.80
苜　蓿	76.0	17.5	2.5	32.5	38.8	1.7	0.3

四、树叶饲料

作为饲料的树叶种类很多，其中较好的有槐树叶、桑树叶、榆树叶、白桦树叶、柳树叶等。适时采集营养价值较好，蛋白质的能量都较高（表 4-10）。

表 4-10 树叶营养成分 %

名称	季节	水分	占干物质基础					单宁
			粗蛋白	粗脂肪	粗纤维	无氮浸出物	粗灰分	
洋槐叶	春	73.6	27.2	3.6	12.8	48.1	7.8	0.5
	夏	72.9	24.7	3.6	14.8	49.1	7.9	—
	秋	60.6	19.3	5.0	19.4	48.9	5.5	1.1

续表 4-10

名称	季节	水分	占干物质基础					单宁
			粗蛋白	粗脂肪	粗纤维	无氮浸出物	粗灰分	
白杨叶	春	67.5	16.3	4.0	19.2	51.1	9.4	0.7
	夏	65.5	15.2	5.6	25.9	40.7	11.6	—
	秋	36.9	12.0	10.3	26.6	40.3	10.2	1.5
白桦叶	春	65.5	14.6	7.4	17.9	54.9	5.2	1.0
	夏	57.5	13.0	9.0	18.9	52.3	6.7	—
	秋	34.5	10.3	9.0	20.1	55.7	4.9	1.3
枫叶	春	72.1	18.0	4.7	24.8	44.1	7.5	1.9
	夏	60.4	12.8	5.9	26.9	45.7	8.8	—
	秋	46.0	9.8	5.4	27.6	47.3	9.0	3.1
柳叶	春	73.6	18.9	3.0	18.7	49.8	5.5	0.8
	夏	64.4	17.4	4.5	20.1	47.5	10.5	—
	秋	45.9	12.0	4.0	22.9	50.8	10.3	1.7

摘自东北农学院主编，家畜饲养学。

树叶含有单宁，随季节剧增，秋季可增加1倍，故有涩味。单宁过多影响蛋白质利用。

五、利用青绿饲料应注意的问题

（一）氢氰酸中毒　高粱、玉米幼苗中含有氢氰酸有机衍生物——氰甙配糖体，特别是高粱、玉米收割后再生幼苗或雨淋霜冻后的幼苗中氰甙含量更高，家畜采食可引起中毒。氰甙进入机体后，在酶作用下氰甙水解为剧毒氢氰酸，氢氰酸与细胞色素氧化酶辅基上铁结合，使氧化酶失去作用，使细胞内的生物氧化过程不能正常进行，造成组织缺氧，组织细胞不能从毛细血管的血液中摄取氧，静脉血中存氧过多，因此当氢氰酸中毒时皮肤发红。组织缺氧首先引起中枢神经系统严重障碍，因为中枢神经对缺氧最敏感，所以病畜兴奋，呼吸困难，起卧不安，可视黏膜鲜红，最后引起呼吸和心血管中枢麻痹死亡。剖检可见血液呈鲜红色，血液凝固不良，气管、支气管黏膜有出血点，肺水肿充血，胃内充满气体，具有苦杏仁味。此外，亚麻叶、亚麻子饼、鲜木薯、三叶草、南瓜藤、苦杏仁、桃仁等也含有较高的氰甙，但经过调制成青贮饲料或晒干后毒性消失。氰甙在40～60℃时最易分解为氢氰酸，氢氰酸在酸性溶液中极易挥发，含氰甙饲料在煮沸时加入醋酸，打开锅盖、搅拌，使氢氰酸挥发，便可安全利用。

（二）苜蓿中毒　鲜苜蓿中含有一种叶红质物质，经太阳照射产生荧光，被家畜机体吸收后，经血液进入无色素的皮肤内，在太阳光作用下，引起血管破裂和神经系统、消化系统紊乱。白猪耳、颈及身躯两侧皮肤出现红紫色疹块，马头部和四肢皮肤的无色部位出现红肿，红肿消失后脱皮，羊四肢、胸、腹、乳房出现疹块、发痒。严重时形成脓泡、结痂，还出现食欲减退、腹痛。为避免中毒，应与其他饲料混合饲喂。

羊饲喂豆科牧草还应注意避免发生膨胀病，苜蓿等豆科牧草含有皂角素，牛、羊采食大量鲜苜蓿后，在瘤胃中形成大量泡沫样物质使瘤胃内的气体难以排出，造成瘤胃中压力逐渐增加，如果不及时排除这些过多气体，最后将会导致窒息，因此在放牧之前喂部分干草，露水未干之前暂缓放牧，豆科牧草和禾本科牧草混种，均可防止膨胀病发生。

（三）草木犀中毒　草木犀中毒乃是由于家畜采食了霉烂草木犀所致，霉烂草木犀含有双香豆素（或称出血素），它影响了维生素K的作用，阻止凝血素形成。

（四）亚硝酸盐中毒　对于家畜来讲硝酸盐毒性低，亚硝酸盐毒性高，多数中毒都是硝酸盐还原为亚硝酸盐造成的。蔬菜类饲料经过踩踏、霜冻、堆放、运输后，尤其在潮湿闷热季节，还原性细菌极易将硝酸盐还原为亚硝酸盐。以青菜为例，新鲜时含亚硝酸盐0～0.1 mg/kg，放置4 d为2.4 mg/kg，放置6～8 d并有腐烂时可达340～386 mg/kg。白菜或甜菜叶蒸煮后，放在锅内焖12～24 h，亚硝酸盐含量达 200～400 mg/kg。蔬菜在 25～37℃潮湿条件下产生亚硝酸盐最高。

单胃家畜多是食入已形成亚硝酸盐而中毒，少数是因胃酸不足或胃肠道疾病，肠道中细菌将硝酸盐还原为亚硝酸盐而中毒。反刍家畜有所不同，瘤胃中的理化和生物条件都适合硝酸盐还原为亚硝酸盐，所以对牛、羊来说，食入过多的硝酸盐就有中毒危险。

硝酸盐主要对胃肠局部刺激作用，导致急性胃肠炎。而亚硝酸盐进入血液，将血红蛋白氧化成为高铁血红蛋白，失去携带氧的能力，造成全身组织细胞缺氧，还引起血管扩张，导致外周循环衰竭。硝酸盐和亚硝酸盐还会在体内争夺碘，使甲状腺肿大。急性中毒家畜腹痛、腹泻、呕吐、呼吸困难、肌肉颤抖、四肢无力、皮肤乌青。临死前有阵发性惊厥。

剖解可见血液似酱油呈黑色或咖啡色，凝固不良，胃肠黏膜有充血，心肌、气管有出血点。

应将青绿饲料摊开，放在通风地方，腐烂变质的饲草不能饲喂，最好新鲜生喂。

第五节 饲料补充料

饲料补充料是指提高基础日粮营养价值的浓缩料，含有蛋白质或氨基酸、无机盐或维生素。补充料可以直接饲喂，也可以与基础日粮混合后饲喂。主要功能是防止营养缺乏症，保持肉羊的最快生长速度。

一、蛋白质补充料

蛋白质含量在 20%以上的饲料都可以称为蛋白质补充料。根据来源，蛋白质补充料可划分为植物蛋白质、动物蛋白质、非蛋白氮和单细胞蛋白。

（一）植物蛋白质　这类蛋白质包括豆饼、棉子饼、亚麻饼、花生饼、葵花子饼、菜子饼和椰子饼等。它们的蛋白质含量和饲养价值变化很大，取决于种类、含壳量和加工工艺。

（二）动物蛋白质　动物蛋白质主要来自肉类加工厂、炼油厂、奶品厂及水产品的不可食用组织，如肉粉、肉骨粉、血粉、羽毛粉和鱼粉等，其中鱼粉的氨基酸平衡、无机盐和维生素丰富，是优质蛋白质饲料。使用动物性蛋白质时应注意以下问题：a. 因含脂肪多，容易氧化腐败；b. 易被细菌污染；c. 成本较高。

（三）非蛋白氮　肉羊瘤胃内的微生物可以合成蛋白质，可以用部分非蛋白氮代替蛋白质饲喂肉羊，但是无机盐和碳水化合物的供应要平衡。最近，含非蛋白氮（NPN）的液体蛋白质补充料正在增加。市场上已经有缓释性非蛋白氮出售。

常用的非蛋白氮为尿素，含氮量46%，粗蛋白质当量280%。当日粮的可消化能含量高、粗蛋白质含量在13%以下时，可以添加尿素。添加尿素时，要注意补充硫，使氮、硫比达到15∶1。要把尿素均匀混合入精料中。尿素的喂量可占日粮蛋白质总量的25%～30%，要让肉羊有5～7 d的适应期，少量多次，注意补充维生素A，注意在日粮内添加0.5%的盐。

（四）单细胞蛋白　单细胞蛋白，如酵母、海藻和细菌，可以作为蛋白质和维生素的来源。这种饲料的安全性取决于所用的菌种、底物和生长条件。

二、氨基酸补充料

蛋白质由20种氨基酸组成，有些氨基酸在一般饲料内的含量都很低，故多在补充料内添加人工合成的限制性氨基酸，添加量可参考营养需要量。

三、无机盐补充料

无机盐补充料是由一种或几种元素组成的补充料。常量元素包括钙、磷、镁和硫。微量元素包括铜、铁、碘、锰、锌、钴和硒。虽然饲料内含一定量的无机盐，但仍然需要在日粮内补充一种或几种元素。无机盐补充料的使用取决于：a. 饲料的种类；b. 不同地区的土壤状况；c. 肉羊的生长阶段。对肉羊只能补充其所缺乏的无机盐，而不是每种都补。无机盐补充料的生产需要专用设备，并且要考虑微量元素的混合与配伍关系。各种无机盐之间存在互作关系，一种过量会导致另一种或几种的缺乏症，并且缺乏与过量之间的范围很窄。如硒，允许在饲料内添加的最大含量是0.3 mg/kg(0.3 ppm)，含量超过10 mg/kg 就会引起硒中毒。因此无机盐补充料要求有较高的生产技术，一般由专门厂家生产。

无机盐补充料的使用有两种方式：一种是对以精料为主的肉羊，放置两个槽供自由采食，第一个槽内放有含各种微量元素的无机盐，第二个槽内放有1/3的盐、1/3的脱氟磷酸钙（或骨粉）和1/3的石粉（或贝壳粉）；另一种是对以粗料为主的肉羊，第一槽内放含各种微量元素的食盐，第二槽内放1/3的食盐和2/3的磷酸氢钙。

补饲无机盐注意事项：日粮内应含有0.25%～0.50%的食盐，不但能补充钠和氯，还能改善适口性。日粮内钙和磷要平衡。

（一）常量元素　在肉羊日粮内需要添加的常量元素有4种，即钠、氯、钙、磷。粗饲料钾、钠比为17∶1，因此，肉羊在以粗饲料为主时需要添加食盐以平衡钾、钠的供应量。石粉和贝壳粉是钙的廉价来源。磷的来源有磷酸铵、骨粉、磷酸钙、磷酸氢钙和脱氟磷酸盐。钙和磷补充料的含氟量应保持在0.5%以下。此外，在春季放牧时要注意补充镁，日粮中使用尿素时要考虑补充硫。

（二）微量元素　常需补充的微量元素有7种，即钴、铜、碘、铁、锰、硒和锌。影响微量元素需要量的因素有：a. 动物个体；b. 饲料种类；c. 土壤特性。

四、维生素补充料

饲料维生素含量变异很大，受植物品种、部位、收割、储存和加工的影响。维生素易受热、阳光、氧和霉菌的破坏，而肉羊对维生素的需要量很小。因此，现代畜牧业中主要依靠维生素补充料满足动物的需要量。对成年肉羊，维生素A、维生素D和维生素E都容易缺乏，其中维生素A最容易缺乏。正常情况下，肉羊瘤胃微生物能合成B族维生素和维生素K。在舍饲时应该注意补充维生素D。

(一)维生素A和胡萝卜素　青绿饲料和黄玉米含有丰富的胡萝卜素，胡萝卜素也叫维生素A原，在肉羊体内可以转化为维生素A，或用添加化学合成的维生素A提供。维生素A既可以加在饲料内饲喂，也可以肌内注射。

(二)维生素D　对舍饲肉羊要补充维生素D。如果肉羊晒太阳的时间在6 h以上，就不需要在日粮内另外补加维生素D。缺乏维生素D时肉羊易患佝偻病和软骨症。

(三)维生素E　维生素E对繁殖和肌肉的质量有影响。植物的叶、谷物都含有较多的维生素E。一般肉羊的饲料内不需要添加。但是对应激、运输和免疫能力差的肉羊，应该补充维生素E。

(四)维生素K　瘤胃微生物能合成足够的维生素K，无需给肉羊日粮内添加。

(五)B族维生素　2月龄前的羔羊要补充B族维生素，2月龄后瘤胃微生物能合成足够的B族维生素，不需再补加。

五、饲料添加剂

这类物质属非营养性产品，用于提高动物的生长速度和生长效率、预防疾病或保存饲料。但是动物本身并不需要这些物质。

(一)抗生素　抗生素的作用机理是:减轻消化道内细菌感染的亚临床症状;增加食欲和养分的吸收;刺激酶的活性,促进营养物质的吸收。

(二)缓冲剂　给肉羊饲喂高精料日粮或大量青饲料时,瘤胃的酸度高,容易出现酸中毒。这时使用缓冲剂能提高肉羊的生长速度,防止酸中毒。

(三)异位酸添加剂　异位酸包括异丁酸、异戊酸和2-甲基丁酸3种异位酸。这些酸在瘤胃内由细菌发酵产生,但量不够。在饲料内添加后可以刺激纤维分解菌的生长,较大幅度地提高肉羊的日增重。异位酸属营养型添加剂,市场发展前途看好。

第五章　肉羊的营养需要和日粮配合

第一节　肉羊的营养需要

肉羊在维持生命和生长、肥育、繁殖、泌乳等生产、生理活动中所需要的物质，叫做营养物质。这些营养物质存在于饲料中。饲料经科学搭配、充分利用，以满足肉羊的营养需求，是保障养羊效益的关键环节。

肉羊需要的营养有 6 种，即蛋白质、碳水化合物、脂肪、维生素、矿物质和水。

一、蛋白质

蛋白质是由碳、氢、氧、氮和硫等构成的有机化合物。纯蛋白质和氮化物统称粗蛋白。蛋白质是构成羊皮、羊毛、肌肉、蹄、角、内脏器官、血液、神经、酶类、激素、抗体等组织的基本物质。不论什么生理阶段的肉羊，都需要一定的蛋白质。蛋白质不足，会使肉羊消瘦、衰弱，甚至死亡。若母羊发生营养缺乏症会使胎儿发育不良，产死胎、畸形胎，泌乳羊奶少，幼羊生长发育受阻，抗病力弱。

饲料中的蛋白质，是由各种氨基酸组成的。由于构成蛋白质的氨基酸种类、数量与比例不一样，所以蛋白质的营养价值也不相同。羊对蛋白质需要，实质就是对各种氨基酸的需要。氨基酸有 20 多种，其中有些氨基酸在体内不能合成或合成速度和数量不能满足羊体正常生长需要，必须从饲料中供给，这些氨基酸称为必需氨基酸。羔羊由于瘤胃发育不全，瘤胃内没有微生物或微生物合成功能不完整。在此阶段至少要提供 9 种必需氨基酸：即组氨酸、异亮氨酸、亮氨酸、赖氨酸、蛋氨酸、苯丙氨酸、苏氨酸、酪氨酸和缬氨酸，随着瘤胃的发育成熟，对日粮中必需氨基酸需要逐渐减少。

各类饲料的粗蛋白质含量和氨基酸组成比例不同。一般动物性蛋白饲料优于植物性蛋白饲料，即鱼粉、血粉、肉粉蛋白质品质最好，豆类饲料和饼粉类饲料中蛋白质，营养价值高于谷物饲料。

饲料蛋白质被羊食入后，在瘤胃中被微生物降解成肽和氨基酸，然后再合成菌体蛋白被小肠吸收，在转化过程中养分损失，影响利用率。但各种蛋白饲料的瘤胃降解率不同，瘤胃降解率低的饲料有优质干苜蓿、鱼粉、羽毛粉、血粉、肉粉等。选择饲用这些天然降解率低的蛋白饲料，可使蛋白质营养在瘤胃内酵解少，能直接进入真胃、小肠消化吸收，提高转化效率。也可以采用“过瘤胃技术”达到以上目的。

尿素只能替代肉羊日粮中部分蛋白质，因为瘤胃微生物利用尿素的能力有一定限度，尿素喂量过多，吸收就会降低，严重时会引起中毒，甚至死亡。尿素的喂量，一般以占日粮干物质的1%或占日粮中粗蛋白质的25%～30%，也可按100 kg体重日喂20 g，如一头体重40 kg的羊，每天可喂8 g。

尿素喂羊注意事项：

(1)饲喂方法：把尿素按每日喂量分数次混入精料或富含淀粉或糖类的饲料中饲喂，也可把尿素用温水溶开，喷洒在干草上，晾干后喂羊。

(2)逐渐适应：尿素适口性差，最初喂时掌握在规定量的1/10，逐日增加，1～2周后增加到规定喂量。羔羊瘤胃中缺少微生物，不能饲喂尿素，体弱的羊不喂或少喂尿素。

(3)提高尿素利用率：要补充含能量高的精料，以利于瘤胃微生物的增殖，从而促进其对尿素的分解和菌体蛋白的合成；硫是饲喂尿素时必须考虑的元素，因为每千克瘤胃微生物干物质中含8 g硫，同时它还是瘤胃微生物合成蛋氨酸、胱氨酸的原料。饲料中氮、硫比(8.6～30.8)∶1,一般平均 14.1∶1(ARC,1985),所以要补充硫酸盐或硫磺(升华硫)。还要注意补充钴和维生素,钴是维生素 B_{12}的组成成分,后者在蛋白质代谢中起重要作用。传统观点认为对瘤胃微生物只需补充脂溶性维生素,但近年有资料指出某些瘤胃微生物需要特定的维生素 B 调节生长。当用尿素替代天然蛋白质时,更应考虑维生素平衡;磷是 DNA 和 RNA 的组分,微生物中的氮、磷比为 8∶1,所以要注意补磷,具体可选用骨粉或磷酸氢钙等。

(4)注意安全饲用:使用尿素,喂量不宜过大,也不能单喂或将尿素溶在水里直接饮用,尿素喂后不能立即饮水。这是因为喂量过大或溶解于水后,尿素在瘤胃内迅速分解成大量游离氨。若微生物来不及利用,其中多余的氨就会通过胃壁进入血液,若吸收的氨量超过肝脏把氨转化为尿素的能力,氨在血液中的浓度便增高,当每 100 mL 血中氨氮含量超过 1.0 mg 时,便可发生中毒。

注意不要在含生豆饼、生豆子和胡枝子的子实、苜蓿的子实或野芥子的饲料中搀入尿素。因为这些子实内富含尿素酶,易把尿素分解成氨和二氧化碳,游离出的氨味很浓,影响羊采食,严重时也会导致中毒。

肉羊尿素中毒的表现是在食后 15～40 min 身体颤抖,运动失调,呼吸困难。若有以上表现,应及时灌服食醋 0.2～0.5 L 或酸羊奶 1～2 L。给予含 20%～30%的糖水或糖浆,可减轻中毒。

二、碳水化合物

碳水化合物是由碳、氢、氧三元素构成的有机化合物,是羊体热能的主要来源。碳水化合物被羊体消化吸收和氧化分解,产生热能,维持体温及生命活动,供给生产所需能量。剩余部分,可以在体内转化成脂肪储存起来,以备饥饿时动用。羊瘤胃内若有充足的碳水化合物,可促进瘤胃微生物的繁殖和活动,有助于蛋白质等其他营养的有效利用。每克碳水化合物能产生 16.73 MJ 的热能。若饲料中碳水化合物供应不足，就会动用体内储存的脂肪和蛋白质来满足能量的需求，导致肉羊减重，生长发育缓慢，繁殖力会降低。肉羊育肥应多喂碳水化合物含量高的饲料。

碳水化合物可分为无氮浸出物和粗纤维。无氮浸出物又称易溶性碳水化合物，主要包括淀粉和糖类，含能量高，易于消化吸收。玉米、高粱等精饲料和薯类中含大量无氮浸出物，占干物质的60%～70%，是肉羊快速育肥时主要的能量来源。粗纤维包括纤维素、半纤维素、木质素，是植物细胞壁的主要成分。一般植物细胞壁含纤维素 20%～40%，半纤维素 10%～40%，木质素 5%～10%，果胶 1%～10%。这些物质在单胃动物体内不易消化吸收，特别是木质素几乎不能被消化利用。肉羊瘤胃中有大量能分解利用粗纤维的微生物，所以比猪、鸡等单胃动物能较多地利用青粗饲料中的粗纤维。粗纤维除能供肉羊热能外，能填充胃肠，使羊有饱腹感，同时能刺激胃肠蠕动，有利于草料的消化和粪便的排泄。粗饲料中粗纤维含量高，其消化利用程度又与粗饲料的木质化程度有关，所以要选用适时刈割的秸秆、草等，配合各种加工方法尽量提高其利用价值。

三、脂肪

脂肪由碳、氢、氧三元素组成，不仅是构成羊体的重要成分，也是热能的重要来源。脂肪产热 54.7 MJ/g，是碳水化合物或蛋白质的 3.25 倍。

脂肪能溶解脂溶性维生素 A、维生素 D、维生素 E、维生素 K 和一些生殖激素，使之便于羊体吸收利用。脂肪还是羊乳的组成部分。多余的脂肪以体脂肪形式储存于体内，保蓄体温，并在饲料条件差时，转化为热能供羊体维持生命和生产。

羊是反刍动物，由于瘤胃微生物的作用，可将饲料中不饱和脂肪酸氢化为饱和脂肪酸。同时，羊空肠后部能较好地吸收长链脂肪酸和饱和脂肪酸，因此羊、牛等反刍动物的体脂肪组成与单胃动物不同。饱和脂肪酸比例明显大于不饱和脂肪酸。

四、维生素

维生素是维持生命的要素，在饲料里含量虽然甚微，但作用很大。它对羊体神经的调节、能量的转化和组织的代谢，都有重要作用。

维生素可分为两大类：即脂溶性维生素（包括维生素 A、维生素 D、维生素 E 和维生素 K）和水溶性维生素（包括 B 族维生素和维生素 C）。成年羊的瘤胃内可以合成 B 族维生素（硫胺素、核黄素、烟酸、吡哆醇、生物素、叶酸和钴胺素）以及维生素 K，在肝脏和肾脏中可以合成维生素 C。因此，一般讲，除羔羊外，无需添加。对成年羊一般需要添加的只有维生素 A、维生素 D 和维生素 E。最近有资料认为，某些瘤胃微生物需要特定的维生素 B 调节生长。当用尿素替代蛋白质饲料时，应考虑维生素平衡。

（一）维生素 A　维生素 A 维持羊正常的视觉，促进细胞增殖，器官上皮细胞的正常活动，调节有关养分的代谢。

麦秸、稻草和劣质干草中的胡萝卜素含量很低，舍饲羊大量饲喂这些粗饲料而不注意喂青草或补充维生素时，常导致维生素 A 缺乏症。症状是皮毛粗糙、无光泽，未成年羊出现夜盲，甚至完全失明；成年羊发情期缩短或延迟，受胎率低，产后子宫发炎，精子质量差，还会引起肺炎、肠炎、气管炎。由于缺乏维生素 A，羊鼻内排出很浓的黏液和发生尿结石。

青草、青贮料、胡萝卜、优质青干草中含有大量的 β-胡萝卜素，它在畜禽肝脏中可转化成维生素 A。

（二）维生素 D　维生素 D 增加肠对钙和磷的吸收，制约着骨骼、牙齿对钙和磷的沉积。维生素 D 缺乏引起幼龄羊发生佝偻病，骨骼软化或弯曲，成年羊骨骼疏松。

青绿饲料中麦角固醇含量高，经过阳光照射后转化为维生素 D_2，羊表皮层的 7-脱氢胆固醇，经阳光照射能转化为维生素 D_3。户内舍饲或不见阳光的羊要注意补充维生素 D 或多喂青绿饲料和青干草。

(三)维生素 B_1　维生素 B_1 又称硫胺素，调节碳水化合物代谢，维持神经的心脏正常功能以及酶的活性。

近几年山羊脑灰质坏死(CN)的病例增加，这种疾病又称为脑灰质软化症(PEM)，各种年龄阶段都可发生，以 1 岁时为多。患此病的羊精神不振，有时抽搐和颤抖。在发病后期，病山羊可能像犬一样，头朝天坐在地上，呈"观星状"。该病与缺乏维生素 B_1 有关，这是由于在反刍过程中，有机物产生过多的硫胺素酶。这种酶能把日粮中的和瘤胃微生物合成的维生素 B_1 破坏。维生素 B_1 缺乏严重时会造成死亡。

(四)维生素 B_{12}　维生素 B_{12} 又称铵钴素、氰钴素、钴维生素。羊体内合成维生素 B_{12} 与钴有密切关系。钴供应不足，羊就不能合成足够的维生素 B_{12}。假如提供的钴过多，羊瘤胃微生物也不能合成维生素。有报道说，在这样的情况下，山羊呈现兴奋激动，紧张不安，行动不协调，甚至失明。典型的症状是：病山羊围着圈子走，或者跳入门槛内和跳进料槽中去。

羊对各种维生素的需要量，一般来说，幼龄的、体小的羊比年老的、体大的及成熟而未产仔的成年羊要多一些。羔羊瘤胃发育不成熟，反刍功能未完全发挥作用之前，需要补饲含维生素的补充料。具体还要视母羊日粮和环境状况而定。如果母羊在户外放牧，草场又好，羊奶中就具有充足的维生素。如果母羊在户内舍饲，羊奶中的维生素含量就不能满足羔羊的需要，为了预防维生素缺乏，也可以在喂母羊的精料中添加维生素。羊对维生素的需要量见表 5-1。

表 5-1 每日每只羊对维生素的需要量

元素	绵羊				山羊			最大耐受量
	幼龄羊(4~18月龄	成年育肥羊	种公羊	种母羊	幼龄羊	种公羊	种母羊	
维生素A(IU)	4 000~9 000	5 700~8 000	9 800~33 000	5 700~14 000	3 500~5 700	6 900~13 000	4 000~12 000	14 000~1 320 000
维生素D(IU)	420~700	500~760	500~1 020	500~1 150	400~550	330~620	420~900	7 400~25 800
维生素E(mg)	—	—	51~84	—	—	32~61	—	—

据英国 Roche 公司推荐(1991),山羊对维生素的需要量(每只每日按体重 10 kg)为:维生素 A 800~1 000 IU,维生素 D 100~750 IU,维生素 E 18~30 mg,维生素 B_1 1~2 mg。按山羊每天采食的饲料占自身体重的 2%,其中 2/3 为粗饲料,1/3 为精饲料,每千克山羊精饲料补充料中应含维生素为:维生素 A 1 200~1 500 IU,维生素 D 1 500~2 000 IU,维生素 E 120~150 mg,维生素 B_1 2~3 mg。

(五)维生素E 维生素 E 又称做生育酚,它有调节生殖机能,维持肌肉正常功能的作用。缺乏维生素 E 时,羔羊和生长期羊心肌和骨骼肌变形,甚至运动障碍,难于甚至不能站立起来,后腿比前腿更严重。缺乏维生素 E 的母羊所产羔羊,身体瘦弱,不能抬头吮奶,不是生出时即死,就是生后不久夭折。

谷物的胚中含有丰富的维生素 E,幼嫩青饲料中含量也较多,但在加工过程中易被氧化破坏。

五、矿物质

动物体内存在 55 种矿物质元素,其中占体重 0.01%以上的称常量元素,如钙、磷、钠、钾、镁、硫、氯等;占体重 0.01%以下的称微量元素,如铁、铜、锰、锌、钴、钼、镍、碘、硒、硅、氟等。

这些矿物质是羊体组织(骨、牙、角、蹄等)、体液(血液、淋巴液)和奶汁不可缺少的重要组成部分,还在体内调节体液渗透压,保持细胞容积。作为体内许多酶的激活剂,影响羊体内能量、碳水化合物、蛋白质和脂肪的代谢,调节体内酸碱平衡等。

羊体内缺乏某些矿物质元素,将出现代谢疾病、贫血症、皮肤病、消化道疾病、生殖和繁殖机能障碍,甚至死亡(表 5-2)。

(一)钙和磷　钙和磷是羊需要最多的矿物质,约有 99%的钙和 80%的磷存在于骨骼和牙齿中。其余的钙、磷存在于其他组织和体液、奶汁中。羊缺乏钙、磷时,就会食欲减退、消瘦,生长停滞,公羊精液质量差,受精率降低,母羊生弱胎、死胎;严重缺乏时,幼羊患软骨症(佝偻病),成年羊骨质疏松,母羊产前产后瘫痪,甚至死亡。钙、磷过多,也会影响羊正常生长。钙过多能使体内磷、镁、碘等元素的代谢紊乱,过量的磷能使甲状腺机能亢进,造成骨组织营养不足,易产生跛行和长骨骨折。

肉羊日粮中钙、磷的适宜比例是(1.5～2)∶1,在补饲钙、磷时应注意比例适当,若比例不当,无论是钙多磷少,还是磷多钙少,都会影响二者在羊体内的有效利用,同样会出现缺乏症。羊对钙、磷的吸收和利用,与维生素 D 有密切关系,所以还需保证维生素 D 的供给。

植物性饲料中一般都缺钙,而豆科牧草和苋科植物含钙量最丰富,前者达 1.3%,后者达 2.3%～3.5%。而禾本科子实(谷物)及其副产品(糠、麸)富含磷(0.3%～0.43%)而缺钙(0.02%～0.13%)。有些含草酸多的青饲料,如牛皮菜、菠菜等,有可能妨碍钙的吸收,大量饲喂时容易缺钙。肉羊饲养实践中,若饲料中缺钙,可补充石粉、贝壳粉、蛋壳粉、骨粉和饲喂优质豆科牧草,缺磷时则补充骨粉或磷酸氢钙。

表 5-2 羊对矿物质的需要量

元 素	绵 羊				山 羊			最大耐受量（每千克日粮干物质）
	幼龄羊(4～18月龄)	成年育肥羊	种公羊	种母羊	幼龄羊	种公羊	种母羊	
食盐(g)	9～16	15～20	10～20	9～16	7～12	10～17	10～16	
钙(g)	4.50～9.60	7.8～10.50	9.5～15.60	6～13.50	4～6	6～11.40	4～8.50	2%
磷(g)	3～7.20	4.60～6.80	6～11.70	4～8.60	2～4	3.50～6.70	2.50～6	0.6%
镁(g)	0.60～1.10	0.60～1	0.85～1.40	0.50～1.80	0.40～0.80	0.55～0.95	0.50～0.90	0.5%
硫(g)	2.80～5.70	3～6	5.25～9.05	3.50～7.50	1.80～3.50	3～5.70	2.40～5.10	0.4%
铁(mg)	36～75	—	65～108	48～130	45～75	40～85	43～88	500
铜(mg)	7.30～13.4	—	12～21	10～22	8～13.40	7～15	9.60～15	25
锌(mg)	30～58	—	49～83	34～142	33～58	30～70	32～88	300
钴(mg)	0.36～0.58	—	0.60～1	0.43～1.40	0.40～0.58	0.35～0.80	0.40～0.87	10
锰(mg)	40～75	—	65～108	53～130	45～76	40～85	48～88	1 000
碘(mg)	0.30～0.40	—	0.50～0.90	0.43～1.10	0.30～0.38	0.24～0.30	0.40～0.68	50

（二）氯和钠　氯和钠均是维持体液渗透压和酸碱平衡的必需元素。食盐是由氯和钠两种元素化合而成的，在饲料中加入适量食盐能改善适口性，增强食欲，刺激唾液腺分泌唾液，促进消化酶的活动，提高饲料消化率。食盐的钠离子和氯离子对形成胃液、肠液和维持血液酸碱平衡，以及组织间的体液流动、肌肉和神经活动的调节有明显的作用。缺乏时会使羊食欲减退，消化不良，生长缓慢，被毛蓬乱和脱落，并常有啃泥舔墙等现象。

植物性饲料里含氯和钠很少，一般不能满足羊的需要，所以在羊的精料补充料中一般加1%的食盐，也可制成盐砖供羊舔食。一般盐砖不仅含食盐，还有其他矿物质盐类，每只羊日采食量10～15 g，下面介绍一个典型的矿物质盐砖配方。

骨粉63%，糖蜜15%，硫酸铜0.1%，硫酸钴0.025%，硫酸锰0.2%，硫酸锌0.3%，食盐21.375%。每千克盐砖内含磷60 g，铜250 mg，钴50 mg，锰600 mg，锌680 mg。

（三）硫　羊体中的硫分布于全身的每个细胞，主要以蛋白质中的蛋氨酸、胱氨酸、半胱氨酸的形式存在，还存在于生物素和硫胺素中。羊的蹄、角、毛等角蛋白质含有较多的硫元素。硫对合成体蛋白、激素和被毛，以及碳水化合物代谢有重要作用。

正常情况下很少出现硫缺乏症。若羊用尿素作惟一的氮源而不补充硫时，有可能出现缺硫现象。羊缺硫时，食欲减退，掉毛，多泪流涎，体重下降。

蛋白质饲料富含硫，鱼粉、血粉、肉粉含硫可达0.35%～0.85%，谷实和糠麸为0.15%～0.25%。羊瘤胃中的微生物能有效地利用无机硫（硫酸钾、硫酸钠、硫酸钙），合成含硫氨基酸。对产毛量多的绵羊和补饲尿素的羊应补硫酸盐。

（四）镁　体内70%的镁存在于骨骼和牙齿中，25%存在于软组织的细胞中。镁与一些酶的活性有关，在糖和蛋白质代谢中起重要作用。

镁缺乏症主要发生在反刍动物中。有些地区土壤中缺镁，所生长的牧草也缺镁，特别在晚冬和早春放牧季节，牧地植物中含镁量最少，气候寒冷和多雨更易引起镁缺乏症。羊缺镁初期，出现外周血管扩张，脉搏次数增加。随后，血清中含镁量显著降低。当镁含量从正常的1.7%～4%下降到0.5%时，出现神经过敏，震颤、面部肌肉痉挛与步态蹒跚，称为“牧草痉挛”。

干草中镁的吸收率高于青草，饼(粕)和糖麸中镁含量丰富，舍饲羊较少发生镁缺乏症。

(五)铁和铜　铁是血红素、肌红素以及氧化酶的组成成分，还参与骨髓的形成。铜虽不是血红素的组成成分，但对其形成有催化作用，并有助于铁的吸收，对一些酶的活性和精子活动有明显的影响。

缺乏铁和铜时，羊易发生贫血症，食欲减退，毛变粗糙，轻度腹泻。缺铜能引起羊骨质疏松，羔羊因脑和脊髓病变而运动失调，出现摇摆。

日粮中铜量过高会引起中毒，绵羊对过量铜耐受力最弱，舍饲期间绵羊每千克日粮干物质含铜40 mg就会出现明显的中毒症状。

低铜土壤上生长的植物，含铜量相应也低，羊采食这些饲草、饲料时有可能缺铜。可以在草地施用硫酸铜肥或给羊补饲硫酸铜，也可将硫酸铜溶液喷洒在干草上。

(六)锰　锰对卵泡的形成、肌肉和神经的活动都有一定作用。锰可促进钙、磷的吸收，反过来钙、磷不成比例又影响锰的消化吸收。因此，锰同家畜骨化过程有一定关系。缺锰影响繁殖，羊发情不明显，妊娠初期易流产，羔羊初生体重低，死亡率高。

青绿饲料和糠麸中含锰量较高，谷物子实及块根、块茎中含量较低。饲养中可用硫酸锰、氯化锰等补充锰的缺乏。

(七)锌　锌作为体内各种酶和胰岛素的组成成分，参与碳水化合物代谢。锌同时还与被毛的正常生长和繁殖机能有密切关系。

羊缺乏锌时，生长受阻，羊毛、羊角脱落，公羊睾丸发育不良，精子生长停止。

动物性饲料鱼粉含锌（165 mg/kg）量高，青草、糠麸和饼（粕）也含有较多的锌，玉米和高粱含锌量较低（15～20 mg/kg）。

（八）硒　硒是谷胱甘肽过氧化物酶的组成成分，与维生素 E 一样具有抗氧化作用，能把过氧化脂类还原，保护细胞膜不受脂类代谢到产物的破坏。硒还有助于维生素 E 的吸收和存留。

缺硒引起羊食欲减退，生长缓慢，繁殖力受损。羔羊常见营养性肌肉萎缩，表现为心肌损伤，心脏肿大，突然死亡。尸体解剖可见横纹肌上有白色的条纹，系因肌纤维退化所致，称做白肌病。

我国存在大面积缺硒地带，缺硒地区饲料、饲草的含硒量低于 0.05 mg/kg。一般以亚硒酸钠制成预混剂补硒。也可以制成硒丸，内含 5%硒元素，将硒丸由口腔投入瘤胃、网胃，同时投入便于研磨矿物质的物质（如金属微粒），以使硒丸在投放并滞留在瘤、网胃的 3 年内不断被磨掉表面包被的化学物质，将硒元素缓慢释放出来，然后被吸收到血液内。

（九）钴　钴是维生素 B_{12}的组成成分，并以钴离子形式参与造血。在代谢作用中是某些酶的激活剂。

羊瘤胃中的微生物能够利用钴合成维生素 B_{12}，供其吸收利用。羊营养缺钴具有地区性，土壤缺钴导致饲草、饲料缺钴。羊采食的饲草每千克干物含钴量低于 0.07 mg/kg 时出现缺钴症。羊缺钴表现食欲不振、贫血、消瘦，幼羊生长停滞，缺钴也会引起羊感染结核病。

动物性饲料含钴丰富，可达 0.8～1.6 mg/kg，牧草干物质含钴 0.1～0.25 mg/kg，谷物含钴低，仅 0.06～0.09 mg/kg。缺钴地区，可以给羊补钴，每天每只 0.5 mg 左右，制成添加剂或钴化食盐，也可将氧化钴放入胶丸内制成钴丸喂给羊，使其在瘤胃内缓慢释放。

六、水

肉羊一切机能活动，如消化吸收，营养运输，组织的形成，血液和体液的循环，器官的润滑，泌乳的维持，体温的调解，内分泌活动及繁殖过程中都必须有水参加。

如果水分供给不足，羊体内失去10%水分时，即会感到不适，失去20%～25%水分时，就会危及生命。肉羊饲养上必须供给足够的饮水，在羊舍和运动场里设置水槽，经常保持清洁的饮水，尤其炎热的夏季更应该注意。

第二节 肉羊的日粮配合

一、羊的饲养标准

因羊的种类、生理机能、生产用途、体重、年龄和性别等不同，对各种营养物质的需要量也是不相同的。如毛用羊对含硫氨基酸(胱氨酸)需要明显较高。肉用羊则对碳水化合物及脂肪的需要较多。妊娠期、哺乳期的母羊，营养需要也比平时要多。以各种羊的主要用途而论，大体按裘皮、羔皮、毛(绒)、肉羊的顺序，一个比一个营养水平需求增高。同是细毛羊，肉毛兼用品种对蛋白质的需求比毛肉兼用品种高。饲养上，一般以维持饲养为基础，再根据繁殖、胚胎发育、生长、泌乳、育肥、产毛、产绒等不同生理阶段，给予不同的营养(表5-3至表5-5)。

配种期种公羊饲养标准应在非配种期标准的基础上增加15%～30%(表5-6)。

为了使6～7月龄羔羊达到屠宰体重(40～45 kg)，必须采取强度肥育，为此需加强哺乳母羊的饲养。冬羔断奶后，在加强放牧的同时，适当予以补饲(表 5-7)。

表 5-3　每只每日育成及空怀母羊的饲养标准

月龄	体重(kg)	风干饲料(kg)	消化能(MJ)	可消化粗蛋白(g)	钙(g)	磷(g)	食盐(g)	胡萝卜素(mg)
4～6	25～30	1.2	10.9～13.4	70～90	3.0～4.0	2.0～4.0	5～8	5～8
6～8	30～36	1.3	12.6～14.6	72～95	4.0～5.2	2.8～3.2	6～9	6～8
8～10	36～42	1.4	14.6～16.7	73～95	4.5～5.5	3.0～3.5	7～10	6～8
10～12	37～45	1.5	14.6～17.2	75～100	5.2～6.0	3.2～3.6	8～11	7～9
12～18	42～50	1.6	14.6～17.2	75～95	5.5～6.5	3.2～3.6	8～11	7～9

表 5-4　每只每日怀孕母羊的饲养标准

	体重(kg)	风干饲料(kg)	消化能(MJ)	可消化粗蛋白(g)	钙(g)	磷(g)	食盐(g)	胡萝卜素(mg)
怀	40	1.6	12.6～15.9	70～80	3.0～4.0	2.0～2.5	8～10	8～10
孕	50	1.8	14.2～17.6	75～90	3.2～4.5	2.5～3.0	8～10	8～10
前	60	2.0	15.9～18.4	80～95	4.0～5.0	3.0～4.0	8～10	8～10
期	70	2.2	16.7～19.2	85～100	4.5～5.5	3.8～4.5	8～10	8～10
怀	40	1.8	15.1～18.8	80～110	6.0～7.0	3.5～4.0	8～10	10～12
孕	50	2.0	18.4～21.3	90～120	7.0～8.0	4.0～4.5	8～10	10～12
后	60	2.2	20.1～21.8	95～130	8.0～9.0	4.0～5.0	9～12	10～12
期	70	2.4	21.8～23.4	100～140	8.5～9.5	4.5～5.5	9～12	10～12

表 5-5　每只每日成年肥育羊的饲养标准

体重(kg)	风干饲料(kg)	消化能(MJ)	可消化粗蛋白(g)	钙(g)	磷(g)	食盐(g)	胡萝卜素(mg)
40	1.5	15.9～19.2	90～100	3～4	2.0～2.5	5～10	5～10
50	1.8	16.7～23.0	100～120	4～5	2.5～3.0	5～10	5～10
60	2.0	20.9～27.2	110～130	5～6	2.8～3.5	5～10	5～10
70	2.2	23.0～29.3	120～140	6～7	3.0～4.0	5～10	5～10
80	2.4	27.2～33.5	130～160	7～8	3.5～4.5	5～10	5～10

表 5-6 每只每日种公羊的饲养标准(非配种期)

体重(kg)	风干饲料(kg)	消化能(MJ)	可消化粗蛋白(g)	钙(g)	磷(g)	食盐(g)	胡萝卜素(mg)
70	1.8～2.1	16.7～20.5	110～140	5.0～6.0	2.5～3.0	10～15	15～20
80	1.9～2.2	18.0～21.8	120～150	6.0～7.0	3.0～4.0	10～15	15～20
90	2.0～2.4	19.2～23.0	130～160	7.0～8.0	4.0～5.0	10～15	15～20
100	2.1～2.5	20.5～25.1	140～170	8.0～9.0	5.0～6.0	10～15	15～20

表 5-7 每只每日肥育羔羊的饲养标准

月份	体重(kg)	风干饲料(kg)	消化能(MJ)	可消化粗蛋白(g)	钙(g)	磷(g)	食盐(g)	胡萝卜素(mg)
3	25	1.2	10.5～14.6	80～100	1.5～2	0.6～1	3～5	2～4
4	30	1.4	14.6～16.7	90～150	2～3	1～2	4～8	3～5
5	40	1.7	16.7～18.8	90～140	3～4	2～3	5～9	4～8
6	45	1.8	18.8～20.9	90～130	4～5	3～4	6～9	5～8

二、羊常用饲料营养成分价值表

饲料营养成分表是人们应用化学分析测定、饲养试验、消化－代谢试验方法，对饲料中所含成分进行分析、测定和论证、归纳、整理，而列出的一组表格。目前主要对常用饲料列出营养成分表，供生产实践中采用。使用营养成分表时要注意植物的收获期不同，其营养成分含量相差很大(表 5-8)。

表 5-8 羊常用饲料营养价值表

饲料名称	水分(%)	粗蛋白质(%)	粗脂肪(%)	可溶性氮化物(%)	粗纤维(%)	粗灰分(%)	每千克饲料含 可消化蛋白质(g)	可消化能(MJ)	代谢能(MJ)
1. 子实饲料									
高粱	11.0	9.30	4.10	70.90	1.10	1.80	61.8	15.00	12.52
大麦	8.08	13.50	1.56	67.51	5.82	3.53	90.0	12.30	10.12
玉米	12.58	9.22	3.81	70.87	1.98	1.54	68.4	15.10	12.57

续表 5-8

饲料名称	水分(%)	粗蛋白质(%)	粗脂肪(%)	可溶性氮化物(%)	粗纤维(%)	粗灰分(%)	每千克饲料含可消化蛋白质(g)	可消化能(MJ)	代谢能(MJ)
黑豆	7.79	39.39	13.57	29.06	5.48	4.71	341.3	15.30	12.70
豌豆	10.09	21.20	0.81	59.00	6.42	2.48	180.1	15.69	12.76
大豆	13.80	36.90	15.40	23.30	6.00	4.60	348.6	15.80	12.80
2. 加工副产品									
小麦麸	10.61	16.53	3.63	57.49	6.39	5.35	120.9	10.55	8.63
玉米皮	13.90	5.75	0.48	66.54	12.01	1.32	39.4	11.13	9.05
高粱糠	12.45	10.87	9.48	60.44	3.20	3.56	67.1	13.90	11.45
谷糠	8.10	7.60	6.90	45.00	22.60	9.80	67.1	11.35	9.12
玉米糠	12.50	9.90	3.60	61.50	9.50	3.00	69.3	13.80	9.09
大豆饼	11.50	44.65	11.42	26.41	1.40	4.62	387.4	15.30	12.70
菜子饼	4.60	38.12	15.41	25.90	10.06	5.91	300.9	14.85	12.18
胡麻饼	9.17	32.30	8.44	31.73	12.10	6.26	260.0	15.35	12.71
豆腐渣	88.44	3.98	0.95	4.89	1.34	0.40	32.8	5.20	4.18
马铃薯粉渣	18.54	2.30	0.56	66.64	7.98	3.98	13.7	12.30	10.12
棉子饼	4.79	41.56	5.01	30.77	9.62	8.25	359.0	14.18	12.03
酒糟	54.87	5.79	4.12	14.93	15.79	4.50	39.1	8.89	7.17
饴糖渣	77.08	7.58	3.06	9.14	2.07	1.07	58.6	3.65	2.99
3. 多汁饲料									
胡萝卜	86.63	1.25	0.48	9.72	0.82	1.10	7.8	2.10	1.72
马铃薯	76.45	2.25	0.11	18.98	0.92	1.29	14.1	3.06	2.51
南瓜	89.12	1.49	0.64	7.12	0.92	0.71	10.4	1.48	1.20
甜菜	88.19	1.55	0.09	7.05	1.38	1.74	11.6	1.49	1.20
4. 青贮饲料									
玉米(乳熟期)	80.8	1.80	0.70	9.00	6.10	1.60	11.0	2.36	1.93
玉米(黄熟期)	77.60	1.90	0.70	11.80	6.40	1.60	10.0	2.78	2.20
白薯秧	79.30	2.60	1.10	8.70	5.80	2.50	11.0	2.09	1.68

续表 5-8

饲料名称	水分(%)	粗蛋白质(%)	粗脂肪(%)	可溶性氮化物(%)	粗纤维(%)	粗灰分(%)	每千克饲料含		
							可消化蛋白质(g)	可消化能(MJ)	代谢能(MJ)
5. 青饲料									
白菜	86.40	2.00	0.80	8.00	1.60	1.70	15.20	1.84	1.48
狗尾草(抽穗期)	73.40	3.50	0.90	12.00	8.0	2.20	20.0	2.72	2.23
狗尾草(开花期)	59.50	1.80	0.80	20.00	14.80	2.50	9.0	4.05	3.22
黑麦(抽穗期)	83.60	2.20	0.70	7.20	5.10	1.30	15.0	2.10	1.68
紫苜蓿(开花期)	80.10	3.20	0.60	8.10	6.20	1.80	25.0	2.20	1.78
桑叶*	69.8	7.7	1.6	15.2	3.5	2.2	53.0	3.80	3.05
刺槐叶*	71.1	7.2	1.3	13.6	4.8	2.0	50.0	3.40	2.74
白桦叶*	60.1	5.3	3.3	24.0	5.6	1.7	32.0	4.96	3.99
6. 干草									
多花黑麦草(抽穗前)*	15.2	15.7	3.7	39.8	15.9	9.7	108.0	10.50	8.61
多花黑麦草(开花期)*	13.4	8.3	2.2	39.3	29.4	7.4	38.0	8.54	6.89
紫苜蓿(开花期)*	15.2	14.8	2.3	32.3	27.1	8.3	114.0	8.88	7.92
紫苜蓿(再生草开花期)*	12.0	16.8	2.3	34.5	26.3	8.1	123.0	8.82	7.91
紫云英(开花期)*	13.9	16.1	2.5	37.6	23.2	6.7	105.0	9.24	7.40
大豆(开花期)*	12.8	15.8	1.4	30.4	33.7	5.9	95.0	8.03	6.52
白薯秧*	16.1	8.9	2.9	41.2	23.0	7.9	38.0	12.50	10.02
花生秧*	14.3	10.0	1.3	34.5	33.0	6.5	54.0	8.03	6.52
小麦秸*	10.9	3.1	2.0	44.6	33.7	5.7	3.0	6.62	5.30
野干草*	13.0	6.9	2.0	41.7	28.9	7.6	22.0	7.49	6.03
小豆秸*	13.9	6.1	1.5	33.8	38.9	5.8	18.0	6.73	5.31
大豆秸*	14.5	6.8	1.8	34.4	38.0	4.5	20.0	6.82	5.32
秘鲁鱼粉*	9.2	64.3	7.6	1.2	0.3	17.4	572.0	13.62	10.91
鱼骨粉*	8.7	50.5	12.0	3.0	0.7	25.1	429.0	12.50	10.26
血粉*	9.2	83.8	0.6	1.8	1.3	3.3	595.0	11.20	9.06
脱脂乳*	90.7	3.3	0.1	5.2	—	0.7	31.0	1.55	1.26
啤酒酵母*	9.3	51.4	0.6	28.3	2.0	8.4	468.0	13.35	10.95
尿素	0	287	—	—	—	—	2 000.0	—	—

*为近似值。

三、肉羊日粮配合

(一)日粮、饲粮、全价饲料、预混料的概念

1. 日粮 指一昼夜一头家畜所采食的饲料量。

2. 饲粮 按日粮饲料的百分比配得的大量混合饲料。

3. 全价饲料 全价饲料包含动物所需的全部营养成分。

4. 预混料 预混料的主要功能是为肉羊提供微量营养成分,包括微量元素、维生素、其他添加剂和载体。

(二)配合饲料 配合饲料是根据其生长阶段和生产水平对各种营养成分的需要量和消化生理特点,把多种饲料原料和添加成分按规定的加工工艺配制而成均匀一致、营养价值完全的饲料产品。其所含营养成分的种类和数量均能满足生产与生长的需要。而随意将几种饲料和其他成分粉碎,混合在一起所生产出来的饲料产品不能称为配合饲料。

目前,我国在肉羊饲料生产中,真正符合配合饲料标准的饲料产品极少,而大部分饲料产品只能称之为"混合饲料"。混合饲料是一种在饲料产品中仅在能量、蛋白质、钙和磷等几种主要的营养指标基本达到饲养标准所生产出的饲料。

配合饲料的种类按其用途和营养成分分为添加剂预混料、浓缩饲料、精料混合料、全价配合饲料。

1. 添加剂预混料 添加剂预混料是一种在配合饲料中所占比例很小,但作用很大的产品。它是由一种或多种具有生物活性的微量成分如维生素、微量矿物质元素和非营养性饲料添加剂等组成,并吸附在一种载体或某种稀释剂上,搅拌均匀的混合物。添加剂预混料在配合饲料中虽然比例很小,一般占 0.25%~3%,但作用很大,是提高饲料质量,保证饲料营养全面、平衡,增加饲料有效成分利用率的重要组成部分。

饲料添加剂分为营养性饲料添加剂和非营养性饲料添加剂以

及载体与稀释剂。营养性添加剂主要有维生素添加剂，如维生素A、维生素D、维生素E、维生素K；微量元素添加剂，如铁、铜、锰、锌、碘、钴、硒等。对家畜来讲非营养性饲料添加剂，并非营养上所必需的，但却具有这样或那样的特殊作用，如生长促进剂、驱虫保健剂、防酶剂……载体与稀释剂有助于将微量元素添加剂准确均匀地添加到全价配合饲料中。

2. 浓缩饲料　浓缩饲料是一种由添加剂预混料、蛋白质饲料、常量矿物质饲料等组成的配合饲料，习惯上称为浓缩饲料。

添加剂预混料的原料有各种饲料添加剂和载体与稀释剂。蛋白质饲料包括各种植物性蛋白质饲料和动物性蛋白质饲料。肉羊植物性蛋白质饲料主要有大豆饼（粕）、菜子饼（粕）、棉子饼（粕）、花生饼（粕）等。反刍动物蛋白质饲料中较多地使用棉子饼、菜子饼等植物性蛋白质饲料，这些饼（粕）其价格比豆饼（粕）、鱼粉等蛋白质饲料价格低，而且饲喂牛、羊等反刍动物比较安全，肉羊对动物蛋白质饲料用得较少。根据牛、羊等反刍动物氮代谢特点，可用部分非蛋白氮物质代替一部分蛋白质饲料，这是解决蛋白质饲料缺乏，节省动植物蛋白质的有效方法之一。非蛋白氮主要指尿素类饲料，包括尿素、缩二脲、硫酸铵等。由于反刍动物特殊的营养物质代谢方式，在配制反刍动物用的浓缩料时可不考虑饲料有效磷和氨基酸问题。

3. 精料混合料　在反刍动物饲料中，浓缩料与能量饲料按一定比例混合则制成精料混合料。混合精料主要由能量饲料、蛋白质饲料和矿物质饲料组成，并可直接饲喂的混合料，是肉羊等反刍动物的配合饲料，或补充饲料，在营养上起着补充草料营养不足不全的作用。

牛、羊等反刍动物用精料混合料虽然可以直接饲喂，以补充草料营养不足，但精料混合料是一种半日粮型配合饲料，肉羊等反刍动物不能只吃精料混合料来满足正常的生长与生产需要，还必须与一定的青饲料、粗饲料等混合饲喂，才能构成反刍动物全日粮型配合饲料。因此，在制作肉羊精料混合料时，还要考虑不同生理阶段、不同日增重等营养需要，同时需了解不同季节和不同饲养条件下所使用的青饲料、粗饲料的营养价值和营养素含量的平均值，在配制全价日粮的基础上，配好精料混合料。

4. 全价配合饲料　全价配合饲料所需原料有能量饲料、蛋白质饲料、添加剂饲料、矿物质饲料、维生素饲料。肉羊属反刍动物，而反刍动物饲养是以青粗饲料为主，这是由其生理特点决定的。由于反刍动物具有瘤胃，瘤胃中有许多微生物如细菌和原虫，这些微生物能把饲料纤维分解成容易消化吸收的碳水化合物。此外瘤胃微生物可以利用非蛋白氮合成高质量的菌体蛋白被吸收，而精料混合料只起补充青粗饲料中能量、蛋白质和矿物质等营养物质不足的作用。利用尿素等非蛋白氮可替代部分饲料中的蛋白质。根据肉羊生理和生产特点，肉羊饲料组成要求营养全面、完善，品种多样化和较好适口性，同时要求以当地饲料资源为主要饲料来源，运输方便，价格便宜。

由于反刍动物全价配合饲料的特殊性（主要青粗饲料），在饲养实践中，往往把精料混合料与青粗饲料分开饲喂，给饲养者带来一定麻烦。

为饲养方便，避免饲料浪费、储存和运输，提高饲料转化效率，根据肉羊不同生长阶段的营养需要，把混合饲料与粉碎的粗饲料按比例制成颗粒饲料。由于制粒的机械作用破坏了植物细胞壁，使饲料粗纤维含量下降，有利于饲料消化利用。

肉羊的饲料可分为羔羊料和育肥料。羔羊饲料指羔羊出生后至断奶这一阶段饲喂的饲料。由于羔羊瘤胃机能不健全，需要从日粮中获得必需氨基酸、脂肪酸和各种维生素，其饲料与单胃动物饲料相似。除了哺乳外，羔羊的饲料要具有高能量，易于消化特点，并要加入少量的抗菌药物。

育肥料：由于羔羊的肥育与其生长发育同时进行，这就要求舍饲期间饲料营养丰富、全面、适口性好，具有全价蛋白质、高能量，同时供给各种必需的矿物质及维生素，以便羔羊获得较多的干物质和转换能，使羔羊增重快，肥育效果好。进行舍饲肥育使用颗粒饲料效果更好，饲料报酬高，生产中以粗饲料占60%～70%（其中秸秆占20%左右）和精饲料占30%～40%的颗粒饲料最佳。用谷物饲料催肥时，用整粒的比压扁和粉碎的好。在集约化、工厂化条件下育肥羊时，最重要的是制成稳定的全价配合饲料。

（三）肉羊日粮配合的方法

1. 日粮配合原则　由于肉羊肥育时使用的饲料种类较少，因此配方相对较容易掌握。有以下几个原则：

(1)清楚羊群的整体情况，包括年龄、品种、体重、肥育阶段和肥育目的，确定投入方式。

(2)了解肉羊的营养需要，即达到一定日增重对能量蛋白质和钙、磷的需要量。

(3)饲料要搭配合理。肉羊是反刍畜，能消化较多的粗纤维，在配合日粮时应根据这一生理特点，以青、粗饲料为主，适当搭配精料。

(4)注意原料质量。选用优质干草、青贮饲料、多汁饲料，严禁饲喂有毒和霉烂的饲料。

(5)因地制宜，多种搭配。应充分利用当地饲料资源，特别是廉价的农副产品，以降低饲料成本。同时要多样搭配，既提高适口性又能达到营养互补的效果。

(6)日粮的体积要适当。日粮配合要从羊的体重、体况和饲料适口性及体积等方面考虑。日粮体积过大，羊吃不进去，体积过小，可能难以满足营养需要，即使能满足需要，也难免有饥饿感觉。所以羊对饲料的采食量为每10 kg体重0.3～0.4 kg青干草或1～1.2 kg青草。

(7)日粮要相对稳定。日粮的改变会影响瘤胃微生物。若突然变换日粮组成,瘤胃中的微生物不能马上适应这种变化,会影响瘤胃发酵、降低各种营养物质的消化吸收,甚至会引起消化系统疾病。

2. 肉羊日粮配合的方法与步骤

(1)查饲养标准和饲料营养价值表,记下各种饲料的主要养分含量和羊的营养需要量,列出表格。

(2)根据生产经验,设定各类饲料的初步混合比例。因羊是反刍动物,确定饲料的组成尽可能多选粗饲料,充分发挥秸秆养羊的作用。一般情况下,羊采食粗饲料的干物质按羊体重的2%~3%计算,营养不足部分再由精饲料来满足。精饲料的用量一般不超过60%。食盐、矿物质和维生素等追加料应留出1%~3%的配合比例。

(3)根据设定的饲料配比计算各养分的含量,用累计结果与营养标准进行比较,某项指标差异较大时,调整相应种类饲料的比例,使之尽可能相符。

(4)核算日粮的饲料配比,计算出最后的营养成分含量并整理出配方表。

3. 日粮制定举例

(1)给定条件:现有一批活重30 kg的羔羊进行育肥,预期日增重295 g,全舍饲饲养。使用野干草、苜蓿干草、玉米、小麦麸、豆饼、棉子饼等6种精、粗饲料,配制育肥日粮。

(2)查饲养标准和饲料营养成分表,确定羊的营养需要量,列出供选饲料的养分含量(表5-9和表5-10)。

表5-9　30 kg羔羊育肥营养需要

体重(kg)	平均增重(g)	每只每天干物质(kg)	消化能(MJ)	粗蛋白质(g)	钙(g)	磷(g)
30	295	1.3	17.17	191	6.6	3.2

注:赵有璋等著《羊生产学》“美国绵羊饲养标准”(NRC,1985)。

表 5-10 拟用饲料的营养价值

饲料名称	干物质(%)	每千克干物质中			
		消化能(MJ)	可消化粗蛋白(g)	钙(g)	磷(g)
野干草(新疆)	89.4	11.04	116	1.57	1.01
苜蓿干草(内蒙古)	90.0	8.74	193	11.89	3.56
玉米	88.4	17.40	97	0.45	2.38
小麦麸	88.6	12.08	163	2.03	8.80
豆饼	90.6	17.60	475	3.53	5.52
棉子饼	92.2	14.88	367	3.36	6.94
石粉(昆明)	92.1	—	—	368.95	0

注:张英杰等著《养羊手册》"羊常用饲料成分及营养价值表"。

(3)合理确定精粗饲料比例:体重 30 kg 的肥育羔羊日采食粗饲料的干物质量,可按羊体重的 2.5%计算。根据生产实际考虑,野干草和苜蓿干草的配比为 3∶1,则粗饲料提供的干物质量为 30×2.5%=0.75(kg),其中野干草供应的干物质为 0.75×3÷4=0.56(kg),苜蓿干草供应的干物质量为 0.75×1÷4=0.19(kg)。而精饲料供应的干物质量为 1.3-0.75=0.55(kg),若玉米、小麦麸、豆饼、棉子饼的混合比例分别为 69%,15%,10%,5%,干物质的供应量依次为 0.38 kg,0.08 kg,0.06 kg,0.03 kg。

(4)计算精、粗饲料供给的养分含量,并进行调整平衡(表 5-11 和表 5-12)。

表 5-11 粗饲料提供的营养

粗饲料	干物质(kg)	消化能(MJ)	粗蛋白质(g)	钙(g)	磷(g)
野干草	0.56	6.18	64.96	0.88	0.57
苜蓿干草	0.19	1.66	36.67	2.26	0.68
合计	0.75	7.84	101.63	3.14	1.25
需精料补充	0.55	9.33	89.37	3.46	1.95

表 5-12　精饲料提供的营养

精饲料	干物质(kg)	消化能(MJ)	粗蛋白质(g)	钙(g)	磷(g)
玉米	0.38	6.61	36.86	0.17	0.90
小麦麸	0.08	0.97	13.04	0.16	0.70
豆饼	0.06	1.06	28.50	0.21	0.33
棉子饼	0.03	0.45	11.01	0.10	0.21
合计	0.55	9.09	89.41	0.64	2.14

(5)核算日粮的饲料配比,列出日粮配合表(表 5-13)。

表 5-13　育肥羔羊日粮配方

羔羊体重 30 kg			预期日增重 295 g		
饲料	饲料状态		日采食干物质量(kg)	日采食风干料量(kg)	百分比(%)
	干物质(%)	含水率(%)			
野干草	89.4	9.1	0.56	0.63	43
苜蓿干草	90.0	10.0	0.19	0.21	14
玉米	88.4	11.6	0.38	0.43	29
小麦麸	88.6	11.4	0.08	0.09	6
豆饼	90.6	9.4	0.06	0.07	5
棉子饼	92.2	9.8	0.03	0.03	2
石粉	92.1	7.9	0.007 6	0.008 3	0.56
合计	—	—	1.307 6	1.468 3	99.56

营养指标	饲养标准	日粮营养水平
消化能(MJ)	17.17	16.93
粗蛋白质(g)	191	191.04
钙(g)	6.6	6.60
磷(g)	3.2	3.39

注:本日粮配方中的食盐补充量按日粮干物质的 0.09%～0.19%计算(NRC 标准规定)。

第六章　肉羊的饲养管理

第一节　羊的饲养方式

一、放牧饲养

绵、山羊是以放牧为主的草食家畜，放牧是最经济的饲养方式。利用羊的合群性，组群放牧饲养，可以节省饲料和管理的费用。放牧时，羊采食青绿饲料种类多，容易获得完全营养，不仅能满足羊生长发育的需要，还能达到放牧抓膘的目的。同时由于放牧增加了羊的运动量，并能接受阳光中的紫外线照射和各种气候的锻炼，有利于羊的生长发育与健康。

1. 春季放牧　此时气候渐暖，枯草返青，是羊由舍饲转入放牧的过渡时期，羊经过漫长的冬季，营养不良，体质衰弱，此时又是产羔育羔的时间，放牧的主要任务是恢复膘情。因春季放牧对以后抓膘影响较大，故放牧中应特别注意以下问题：

(1)避免羊跑青。羊过多奔跑，使体力消耗过大。放牧中一是应采用一条鞭的放牧队形，手头要紧；二是要先放黄草，待牧草长到 5～10 cm 时再放青。

(2)放牧时间要控制。春季气候不稳，忽冷忽热，故要晚出牧早归牧，中午不休息。

(3)防止采食毒草。大多数毒草幼嫩时期难以从外形和气味上辨认，且毒性较强，故放牧中应尽量避开毒草较多的地段，如低温地段和阴湿的北坡等。

2. 夏季放牧　气候变得炎热，雨水充足，牧草生长茂盛，适口性好，消化率高。放牧的主要任务是抓好肉膘。放牧中应注意以下几点：

(1)放牧地要高燥。一般为高山、丘陵及其他较高的梁坡地。此处风大风多，草低而稀，蚊蝇较少，羊采食安静，寄生虫病较少。

(2)不在露水草地上放牧。夏季露水较大，羊吃露水草易患寄生虫病或传染病，容易拉稀，且草中干物质含量低。

(3)放牧时间应长。羊群宜晚出晚归，中午不休息，供足盐，饮好水，每天放牧时间应在 10 h 以上，必要时可夜牧。

(4)做到"四防"。即防蚊蝇、防中暑、防淋雨和防跌伤，保证羊群充分采食。

3. 秋季放牧　此时秋高气爽，气候适宜，雨水较少，牧草结满子实，营养价值高，羊食欲旺盛。放牧的主要任务是抓好膘。为提高放牧效率，应注意以下问题：

(1)利用茬子地放牧。茬子地里有许多农作物的子实和秸秆的细软部分，营养价值较高，可通过放牧进行有效利用。

(2)少走路多放牧。秋季放牧宜慢赶少赶，减少游走里程，有道是"秋跑不上膘"，故羊群放牧队形以满天星为宜。放牧时间要早出晚归，中午稍休息，群众总结"秋羊一天没四饱，很难让它上油膘"，其中保证较长的放牧时间是必要的。

(3)做到"四防"。即防食露水草和霜草、防食有毒草、防食有害草、防食高长草。

4. 冬季放牧　冬季气候寒冷，风雪频繁，草叶干枯，草质较差，营养价值低。此时放牧的任务是保膘，处于妊娠、产羔阶段的母羊，还应保胎、保羔、避免流产。放牧中要注意以下几点：

(1)放牧时间应短。一般是晚出早归，中午不休息。顶风放牧比顺风放牧好，因为顶风走时羊毛顺贴体表，可减少体温丧失；牧草倒向嘴边，有利于采食；天气变化时，好顺风往回赶。

(2)放牧地要选择利用。通常考虑要先放阴坡，后放阳坡；先放沟底，后放坡地；先低草，后放高草；先放远处，后放近处。

(3)防止母羊流产。要确保母羊不走冰上，不喝冰水，不喝雪水，不要急赶，出、入圈时不拥挤等。此外，视放牧情况给羊适当补饲和搞好羊舍保温，也有利于防止母羊流产。

二、舍饲

舍饲就是将羊关在羊舍内饲养，农区较为常见。羊舍内设有饲槽和饮水器具，每天喂草料 2 或 3 次，饮水 2 或 3 次。舍饲羊在青草期，每天每只喂给青草或鲜树叶等 3～5 kg；冬、春季枯草期每天每只喂青干草 1～2 kg，补饲精料 0.3～0.5 kg。另外种公羊、妊娠母羊应适当补饲部分精料和多汁饲料 0.5～1 kg。在饲喂方法上要求先喂粗饲料，后喂精料，先喂适口性差的，后喂适口性好的，这样有助于增加采食量。

目前为了提高羊肉产量、羊肉品质及劳动生产率，可实行机械化舍饲育肥。机械化舍饲，就是人工控制小气候，采用全价颗粒配合饲料，让羊自由采食、饮水。为了实行集约化肥羔生产，一些先进国家对母羊进行激素控制，同期发情、同期排卵、配种。对产前母羊进行诱发分娩，同期产羔。对羔羊实施早期断奶，用人工乳饲养羔羊，促进母羊多产羔。肥羔生产的羔羊大都是杂种羊，这样羔羊生长发育快、早熟、肉用品质好。

我国的大尾寒羊、小尾寒羊、同羊、阿勒泰羊、乌珠穆沁羊及引入我国的夏洛来肉羊、陶赛特羊、波尔山羊，肉用性能好，生长发育快，可实行机械化舍饲。

三、半放牧半舍饲

多在枯草期采用这种饲养方式，羊在枯草期单纯依靠放牧不能满足其机体代谢和生产需要，要适当补饲些青干草、精料，保证羊健康。补饲时间要因地制宜，青、干草可分早、晚 2 次补给，精料在晚上一次性补给。如果羊数量少，可将饲草放在筐内让其自由采食。羊数量大时可在栏外设草架喂草，也可将草捆成草把吊在羊能吃到的高度让其自由采食。种公羊一般除放牧外，一年四季均要补饲一定的粗饲料及精料，以保证其身体健壮、性欲旺盛。其他类型的羊在枯草期适当给予补饲，尤其是妊娠及哺乳母羊更需加强补饲，补饲量及种类可视放牧条件、体质、产羔数而定。

第二节　种公羊的饲养管理

一、种公羊饲养的基本原则

俗话说"公好好一坡；母好好一窝"，种公羊对后代的影响远大于种母羊，种公羊在饲养管理上要求比较精细。种公羊应常年保持良好的种用体况，即中上等膘情、四肢健壮、体质结实、精力充沛、性欲旺盛，方可获得优质的精液和完成配种任务。因此，喂给种公羊的饲料，要力求多种多样，互相搭配，营养全价，易于消化，适口性好。实践证明，种公羊理想的粗饲料有优质青干草、苜蓿干草、青燕麦干草、三叶草等；精料有玉米、豆饼、麸皮、大麦、燕麦等；多汁饲料有胡萝卜、甜菜、玉米青贮等。

二、种公羊的饲养管理

种公羊的营养可分为非配种期和配种期，配种期又可分为配种预备期（1～1.5个月）、正式配种期和配种后期（约1个月）。种公羊的日粮应根据饲养标准来配饲，结合种公羊的个体表现及配种期、非配种期再做调整。

1. 非配种期种公羊的饲养　非配种季节除放牧外，还应适当补饲，以保证热能、蛋白质、维生素和矿物质等的充分供给。在冬季和早春没有配种任务时，体重80～90 kg的种公羊，一般每天补喂混合精料 0.5～0.7 kg，干草 2.5 kg，胡萝卜 0.5～0.7 kg，食盐 5～10 g，骨粉 5 g。春、夏季青草期以放牧为主，另补混合精料 0.5 kg。

2. 配种期种公羊的饲养　在种公羊配种期，每生产 1 mL 的精液，需可消化粗蛋白质 50 g。此外，激素和各种腺体的分泌物以及生殖器官的组成也离不开蛋白质。同时应注意维生素 A 和维生素 E 的供给，它们与精子的活力和精液品质有关。因此，这时更应加强对种公羊的补饲。只有保证种公羊的营养充足供应，才能使其性欲旺盛，精子密度大、活力强，母羊受胎率高。一般应按配种期标准的 60%～70%，然后逐渐增加到配种期的标准。同时在配种预备期采精 10～15 次，检验各公羊的精液品质，以确定每只公羊的利用强度。

在配种期，体重 80～90 kg 的种公羊每天饲料定额如下：混合精料 1.0～1.3 kg，苜蓿干草或野干草 2～2.5 kg，胡萝卜 0.5～1.0 kg，食盐 15～20 g，骨粉 5～10 g，血粉或鱼粉 5 g，分 2 或 3 次给草料，饮水 3 或 4 次，配种任务重时每只公羊每天再加 1～2 个鸡蛋，每天放牧及运动时间约 6 h。

由配种期转入非配种期应逐渐过渡，日粮不能骤减，否则不利于正常种用体况的恢复。

配种期种公羊的日常管理必须注意以下几点：夏季高温、潮湿，对精液品质会产生不良影响。这时放牧应在凉爽的地带，歇宿场所也应在通风良好的阴凉处。种公羊配种前 1～1.5 个月开始采精，同时检查精液品质。开始时每周采精 1 次，以后增加到每周 2 次，然后 2 d 1 次，到配种时每天可采 1 或 2 次。对 1.5 岁的种公羊 1 d 内采精不得超过 2 次，且不要连续采精；2.5 岁以上的种公羊每天可采精 3 或 4 次。采精次数多时，每次间隔需在 2 h 左右，使种公羊有休息时间。公羊在采精前不宜吃得过饱，精料每天至少分 3 次喂给。对精液浓度较低的种公羊，日粮中可增加些动物蛋白质如鱼粉、发酵血粉等；对精子活力较差的种公羊，要加强运动。

3. 提高种公羊利用效率的方法

(1)公、母羊分开饲养：种公羊的管理应由专人负责，保持常年相对稳定。最好是公羊单独组成小群放牧和补饲，非配种期要与母羊保持一定距离，配种开始之前再拴于羊圈外或饲养在相邻羊圈内。传统的公、母羊混养方式不利于保证公羊持久而旺盛的配种能力。

(2)控制配种强度：种公羊每天配种或采精的次数，一般应为每天 2 或 3 次，连配 2～3 d，休息 1 d。有条件时，要尽量安排集中配种和集中产羔，使公羊配种期不至于过长或过晚，有利于公羊的健康和提高羔羊成活率。

(3)保证合理的钙、磷比例：一般来说，公羊日粮中的钙、磷比应不低于 2∶1。原因是谷物中含磷量高，如不注意钙的补给，当钙、磷比例失调时易导致尿结石症。

(4)给予适当的运动：在放牧条件下，种公羊的适宜运动量能得以保证。但在舍饲条件下，专门安排运动，对保证公羊良好的种用体况是非常必要的。

(5)利用小公羊的早期配种：实践证明，在良好的培育条件下，1 只发育较好的 7～8 月龄小公羊每年可配 20～25 只母羊。但为了不妨碍正常地生长发育，必须做到以下几点：一是配种时应给其增加额外的营养，尤其是易消化的蛋白质饲料；二是每天最好配种 1 次，或仅在晚间放入到母羊群内配种；三是仔细观察(监视)小公羊的精神、食欲和膘情的变化，如有异常，及时停止配种(表 6-1)。

表 6-1　种公羊的饲养标准

饲养期	体重(kg)	风干饲料(kg)	消化能(MJ)	可消化粗蛋白质(g)	钙(g)	磷(g)	食盐(g)	胡萝卜素(mg)
非配种期	70	1.8～2.1	16.7～20.5	110～140	5～6	2.5～3.0	10～15	15～20
	80	1.9～2.2	18.0～21.8	120～150	6～7	3.0～4.0	10～15	15～20
	90	2.0～2.4	19.2～23.0	130～160	7～8	4.0～5.0	10～15	15～20
	100	2.1～2.5	20.5～25.1	140～170	8～9	5.0～6.0	10～15	15～20

续表 6-1

饲养期	体重（kg）	风干饲料（kg）	消化能（MJ）	可消化粗蛋白质（g）	钙（g）	磷（g）	食盐（g）	胡萝卜素（mg）
配	70	2.2～2.6	23.0～27.2	190～240	9～10	7.0～7.5	15～20	20～30
种	80	2.3～2.7	24.3～29.3	200～250	9～11	7.5～8.0	15～20	20～30
期	90	2.4～2.8	25.9～31.0	210～260	10～12	8.0～9.0	15～20	20～30
1	100	2.5～3.0	26.8～31.8	220～270	11～13	8.5～9.5	15～20	20～30
配	70	2.4～2.8	25.9～31.0	260～370	13～14	9～10	15～20	30～40
种	80	2.6～3.0	28.5～33.5	280～380	14～15	10～11	15～20	30～40
期	90	2.7～3.1	29.7～34.7	290～390	15～16	11～12	15～20	30～40
2	100	2.8～3.2	31.0～36.0	310～400	16～17	12～13	15～20	30～40

第三节　育成羊的饲养管理

育成羊指断奶后到第一次配种的公、母羊，即 4～18 月龄期间的羊。育成时期的羊生长发育旺盛，可塑性极大，如果此时营养不良，不仅影响当年的育成率，还使性成熟、体成熟推迟，不能按时配种，而且会影响一生的生产性能。例如，体躯窄而浅，体质变弱，体小毛稀，毛质不良，从而失去应有的种用价值。

育成羊饲养的关键期是其生后的第一个冬季，即第一个越冬期。这时育成羊还在生长发育，而冬季时间长、天气冷、风大、消耗热量较多，需要补充大量的营养物质才能抵御寒冷的侵袭，保障生长发育。但是饲养者往往对育成羊越冬期饲养管理普遍重视不够。认为这一时期它们不配种、不妊娠、不泌乳、没负担，因此在冬、春季枯草期基本对育成羊不补饲或补饲很少。造成育成羊体质变弱，抗寒、抗病能力降低，一个越冬期体重下降幅度很大，有的体重下降达 20%以上。育成羊的生长发育严重受阻会给以后的生产带来不良影响。其实育成羊在第一个越冬期，正处于生长发育旺盛时期，如果饲养良好，增重很快。据笔者对6月龄沂蒙黑山羊在第一个越冬期进行补饲（每天补精料0.2 kg）试验，从11月份至翌年3月份，4个月时间育成羊公羊平均体重增加7.5 kg，母羊增加6.3 kg。

育成羊若养得好，将来羊群生产性能亦高，所以必须注意草料的补饲。除保证足够的干草、秸秆或树叶等粗饲料补饲外，每天再补饲精料0.2～0.4 kg。育成羊的骨骼正在迅速生长之际，必须供给足够的钙、磷等矿物质饲料，每天每只约需钙6 g，磷3.5 g。另外，育成羊对维生素A和维生素D也非常需要。当维生素A不足时，会引起表皮组织角质化，使神经系统发生退化，并易感染疾病。如果维生素D缺乏，羊生长不良。

公、母羊对饲养条件的要求和反应不同，公羊一般生长发育较快，异化作用强，生理需要营养较多，在同等饲养条件下，如营养不良则发育不如母羊。所以在整个育成期，公羊的饲料定额应比母羊多一些，精料也应高些。对育成羊中经过严格选拔的后备公羊，更应提高饲养管理水平，保证其充分生长发育。

第四节 种母羊的饲养管理

在正常情况下，种母羊在1年中可分为空怀期、妊娠期和哺乳期3个生理阶段，其中妊娠期可分为前期（3个月）和后期（2个月），哺乳期也可分为前期和后期（分别为2个月）。饲养种母羊的目的是获得较高的繁殖效率，以提高养羊生产的整体效益。实践证明，母羊的繁殖效率至少应包括受胎率、多产性和羔羊成活率3个方面，其中多产性是指母羊每年多胎和多胎多羔的表现，而这些指标几乎涉及到母羊所有的生理阶段。因此，种母羊全年都应给予适宜的饲养管理。

一、配种前期的饲养

在配种前1～1.5个月，应把繁殖母羊放到最好的牧地上放牧，抓膘复壮，为配种、妊娠储备足够的营养。对个别体况不佳的羊，给予短期优饲，使羊群膘情一致、发情整齐、产羔集中，多羔顺产，这样有利于母仔管理。

研究表明，母羊的营养水平及其体况对发情、排卵数、配种及受胎起着决定性作用。全价的营养、中上等的体况可促进母羊的发情和排卵数的增加；相反，营养严重缺乏会导致初情期推迟、产后乏情或产后乏情延长，致使母羊的产羔间隔延长，繁殖性能下降。国内常见产冬羔母羊的产羔率高于产春羔的母羊，配种前半期受胎的母羊高于配种后半期的母羊，第一情期受胎的母羊高于复配受胎的母羊，这些都证明繁殖性能与母羊营养好坏及体况有直接关系。

二、妊娠期的营养

胎儿在前3个月发育生长较慢，所需营养较少，只要母羊体况良好，一般营养即能满足胎儿生长发育。妊娠的最后2个月，胎儿增重最快，90%的初生重是此期完成的，所以加强此时的饲养管理至关重要。

母羊在妊娠后期，热能代谢比不妊娠母羊高17%～25%，对蛋白质的需要量也增加。妊娠后期母羊每天可沉积蛋白质20 g，除去维持需要外，每天必须由饲料中供给可消化粗蛋白质40 g。整个妊娠期蛋白质的蓄积量为1.8～2.3 kg，其中80%是在妊娠后期蓄积的。妊娠后期每天沉积钙、磷量为3.8 g和1.5 g。因此，妊娠后期的饲养标准应比前期每天适当增加20%左右，增加可消化蛋白质40%～60%，增加钙和磷1～2倍。

母羊妊娠后期的营养水平不仅直接影响羔羊初生重、母羊产后泌乳力，而且也影响羔羊的生后发育及母羊下一个繁殖周期。对配种季节营养不良的母羊、多羔母羊，在妊娠后期更应供给大量营养，补饲优质饲草饲料。对大群饲养的羊群，应按羊的体况、营养水平、妊娠情况等酌情给予补饲。

母羊妊娠期间，一些管理措施都应围绕保胎来考虑，不要让羊吃霉烂饲料，冰冻饲草，不使羊群受惊，不饮冰碴水，运动场勿结冻、防滑，出入圈要慢，翻山过沟要慢赶，不打头，不踢腹，放牧时不能过于疲劳，饮水处要经常垫土防滑，草架、料槽和水槽都必须有足够的数量和长度，以防挤压引起流产。

三、哺乳期的饲养管理

哺乳期大约 4 个月。依据羔羊依赖母乳的情况，将哺乳期划分为哺乳前期和哺乳后期。

哺乳前期这阶段，羔羊主要营养来自母乳。羔羊每增加 1 kg 体重需母乳 5～6 kg。为满足羔羊强烈生长的需要，必须加强母羊的饲养水平，提高泌乳量。通常情况下，哺乳前期正值枯草期，单靠放牧往往得不到足够的营养。应根据母羊的体况及所带羊羔数给予不同的补饲标准。饲料应尽可能多提供优质干草、青贮料及多汁饲料，精料要比妊娠后期略有增加，饮水要充足。整个哺乳期母羊可作以下安排：

精料：双羔母羊哺乳前 8 周每只每天补喂混合料(玉米、豆饼、麸皮组成)0.5～0.6 kg；后 8 周 0.4 kg；单羔母羊哺乳前 8 周补混合料 0.4～0.5 kg，后 8 周补喂 0.3 kg。

干草：双羔母羊每只每天喂优质干草 0.7～1.0 kg；单羔母羊 0.7～1.0 kg。

母羊泌乳一般在产后 30～40 d 达到最高峰，50～60 d 开始出现下降，这个泌乳规律正与羔羊胃肠机能发育相吻合。随着母羊泌乳量的减少，羔羊瘤胃微生物区系逐渐形成，利用饲料的能力日渐增强。9～16 周龄时,羔羊已从以母乳为主要营养阶段过渡到了以饲料为主的阶段,此时便进入母羊的泌乳后期。

泌乳后期母羊泌乳能力渐趋下降,虽增强补饲,亦很难达到哺乳前期的水平。更主要的是此期羔羊已能采食混合精料和青干草,对母乳的依赖减弱。因此哺乳后期的母羊,除放牧外,可不再补精料或少补,只补给些优质青干草。如果哺乳后期正值青草期,可完全放牧吃青。

产羔在 1～3 d,如果母羊膘情好,可不喂精料、多汁料和青贮料,只喂优质干草,以防消化不良或发生乳房炎。

哺乳期圈舍应经常打扫,保持清洁干燥。胎衣、毛团等污物及时清除,以防羔羊误吞。

附:育成及空怀母羊的饲养标准和怀孕母羊的饲养标准,见第五章表 5-3 和表 5-4。

第五节　羔羊的饲养管理

一、羔羊饲养的基本要求

初生羔羊体温调节机能不完善,血液中缺乏免疫抗体,肠道适应性差,抗病或抗寒冷能力差,故生后 7 d 内死亡较多,应注意加强护理。随着羔羊的生长,母乳显得不足,故应注意及时补饲,并在适当的时间断奶。据报道,应坚持做到“三早”和“三查”,“三早”即早喂初乳、早开饲、早断奶;“三查”即查食欲、查精神和查粪便,可有效地提高羔羊成活率。

二、羔羊的培育

羔羊生长发育快、可塑性大,合理地对羔羊进行培育,既可促使其充分发挥先天的性能,又能加强对外界条件的同化和适应能力，有利于个体发育，提高生产力。

(一)羔羊的护理 羔羊因体质较弱，抵抗力差，易发病。所以，搞好羔羊的护理工作是提高羔羊成活率的关键。具体应注意以下几点：

1. 尽早吃好、吃饱初乳 母羊产后3～4 d分泌的乳叫初乳，母羊的初乳含有丰富的蛋白质(17%～23%)，脂肪(9%～16%)，免疫球蛋白(抗体)，大量的维生素。初乳容易被羔羊消化吸收，是任何食物或人工乳不能代替的。同时由于初乳含镁盐较多，镁离子有轻泻作用，能促进胎粪排出，防止便秘；初乳还含较多的抗体和溶菌酶，含有一种叫K抗原凝集素的物质，几乎能抵抗各品系大肠杆菌的侵袭。

初生羔羊在生后1～2 h应保证吃到初乳。吃不到自己母羊初乳的羔羊，最好能吃上其他母羊的初乳，否则较难成活。弱羔或初产母羊、保姆性不强的母羊，需要人工辅助吃乳，即把母羊保定住，把羔羊推到乳房跟前，羔羊就会吮乳。对羔羊辅助几次，它就会自己找母羊吃奶了。对于缺奶羔羊，最好为其找保姆羊，就是把羔羊寄托给死了羔或奶特别好的单羔母羊喂养。

2. 生后3～7 d 此时母羊可以外出放牧，羔羊可随母羊一起，保证羔羊吃乳。羔羊吃奶时，通常频频摇尾，吃奶后摇头；但若发现羔羊吃奶时边吮边撞，时有鸣叫，说明母羊奶水不足或缺奶。据研究，7 d之内死亡羔羊占全部死亡数的85%以上，危害较大的病是“三炎一痢”(即肺炎、肠胃炎、脐带炎和羔羊痢)。要注意搞好棚圈卫生，避免贼风侵袭，保证吃奶时间均匀，以提高羔羊成活率。

3. 加强对缺奶羔羊的补饲 对多羔母羊或泌乳量少的母羊，其乳汁不能满足羊羔的需要，应适当补饲。一般宜用牛奶或人工奶，在补饲时应严格掌握温度、喂量、次数、时间及卫生消毒。

4. 搞好圈舍卫生 应严格执行消毒隔离制度。羔羊生后7～10 d后，羔羊痢疾增多，主要原因是圈舍脏，潮湿拥挤，污染严重。

这期间应检查食欲、精神状态及粪便，做到有病及时治疗。对羊舍及周围环境要严格消毒，对病羔隔离，对死羔及其污染物及时处理掉，控制传染源。

5. 加强运动　运动能增加羔羊食欲，增强体质，促进生长和减少疾病，从而为提高其肉用性能奠定基础。随着羔羊日龄的增长，应将其赶到附近的牧地上放牧，加强羔羊运动。

6. 生后 7～10 d　当羔羊能够舔食草料或食槽、水槽时，就应开始喂给青干草和饮水，故羔羊舍内应常备有青干草、粉碎饲料或盐砖、清洁饮水等，以诱导羔羊开饲。

7. 生后 15～20 d　随着羔羊采食能力的增强，应在 15 d 就开始为其补饲混合料，方法以隔栏补饲最好，其喂量应随日龄而调整。一般地讲，15 日龄羔羊的日喂量为 50～75 g，30～60 d 达到 100 g，60～90 d 达到 200 g，90～100 d 达到 250 g。

8. 生后 90～100 d　此时应考虑根据羔羊体格发育情况进行断奶。断奶群中放入几只大羊，以引导饮水、吃料等，也常把两个断奶群的母羊进行交换，减少断奶应激。

（二）*羔羊的培育措施*　羔羊的培育是指羔羊断奶前（3～4 月龄）的饲养管理。要提高羔羊的成活率，培育出体型良好的肉用羔羊，必须掌握以下 3 个关键：第一，加强泌乳母羊的饲养，促进泌乳量；第二，及时做好羔羊的饲养；第三，对母仔要精心细致地照顾管理。羔羊的培育经验是：固定专人管理羔羊，保证奶、草、水、料充足，做到早补料、早运动，加强哺乳期、离乳期及第一个越冬期的饲养管理，是行之有效的技术方法。

1. 加强母羊饲养，促进泌乳量　只要母羊的营养状况较好，就能保证胎儿的充分发育。所生羔羊的初生重大、体健，母羊的乳汁多，羔羊以后的发育就好。

对怀孕的母羊，要根据膘情的好坏、年龄大小、产期远近，作羊群调整。对那些体况差的、瘦弱的母羊要放好草，放牧时间尽量延长。冬季饮水的温度不要过低,尽量减少热量的消耗,增强抗寒能力。早晚要加草添料,或者留圈饲养,使群内母羊的膘情大体趋于一致。这种母羊群在产羔管理时比较容易,而且羔羊健壮、整齐。对舍饲的母羊要备足草料,夏季羊舍应有防暑降温及通风设施,冬季利于保暖。另外,还应有适当的运动场所供母羊及羔羊活动。产后哺乳母羊不能和妊娠羊同群管理和放牧,否则会影响产后哺乳母羊恋羔,不利羔羊的生长。这时应该单独组群放牧或分群舍饲,以免相互影响。

2. 做好羔羊的补饲及放牧　一般羔羊生后 15～20 d 起开始训练吃草、吃料。这时,羔羊瘤胃微生物区系尚未形成,不能大量利用粗饲料,所以强调补饲高质量的蛋白质和纤维少、干净脆嫩的干草。把草捆成把子,挂在羊圈的栏杆上,让羔羊玩食。精料要磨碎,必要时炒香并混合适量的食盐和骨粉,提高羔羊食欲。为了避免母羊抢吃,应专为羔羊设补料栏。一般 15 日龄的羔羊每天补混合料 50～75 g,1～2 月龄 100 g,2～3 月龄 200 g,3～4 月龄 250 g,一个哺乳期(4 个月)每只羔羊需补精料 10～15 kg。混合料以黄豆、豆饼、玉米等为好,干草以苜蓿干草、青野干草、花生秧、地瓜秧、树叶等为宜。多汁饲料切成丝状,再和精料混饲喂。羔羊补饲应该先喂精料,后喂粗料,而且要定时、定量喂给,不能零吃碎叼,否则不易上膘。

羔羊生后 15～30 d 即可单独外出放牧。放牧应结合牧地青草生长状况、牧地远近程度以及羔羊的强弱,酌情考虑。一般首先在优良草地和近处放牧,随着羔羊日龄的增长,逐渐延长放牧时间和距离。母子分开放牧有利于增重、抓膘和预防寄生虫病的传播。

3. 无奶羔的人工喂养及人工乳的配制　人工喂养就是用牛奶、羊奶、奶粉或其他流动液体食物喂养缺奶的羔羊。关键是要搞好定人、定时、定温、定量和讲究卫生,这样才能把羔羊喂活、喂强壮。不论哪个环节出差错,都可能导致羔羊生病,特别是胃肠道疾病。即使不发病,羔羊的生长发育也会受到不同程度的影响。

用牛奶、羊奶喂羔羊,首先尽量用新鲜奶。新鲜奶其味道及营养成分均好,病菌及杂质也较少。用奶粉喂羔羊应该先用少量凉开水,把奶粉溶开,然后再加热水,使总加水量达到奶粉量的5～7倍。羔羊越小,胃也越小,奶粉对水的量应该越少。有条件的羊场应再加点植物油、鱼肝油、胡萝卜汁及多种维生素、多种微量元素、蛋白质等。其他流动液体食物是指豆浆、小米米汤,自制粮食,代乳粉或市售婴幼儿用米粉,这些食物在饲喂以前应加少量的食盐及骨粉,有条件的滴加鱼肝油、胡萝卜汁和蛋黄等。

人工喂养中的"定人",就是从始至终固定一专人喂养。这样可以熟悉羔羊生活习性,掌握吃饱程度,喂奶温度、喂量以及在食欲上的变化,健康与否等。

"定温"是指羔羊所食的人工乳要掌握好温度。一般冬季喂1月龄内的羔羊,应把奶晾到35～41℃,夏季温度可略低些。随着羔羊日龄的增长,喂奶的温度可以降低。温度过高,不仅伤害羔羊,而且羔羊容易发生便秘;温度过低往往容易发生消化不良、拉稀、胀气等。

"定量"是指每次喂量,掌握在"七成饱"的程度,切忌喂得过量。具体给量是按羔羊体重或体格大小来定,一般全天给奶量相当于初生重的1/5为宜。喂给粥或汤时,应根据浓稠度进行定量,全天喂量应略低于喂奶量标准,特别是最初喂粥的2～3 d,先少给,待慢慢适应后再加量。羔羊健康、食欲良好时,每隔7～8 d比前期喂量增加1/4～1/3;如果消化不良,应减少喂量,加大饮水量,并采取一些治疗措施。

"定时"是指羔羊的喂食时间固定,尽可能不变动。初生羔羊每天应喂6次,每隔3～5 h喂1次,夜间睡眠可延长时间或减少次数。10 d后每天喂4或5次,到羔羊吃草或吃料时,可减少到3或4次。

卫生条件是人工喂养的重要环节。初生羔羊，特别是瘦弱母羊所生羔羊体质较弱，生活力差，调节体温的能力尚低，对疾病的抵抗力弱，保持良好的卫生环境有利于羔羊的生长发育。羔羊周围的环境应该保持清洁、干燥，空气新鲜又无贼风。羊舍最好垫一些干净的垫草，室温保持在5～10℃，不要有较大的变化。刚出生的羔羊，如果体质较弱，应安排在较温暖的羊舍或热炕上，温度不能超过体温，等到能够自己吃奶，精神好转，随之可逐渐降低室温直到羊舍的常温。

喂羔羊奶的人员，在喂奶以前应洗净双手。平时不要接触病羊，尽量减少或避免致病因素。出现病羔应及时隔离，由单人分管。迫不得已病羔、健康羔都由一人管理时，应先哺育健康羔，换上衣服再哺育病羔，而且喂完病羔马上清洗、消毒手臂，脱下衣服单独放置，并用开水冲洗，进行消毒。

羔羊的胃肠功能还不健全，消化机能尚待完善，最容易“病从口入”，所以羔羊所食的奶类、豆浆、面粥，以及水源、草料等都应注意卫生。例如，奶类在喂前应加热到62～64℃，经30 min或80～85℃瞬间，可以杀死大部分病菌。粥类、米汤等在喂前必须煮沸。羔羊的奶瓶应保持清洁卫生，健康羔与病羔应分开用，喂完奶后随即用温水冲洗干净。如果有奶垢，可用温碱水等冲洗，或用瓶刷涮净，然后用净布或塑料布盖好。病羔的奶瓶在喂完后要用来苏儿、新洁尔灭等消毒，再用温水冲洗干净，对于条件好的羊场或养羊户，可自行配制人工合成奶类，喂给7～45日龄的羔羊。

人工合成奶粉的成分为脱脂奶粉60%，牛奶或脂肪干酪素、乳糖、玉米淀粉、面粉、磷酸钙、食盐和硫酸镁。

每千克饲料的营养成分

水分　4.5%	维生素A　50 000 IU	杆菌肽锌　80 mg
粗蛋白质　23.5%	维生素D　10 000 mg	镁　120 mg
粗脂肪　24.0%	维生素E　30 mg	锌　20 mg

粗纤维 0.5%	维生素 K 3 mg	钴 4 mg
无氮浸出物 39.5%	维生素 G 70 mg	铜 24 mg
灰分 8.0%	维生素 B_1 3.5 mg	铁 126 mg
	维生素 B_2 5 mg	碘 4 mg
	维生素 B_4 4 mg	BHTF 50 mg
	维生素 B_{12} 0.02 mg	蛋氨酸 1 100 mg
	泛酸 15 mg	赖氨酸 500 mg
	烟酸 60 mg	
	胆碱 1 200 mg	

使用说明及用量:溶于不超过 40℃的温开水,摇晃至全溶,然后再加水,温度保持在 38~39℃。

用量:4~7 日龄羔羊,人工合成乳粉 200 g,加水 1 000 mL。

另一种代乳粉配方为大豆、花生、豆饼类、玉米面、可溶性粮食蒸馏物、磷酸二钙、碳酸钙、碳酸钠、食盐和氧化镁。

每千克所含营养成分如下:

水分 12.0%	维生素 A 50 000 IU
粗蛋白质 25.0%	维生素 D_3 11 500 IU
粗脂肪 1.5%	维生素 E 85 mg
粗纤维 10.3%	烟酸 50 mg
无氮浸出物 43.0%	钴 1.6 mg
粗灰分 8.2%	铁 100 mg
	碘 2.5 mg
	镁 200 mg
	铜 33 mg
	锌 200 mg
	胆碱 250 mg

该代乳粉使用应按代乳粉 30%,玉米面 20%,麸皮 10%,燕麦 10%,大麦 30%的比例溶成液体喂给羔羊。

新疆畜牧科学院研制的代乳品配制简单、经济且饲喂效果与羊奶、牛奶相近。其配方为(%):面粉 50,乳糖 24,油脂 20,磷酸氢钙 2，食盐 1，特制料 3. 将上述物品按比例标准(乳糖可用砂糖代替，油脂可用羊油、植物油各 1/2)，在热锅内炒制。使用时以 1∶5 的比例加入 40℃开水调成糊状，然后加入 3%的特制料(主要成分为氨基酸，多种维生素)。

(三)断奶 发育正常的羔羊，在 3～4 月龄即可断奶。断奶的方法，多采用一次性断奶法，即将母、仔分开，不再合群。断奶后母羊移走，羔羊继续留在原羊舍饲养，尽量给羔羊保持原来的环境。断奶后，羔羊根据性别、强弱、体格大小等因素，加强补饲，同时要选好牧地，力求不因断奶影响羔羊的生长发育。

第六节 肉羊的一般管理技术

一、羊群的组织和放牧技术

从我国目前的实际情况来看，肉羊生产特别是肥羔肉生产，还不具备集约化的生产方式。在我国肉羊生产中，无论是牧区，或是农区和农牧区，在今后较长时间内，仍要采取舍饲和放牧相结合的方式，充分利用天然草场资源。放牧也是肉羊生产的重要环节，通过放牧能使绵羊、山羊达到增膘快的效果，这同羊群组织和放牧技术有直接的关系。

(一)羊群组织 合理组织羊群，既能节省劳力，又便于羊群的管理，达到提高生产率的效果。因此要根据绵羊、山羊的特性和牧区、农区、农牧区和山区的草场条件，按羊品种、性别、年龄来组织羊群。

牧区草场面积大，羊群组织，繁殖母羊和育成母羊 200～300 只一群，当年生的去势育肥公羊 150～200 只一群，种公羊 100 只一群。

农区没有大面积草场，一般羊群放牧多是利用地边、路旁、河堤、林带，放牧受到一定限制，羊群就不能过大，否则不易控制。繁殖母羊和育成母羊30～40只一群，当年生去势育肥公羊25～30只一群，种公羊以10只一群。

农牧区和山区羊群的组织可以介于牧区和农区之间。

1. 年龄组成　一般羊群都是由不同年龄的羊混合组成的，但因育种和生产任务不同，各种年龄羊的比例不同。对于规模化肉羊生产群，为提高经济效益和加快羊群周转，应不断降低羊群平均年龄，适当加大青年羊的比例。公羊的淘汰年龄为5～6岁，母羊为5岁，羯羊为5岁。

2. 性别组成　羊群的发展是以母羊为基础的，其产品的增加，也取决于母羊的数量和利用强度。无论是种羊场还是经济羊场，繁殖母羊都应占有较大比例。在肉羊生产中，尤其是以生产肥羔为目的时，母羊比例可高达70%～80%，以加快羊群周转。据研究，当母羊比例达到77%时，宰羔率可升高到52%，商品率为24%。肉羊场内保留一定数量的去势公羔、少养育成公羊、母羊适时配种及缩短初配年龄等，是有利于提高肉羊生产效率的重要方面。

（二）放牧地的选择　作为肉羊生产的羊群，在放牧期间，要求有较好的增重速度。因此，对放牧地的选择就显得比较重要。春季放牧，应选择平原、川地、低洼地、河边、丘陵地及冬季未能利用阳坡地。夏季，有的地区牧草生长旺盛，且抽穗开花，营养价值高，是抓膘的好时机。但因夏季天热，蚊虻又多对放牧不利，应选择干燥、通风、凉爽、饮水方便、蚊虻少的地方放牧。秋季，秋高气爽，雨水少，地面干燥。牧草长势旺盛，大多已结籽，营养价值高，是抓秋膘的好时候，牧区和山区应在这些地方放牧。而农区和农牧区，可在收获过庄稼的留茬地里放牧，同时田边地头也有青草，可促进增膘。冬季，气候寒冷，牧草枯黄，对肉羊来说放牧不是主要的，只是作为舍饲的补充。为使羊群保持正常的体况，不掉膘，冬、春季节，除放牧外，还应进行补饲。

二、羊编号

肉羊饲养场内给种用公、母羊编号，对准确实施配种计划和适时淘汰羊是非常重要的。羊编号的方法有带耳标法、剪耳法、墨刺法、冷冻烙印法、烙角法等。现只介绍前两种方法。

(一)耳标法　耳标一般用铝或塑料制成，铝制的为圆形，塑料制的为长方形，用来记载羊的品种或类型、鉴定等级、出生年月、个体序号和性别等。编号的方法是：最前面的第 1 个字母是代表该羊的品种或类型的英文或字头；第 2 个字母为该羊的鉴定等级，常用 A、B、C、D 表示；第 3 个数字为该羊的出生年份，用年份的最后一个数字来表示；最后一组数字(其位数取决于羊群大小)为羊的个体序号，最好按出生序号表示，一般是公单母双。例如 SA8006 是指 1998 年出生的 006 号萨福克绵羊 A 级母羊。铝制耳标可把羊号用特制的钢字钉打印上，而塑料耳标则用记号笔直接写上。打耳标时，一定要注意消毒好，并且要避开血管。

(二)剪耳号法　用于猪的编号方法和耳号钳等设备也同样适用于肉羊。其优点是不用捕捉羊就能从远处看清标号。具体操作方法是：先固定羊，再用“V”形耳剪和打洞器标号，最后用碘酒消毒。编号口诀为“左大右小，上 1 下 3”，具体编号方法是左耳缺上方为 10 下方为 30，耳尖为 200，中间打洞为 800；右耳缺上方为 1，下方为 3，耳尖为 100，中间打洞为 400。例如，某羊左耳尖剪 1 个缺口，左耳上方剪 2 个缺口，右耳上方剪 1 个缺口，右耳下方剪 1 个缺口，则该羊为 224 号。

三、羔羊去角

羔羊去角的目的是防止由好斗带来的伤亡和流产，同时也可减少占地面积和易于管理。最好选择 7～14 日龄，且体况很好又健康无病的羔羊，经鉴定后确系无角再进行。其方法有外科手术法、电灼法和碱棒法，以电灼法最为实用方便。电灼法去角要先找到角芽即头骨上有两处退色的皮肤，其外形酷似两个玫瑰花结而又推移不动；当电烙器达到烧红或极热时，在每只角芽上保持约 10 s 即可。注意灼烧时间过长会导致热原性脑膜炎；灼烧部位包括角芽周围约 1 cm 的组织（但不要烧伤角基外的皮肤），以防止角根再生。

四、山羊修蹄

羊蹄子是皮肤的衍生物。像人的指甲一样，不断生长，放牧中的羊由于经常在行走中磨损，所以显得生长很慢。舍饲的羊磨损较慢，故生长很快，因而必须经常修理，长期不修，不仅影响行走，而且会引起蹄病和肢势变形，严重者行走异常，采食困难。生产中因不注意修蹄，蹄尖上卷，蹄壁裂折，蹄子腐烂，四肢变形，跪下采食或成残废者经常可见。公羊蹄子有了问题，轻者运动不足，影响精液的品质，重者因不能交配而失去种用价值，所以在生产当中，要随时注意检查，经常进行修蹄，修蹄一般在雨后进行，这时蹄质变软，容易修理。修蹄时一般先从前肢开始，从左到右依次进行。用修蹄刀修前蹄时，修蹄人用腿扛住羊的肩部，使羊的前膝掂在人的膝盖，然后进行修理；修理后蹄时修蹄人可背着羊用两膝夹住羊腿飞节部分。修蹄工具可用修蹄刀、果树剪、镰刀、给大家畜修蹄用的削刀来修理。修蹄时开始可削多一些，越往后越要少削，一次不可削的太多，当修到蹄底可以看到淡色微血管时为止，再削就会出血。修蹄时若有轻微出血可涂以碘酒。若出血较多，可使用烧红烙铁猛烙出血部位。用烙铁止血，动作要快，不然会引起烫伤。修理后的羊蹄，底部要求平整。形状要求方圆，已经变了形的蹄子，需要经过多次修理才能矫正。舍饲的羊 3 个月需要修蹄 1 次，放牧的羊在放牧前和放牧后进行。

修蹄时一定要注意安全，要稳、准，千万不可疏忽大意，一不小心，不是羊蹄出血，就是削伤人手。

五、公羊去势

不作为种用的公羊，都要及时去势。为了保证杂交改良效果，杂种小公羊应一律去势。去势后的公羊性情温顺，管理方便，容易肥育，肉味鲜美。小公羊的去势，在生后15～30 d为宜。过早去势困难，过晚出血太多。去势的方法很多，而以刀阉法效果可靠，结扎法简单适用。

1. 刀阉法　去势需两人进行。保定的人，使羊背部面向着自己将羊两后肢提起，用腿将羊颈部夹住，另一人将阴囊外部用5%碘酒消毒，用消过毒的手臂一手紧握阴囊上部，防止睾丸跑到腹腔，一手用刀在阴囊侧面下方与阴囊中隔平行处两侧各切一口，挤出睾丸，撕断精索，撕精索时将两睾丸向不同方向拧转数次，或用手向两边捋几次，最后扯断。成年公羊去势时输精管要进行结扎，以防出血过多。给切口涂上碘酒，撒上止血消炎粉。去势后注意不要使羊卧在潮湿肮脏的地方，以免术部感染。

2. 结扎法　在阴囊基部扎上橡皮筋使其血液循环受阻，15 d以后阴囊连同睾丸就自行干枯脱落。此法简单、方便，适于羔羊。在去势期间要注意检查，防止结扎部位发炎。

六、羔羊断尾

肉羊业中羔羊的断尾主要是在肉用绵羊品种公羊同当地的母绵羊杂交所生的杂交羔羊，或是利用半细毛羊品种来发展肉羊生产的羔羊，其羔羊均有一条细长尾巴。为避免粪尿污染羊毛，或夏季苍蝇在母羊外阴部下蛆而感染疾病和便于母羊配种，断尾是羔羊生后10 d内进行，此期尾部血管较细，不易出血。

羔羊断尾常用的是热断法和结扎法。热断法就是利用一把厚

0.5 cm、宽 7 cm 的铁铲，将铁铲在炉火上烧成暗红色，断尾处离尾根部 4～5 cm，在第三至第四尾椎骨之间，要边切边烙，切忌太快，这样还有消毒作用。为了避免铁铲烫坏羊的肛门或母羔外阴部及确保断尾长度一致，还用一块厚度 4～5 cm、宽度 20 cm、长 30 cm 的木板，在板的一端紧贴边凿个直径 5 cm 大的圆孔。断尾时将羊尾套进去并压住，断尾时需两人操作，一人保定羊，另一人持铁铲和木板，密切配合。

结扎法是利用橡皮筋，将羔羊的尾巴在尾根处扎紧，1～2 周，尾巴在结扎处便干燥坏死，自然脱落，尾巴脱落后，在断尾处涂上碘酒。结扎法的要点是结扎要紧，注意观察尾巴脱落前后是否有化脓等现象，如有化脓要及时涂上碘酒。此种断尾方法操作简便，断尾效果较好。

七、药浴

为驱除羊体外寄生虫，预防疥癣等皮肤病的发生，每年要在春季放牧前和秋季舍饲前进行药浴。药浴的方法主要有池浴、大锅或大缸浴等，具体选择哪种方法，要根据羊数量和场内设施条件而定，一般在较大规模的羊场内采用药浴池较为普遍。

1. 药液配制　用 0.05%的辛硫磷溶液最好。辛硫磷溶液配制方法是：使用 50%的辛硫磷乳油 50 g 加水 100 kg，其有效含量为 0.05%，水温 25～30℃，药浴 1～2 min，一般 50 g 乳油配制成的药液可洗羊 14 只。

2. 羊药浴时应注意的事项　a. 第一次药浴后间隔 1 周再进行 1 次，残液要泼洒到羊舍内；b. 药浴前 8 h 停止放牧或饲喂，入浴前 2～3 h 给羊饮足水，以免羊吞饮药液中毒；c. 让健康的羊先浴，有疥癣等皮肤病的羊最后浴；d. 凡妊娠 2 个月以上的母羊暂不进行药浴，以免流产；e. 要注意羊头部的药浴，无论采用何种方法药浴，必须要把羊头浸入药液 1 或 2 次；f. 药浴后的羊应收容在凉棚或宽敞棚舍内，过 6～8 h 后方可喂草料或放牧。

八、驱虫

驱虫的目的是减少寄生虫对机体的不利影响。一般地，对寄生虫感染较重的羊群，可在 2～3 月份提前一次治疗性驱虫，待剪毛药浴后，再进行 1 次普遍性驱虫；对寄生虫感染较重的地区，还应在入冬前再驱 1 次虫。驱虫后的羊群，应立即转到新的草场放牧，以防重新感染。常用的驱虫药物有四咪唑、驱虫净、丙硫咪唑、虫克星(阿维菌素)等。其中丙硫咪唑又称抗蠕敏，是效果较好的新药，口服剂量为每千克体重 15～20 mg，对线虫、吸虫、绦虫等都有较好的治疗效果。研究表明，针对性地选择驱虫药物，或交叉 2～3 种驱虫药，或重复使用 2 次等都会取得更好的驱虫效果。

九、饮水与喂盐

充足饮水能使羊保持良好的食欲，有助于草料消化吸收。夏季饮水次数应多些，秋、冬季节可少些。冬季怀孕的母羊要避免空肚饮水，最好是前晌放，后晌饮。羊喘息未定时不要急于饮水，以免引起呛水而造成肺炎(俗称炸肺)。羊喜欢清洁的流动的河水、泉水及刚提出来的井水，只有渴到极点时才会饮用脏水或污水，这种水易感染寄生虫病。

给羊喂盐即可促进食欲，又可供给氯和钠元素。每只每天可喂给食盐 5～10 g，食盐可以单独放在饲槽或专用盐槽里让羊自由舔食，也可以放入饲料中或饮水中搅拌均匀喂给。

第七章　肉羊的快速育肥和典型日粮配方

第一节　肉羊常用的肥育方法

绵羊、山羊的肥育是为了在短时期内，用较低的成本，获得品质好、数量多的羊肉。理想的肥育应选用早熟肉用羊或其杂种羊的羔羊，但目前我国不少地方用品质不良的羔羊、淘汰公羊、老弱成年羊等育肥，效果不佳。我国绵羊、山羊肥育的方法，归纳起来有3种：即放牧肥育、混合肥育和舍饲肥育。

一、放牧肥育

放牧育肥是最经济、应用也最为普遍的一种肥育方法。即把待育肥的羊，按老幼、性别分群，进行放牧肥育。放牧肥育前，先将不作种用的公羔及淘汰公羊去势，同时要驱虫、灭癣、修蹄、剪去眼毛和大腿内侧的毛。一般放牧肥育从夏初剪毛后开始，这时牧草茂盛，气候凉爽，蚊蝇稀少。经过一个夏季和初秋时期的放牧，一般体重可增加30%～50%，如沂蒙黑山羊，在羔羊出生后不久即随母羊哺乳，并利用夏季草场水草丰茂的自然条件，放牧肥育至6月龄，平均体重为20～25 kg，最高达30 kg；又如3月份出生的波萨一代羊，3月龄断奶后在夏季牧场肥育，每天放牧8 h以上，不补饲，8月龄屠宰平均体重42.40 kg，日增重185 g，屠宰率46.25%。

放牧肥育的关键是水、草、盐缺一不可，如果经常口淡口渴或放牧不得法，就会影响肥育的效果。同时，草场质量的好坏，也对育肥效果影响较大。放牧前半期可用差一些的草场、草坡，后期尽量选择好的草场放牧，最后阶段在优质草场如苜蓿草地或秋茬子地放牧。内蒙古锡林郭勒盟东乌旗的放牧肥育实验结果列于表 7-1，此外，对以生产肥羔为主的羊群，其产羔期对肥育效果也有影响。根据锡林郭勒盟东乌旗的试验，早春羔（2 月底生）比晚春羔（3 月底生）平均多产肉 2.75 kg。又如新疆阿勒泰羊，早春羔比晚春羔平均断奶重提高 13.5%。因此，安排适宜产羔期也是提高放牧肥育效果的一个重要措施。

表 7-1 不同草场条件下的肥羔产肉量

草场类型	屠宰只数	活重 (kg)	胴体重 (kg)	净肉重 (kg)	屠宰率 (%)	净肉率 (%)
普通草场	172	31.8	15.7	12.2	49.24	38.51
有苜蓿地草场	23	37.8	19.06	15.1	51.09	40.54

二、混合肥育

混合肥育有两种情况：一种情况是在秋末草枯后对一些未抓好膘的羊，特别是还有很大肥育潜力的当年羔羊，再延长一段肥育时间。即舍内补饲一些精料，经 30～40 d 后屠宰，这样可进一步提高胴体重、产肉量及肉的品质。另一种情况是草场质量较差，单靠放牧不能满足快速育肥的营养需求，故对羊群采取放牧加补饲的混合肥育方法。这样能缩短羊肉生产周期，增加肉羊出栏量、出肉量。

第一种混合育肥法耗用时间较长，不符合现代肉羊短期快速育肥的要求，提倡采用第二种混合肥育法。放牧加补饲的育肥羊群由同一牧工管理，每天放牧 7～9 h，同时分早、晚 2 次补饲草料。精料由玉米、饼类（粕）、麸皮、贝壳粉、食盐、尿素等组成，另补充矿物质添加剂。营养浓度每千克风干粮中含干物质 0.866 kg（或 86.6%），消化能 13.46 MJ，粗蛋白质 12.24%，可消化蛋白 106.2 g。粗饲料主要利用农副产品，如作物秸秆、地瓜秧、花生秧，及部分青干草、青贮饲料等。精料喂量为每天每只 250～500 g，粗料不限量。据贵州省畜牧兽医研究所孙善发等人试验，贵州白山羊在放牧基础上每天补精料 250 g，试验初平均体重为 18～22 kg，补饲 60～75 d(羔羊即 10～10.5 月龄)体重可达 26.61～27.22 kg，日增重 120 g 左右，比放牧育肥同龄羯羊 20.63 kg 增加 9.96 kg，提高 48.28%，日增重提高 64.74%。试验表明，改变传统饲养方式，在放牧基础上结合补饲育肥，是提高当年羔羊产肉率、出栏率的一种方法。

三、舍饲育肥

传统的舍饲肥育主要是为了调节市场羊肉供应和充分利用各种食品加工的副产品。舍饲通常为 75～100 d，时间过短，肥育效果不显著；过长，饲料转化率低，效果不理想。在良好的饲料条件下，一般可增重 10～15 kg。现代舍饲育肥主要用于肥羔生产，人工控制羊舍小气候，采用全价配合饲料，让羊自由采食、饮水。国外一些生产肥羔的国家都采取大规模舍饲肥育，走专业化、集约化经营道路。由于羔羊的肥育与其生长发育同时进行，这就要求在舍饲期间饲料营养丰富、全面，适口性好，具有全价蛋白质、高能量，另需供给各种必要的矿物质、维生素以及生长促进剂、瘤胃调节剂等。对羔羊肥育最有利的是使用含有 60%～70%粗饲料(其中有 10%～20%秸秆)和 30%～40%精饲料的颗粒饲料，由羊自由采食、饮水；细毛羔羊的育肥应继续到 7.5～8.0 月龄，半细毛羔羊则到 6.5～7.0 月龄，粗毛羔到 5.0～6.0 月龄，育肥羔羊应剪一次毛，这样既可获得一定的羔毛，屠宰后羔皮仍符合制裘标准。

上述育肥方式，舍饲育肥增重效果一般高于混合育肥和放牧育肥。从单只羔分析，混合育肥、放牧育肥经济效益高于舍饲育肥，但从大规模集约化羔羊育肥角度讲，舍饲育肥的生产效率及经济效益应比混合育肥及放牧育肥高。

畜舍温度对育肥效果有显著的影响，在集约化肥羔舍设计中，作为主要考虑的因素之一。混合育肥和放牧育肥受环境温度影响也很大，因此抓住最佳的环境温度及牧草生长茂盛的季节进行羔羊肥育，是放牧肥育、混合肥育的成败关键之一。

第二节　肥羔生产及技术措施

我国的羊肉生产主要依靠宰杀老羯羊、病残羊和淘汰羊。以这种生产方式生产羊肉，时间长、周转慢、商品率低、饲养成本高。因此，必须改变落后的传统生产经营方式。近年美国上市的羊肉94％是肥羔肉，养羊收入2/3来自羔羊生产。澳大利亚、新西兰、阿根廷等养羊大国的肥羔肉产量也占总羊肉产量的80％以上，肥羔生产在世界养羊业越来越起着举足轻重的作用。试验和研究表明，推行羔羊当年肥育、当年屠宰，是增加羊肉产量、提高养羊业经济效益的重要措施，也是对传统养羊生产经营方式的一个改革。

一、肥羔生产的优点

肥羔生产在世界各国羊肉生产中得到特别重视，有以下几方面的优点：

(1)羔羊肉质具有鲜嫩、多汁、精肉多、脂肪少、味美、易消化及膻味轻等优点，深受欢迎，国际市场需求量也很大。

(2)羔羊生长快，饲料报酬高，成本低，收益高。

(3)在国际市场上羔羊肉的价格高，一般比成年羊肉高1/3～1/2，甚至1倍。

(4)羔羊当年屠宰加快了羊群周转，缩短了生产周期，提高了出栏率及出肉率，当年就能获得最大的经济效益。

(5)羔羊当年屠宰减轻了越冬度春的人力和物力的消耗，避免了冬季掉膘，甚至死亡的损失。

(6)由于不养或少养羯羊，压缩了羯羊的饲养量，从而改变了羊群的结构，大幅度地增加了母羊的比例，有利于扩大再生产，可获得更高的经济效益。

(7)6～9月龄羔羊所产的毛、皮价格高，所以生产肥羔的同时，又可生产优质毛、皮。

二、国外肥羔生产技术

当前，世界各羊肉生产国均集中力量发展集约化的肥羔生产，并着重开展了以下几方面的工作：

(1)培育专门化肉羊品种(系)，并选择体大、早熟、多胎和肉用性能好的亲本进行经济杂交。

(2)建立健全良种繁育和杂交利用体系。

(3)利用一部分细毛母羊与肉用品种公羊杂交，发展肥羔生产，多方面利用细毛羊资源。

(4)实行草原区繁殖，农区育肥，农牧结合的合理布局。

(5)研究集约化肥羔生产所必须的繁殖控制技术、繁殖利用制度、饲养标准、饲料配方、育种技术、农副产品和青粗饲料加工利用技术，以及工厂化、半工厂化条件下生产肥羔的配套设施、饲养工艺和疫病防治程序等。

三、肥羔生产的技术措施

随着科学技术的发展，粗放、原始的经营方式的养羊业已明显落后。养羊业，尤其肥羔生产应转向大规模、工艺先进的工厂化、专业化生产。为了适应新的技术工艺及工厂化的生产需要和提高经济效益，肥羔生产中广泛采用了一系列的生产技术措施。主要有以下几方面：

(一)开展经济杂交　在肥羔生产中开展经济杂交是增加羔羊肉产量的一种有效措施。在相同的饲养管理下，杂种一般都比纯种的经济效益高。它既能提高羔羊的初生重、断奶重及成年羊的体重、成活率、抗病力、生长速度、饲料报酬，又能提高繁殖力与产毛量等生产性能。所以在肥羔生产中采用经济杂交，以提高产肉性能、降低饲养成本。

俄罗斯布达戈澳育种场用罗曼诺夫羊、芬兰兰德瑞斯羊、泊列考斯及美利奴羊进行二品种与三品种杂交试验。结果表明，芬兰兰德瑞斯羊与泊列考斯母羊两品种杂交所生的杂种公、母羔羊，日增重分别高于泊列考斯羊同龄羊的18.6%和4.4%，相对生长速度高12.6%和1.1%，饲料利用率高66.8%和2.3%，泊列考斯公羊与罗曼诺夫母羊两品种杂交所生公、母羔羊比罗曼诺夫同龄羊日增重提高35.9%和40.5%，相对生长速度提高29.0%和23.0%，饲料利用率高26.6%和15.1%。其中芬兰兰德瑞斯羊与罗曼诺夫羊的杂种在日增重相对生长速度及肥羔品质方面均超过所有的其他杂交组合。用美利奴公羊和罗曼诺夫的杂种母羊，美利奴公羊与罗曼诺夫羊和泊列考斯的杂种母羊杂种交配，其小公羊产肉量比两品种提高30%～50%，而每生产1 kg羊肉的饲料消耗比两品种低18.4%。因此在肥羔生产上主张利用3个或4个品种轮回杂交，或至少用3个或4个父本品种进行连续杂交，以求获得最大的杂种优势。

我国在羊肉生产上近年来也非常重视应用经济杂交。如内蒙古用德国美利奴公羊与蒙古母羊杂交，杂种一代断奶后放牧加补饲育肥100 d，公羔活重达26.25 kg，比本地蒙古羔羊提高34.62%。新疆用罗姆尼公羊与当地细毛母羊杂交，断奶后放牧加补饲育肥60 d，杂种羔羊的胴体重比当地羔羊提高15.19%；山东用莎能山羊公羊与当地白山羊杂交，杂种公羔采用放牧加补饲的方式肥育，5月龄体重比本地白山羊提高42.16%，日增重提高45.45%，效益十分可观；浙江用莎能山羊公羊与当地白山羊杂交，再用马头山羊公羊与莎（能山羊）×本杂种交配，其三元杂种羔羊生长速度快、产肉性能及羊肉品质好，同时保持了本地山羊的高繁殖率特性。

我国曾先后引进了肉用性能良好的世界著名肉用羊品种，如林肯、陶赛特、夏洛来、德国美利奴、萨福克、波尔山羊等品种。现在已开始充分利用并通过经济杂交来发展我国的肥羔生产。国内外的生产实践证明，选择早熟品种为父本，与繁殖力强、泌乳性能高的母羊杂交，是增加肥羔产量的重要技术措施。

（二）早期断奶　早期断奶，实质上是控制哺乳期，缩短母羊产羔期间隔和控制繁殖周期，达到一年两胎或两年三胎、多胎多产的一项重要技术措施。羔羊早期断奶是工厂化生产的重要环节。

羔羊早期断奶一般采用两种：第一种，生后 1 周断奶，然后用代乳品进行人工育羔。第二种，生后 7 周左右断奶，断奶后就可以全部饲喂植物性饲料或放牧。早期断奶必须让羔羊吃到初乳后再断奶，否则会影响羔羊的健康和生长发育。但哺乳时间过长，训练羔羊吃代乳品就困难，而且不利于母羊干奶，也易得乳房炎。从母羊产后泌乳规律来看，产后 3 周泌乳达到高峰，然后逐渐下降，到羔羊生后 7～8 周龄，母乳已远远不能满足其营养需要。而且这时乳汁形成的饲料消耗也大增，经济上很不合算。从羔羊胃肠功能发育来看，生后 7 周龄时，已能像成年羊有效地利用牧草。针对我国目前的经济状况，这时断奶较为适宜。

另外，国外有人认为不能把羔羊年龄作为决定断奶的惟一因素。因为羔羊年龄、胃容量与其体重密切相关，所以早期断奶还要考虑到羔羊的活重。法国认为羔羊活重比初生重大 2 倍时断奶为宜，英国认为只要羔羊活重达到 11～12 kg 就可以断奶。

早期断奶人工育羔方法：在羔羊吃到初乳后，在专门的羔羊培育室内，将代乳粉用温水稀释至含干物质量 16%，用自动喂奶机喂奶。这样既可以不限喂奶量，也可以定时定量喂奶。一般每天 4 次。喂奶为期约 3 周，或至羔羊活重达到预定要求时断奶，喂给含蛋白质18%的颗粒饲料，干草或青草食量不限。

饲喂早期断奶羔羊的代乳品、配合饲料及其标准已作过大量研究。许多研究人员认为，将代乳品进行4倍稀释后，让羔羊尽量吃较合适。代乳品应根据羊乳的成分进行配制。

（三）培育或引进早熟、高产肉用羊新品种　早熟、多胎多产是肥羔生产专业化、工厂化的一个重要条件。因此，必须培育适合集约化饲养、整批管理、全年繁殖、计划周转的多胎多产、早熟、生长快的新品种。

我国目前还没有本国培育的肉用羊品种，这对发展羊肉生产很不利。但是我们具备培育适合现代集约化肥羔生产新品种的优越品种资源。绵羊中有适应中国广大中原地区和太湖流域湿热农区生态条件的成熟早、生长快、四季发情，多胎多产的小尾寒羊和湖羊；适应牧区条件的体格大、生长发育快、耐粗饲的乌珠穆沁羊和阿勒泰羊等 。山羊中有适合我国中部农区和南方草山草坡的成熟早、繁殖力高、全年发情、多胎多产、屠宰率高的马头山羊、宜昌山羊、板角山羊、贵州白山羊等。同时已引进了一些世界著名的肉羊品种，如德国美利奴羊、林肯羊、边区莱斯特、陶赛特、夏洛来、萨福克羊、波尔山羊等。应把这些宝贵的品种资源充分利用起来，通过杂交或本品种选育，培育出适合我国国情的肉用绵羊、山羊新品种，使我国羊肉生产再上一个新台阶。

（四）同期发情　同期发情是现代羔羊生产中一项重要的繁殖技术，对于肥羔专业化、工厂化整批生产更是不可缺少的一环。利用激素使母羊发情同期化，可使配种时间集中，有利于羊群抓膘，节约劳动力。最重要的是利于发挥人工授精的优点，扩大优秀种公羊的利用，使羔羊年龄整齐，便于管理。

（五）早期配种　世界大多数养羊生产者的传统作法是在母羊1～1.5岁时开始配种。近年来，许多国家开始采用母羊在发育良好的条件下，6～8月龄早期配种。这样使母羊初配年龄提前数月或1年，从而延长了母羊使用年限，缩短了世代间隔，提高终身繁殖力。曾有人担心，羔羊妊娠和泌乳可能使自身的生长发育受阻，其实，只要草料充足，营养全价，早期配种不但不会影响自身的发育，而且妊娠后所产生的孕酮还有助于母体自身的生长发育。

（六）诱发分娩　在母羊妊娠末期，一般到140日龄后，用激素诱发提前分娩，使产羔时间集中，有利于大规模批量生产与周转，方便管理。

诱发分娩的方法有：傍晚注射糖皮激素或类固醇激素，12 h后即有70%母羊分娩；或预产前用前列腺素等，90%母羊在用药后48 h内产羔。

四、当前提高我国羊肉生产的关键技术

我国养羊地区，一般草场产草呈季节性不平衡，冬、春季产草不足。为发展季节性畜牧业，减轻冬、春季草场的压力，减少冬、春季羊死亡，提高我国羊肉生产的经济效益，推行羔羊当年育肥出栏至关重要。当前存在的问题是出栏羔羊体重较轻，屠宰率低，胴体品质差，不能满足消费者的需求。因此，如何适应消费者的要求，生产出胴体大、品质好的羔羊，是目前肉羊业一个亟待解决的问题。具体可采取以下关键技术。

（一）推行杂交一代化　我国各地都有适合本地自然条件，抗逆性强、耐粗饲的优良地方品种。这些品种往往同时存在生长速度慢、生产性能低的缺点。推行杂交一代化，利用地方良种和引入良种杂交生产肥羔，当年出栏，既利用了杂种优势，也保存了当地品种的优良特性。引入品种进行二元杂交，重点放在提高产羔率和肉用性能（生长快、胴体品质好、早熟多胎）两个方面，同时一些毛用或肉毛兼用品种还要注意羊毛品质。萨福克羊、边区莱斯特羊与蒙古羊杂交，杂交一代羔羊均表现出生长发育快、早熟性能好、产肉多等优点。萨福克杂交一代羔羊出生后不加任何补饲，4月龄屠

宰，胴体重平均 17.02 kg，最高者可达 20 kg，比饲养蒙古羊经济收入提高 30%以上；边区莱斯特杂交一代 10 月龄羊与同龄母本蒙古羊相比，每只羊多产肉 5.35 kg，多产毛 0.81 kg，提高收益十分可观。波尔山羊与低产山羊杂交后，产肉性能改良效果十分显著。与鲁北山羊杂交，杂交羊表现出很强的杂交优势，当年春羔到秋末冬初均在 45 kg 以上，比当地羊增重 10 kg 以上；陈明新等(1999)在三峡地区粗放的饲养条件下，以波尔山羊、南江黄羊、萨能山羊为父本，当地的宜昌白山羊为母本，进行了 3 个杂交组合的实验。结果表明，波本杂交组合的产羔率为 156%，接近地方山羊，波本杂交的初生重、4 月龄、8 月龄重分别为 3.0，20.5，25.1 kg，分别比地方山羊提高了 100%，147%和 132%，体型像父本，肌肉丰满，适应性强，是最优的杂交组合。南江黄羊是四川省新育成的肉用山羊品种，利用波尔山羊与南江黄羊杂交，杂种羊从出生到周岁的体重比南江黄羊高 30%以上，效果显著。波南杂交一代的宰前重、胴体重、肌肉重、胴体产肉率和肉骨比均高于南江黄羊，肉用性能显著提高。

（二）确定合适的配种时间，集中配种　假定绵羊的发情季节始于 5 月上、中旬，合适的配种时间应在 9 月上旬，翌年羔羊断乳刚好吃青草。母羊配种前驱虫一次，放牧早出晚归，以利抓膘。母羊膘肥体壮，发情正常、集中，受胎则较准。要充分注意公羊的选择，只有配种期才能把公羊放入母羊群。公、母羊比例要合适，有利于提高受胎率，缩短配种期，翌年产羔集中，便于分群管理。

（三）实行科学放牧　科学放牧应注意 3 点：一是根据羊的品种、性别、健康状况及草坡草场编群，分群放牧，专人管理；二是根据不同季节适当延长放牧时间，夏、秋季早出晚归，晚秋季晚出早归；三是利用大秋作物收获后留茬抓膘。通过实行科学放牧，对育肥羊长膘保膘起到保障作用。

（四）母羊妊娠后期补饲　胎儿重量的 90%是在妊娠后期 2

个月增长的，这时给母羊补饲，能弥补单纯放牧营养的不足，保证胎儿正常发育。据报道，母羊妊娠后期每增重 1 kg，羔羊初生重增加 0.69 kg。断奶重可增加 4.52 kg。山西李效曾等试验，对妊娠后期母羊除补饲草外，每天每只羊补精料 0.3 kg 左右，每只平均补饲 10.7 kg。补饲母羊产羔平均初生重，山羊为 2.8 kg，绵羊为 4 kg，比不补饲母羊产羔初生重分别增加 0.3 kg 和 0.5 kg，而且母羊产后乳量充足，羔羊发育健壮。

（五）羔羊的补饲　羔羊在 2 月龄内以母乳为主，是羔羊增重最快的阶段，要保证羔羊吃到足够的母乳。如果奶量不足，则应用人工哺乳或寄养。羔羊 3 月龄后，母羊的泌乳量开始骤减，羔羊的食量则日渐增加，所以应加强对羔羊的补饲。最初给羔羊优质的草料，使前胃受到锻炼、发育日益完善，采食量也随之逐渐增加，这样对羔羊生长发育有好处。反过来，由于发育完善，也增进了对草料的利用能力。目前，养羊生产中，提倡早期给羔羊补饲，一般从 14 日龄起开始供给优质干草（如苜蓿干草，青干草等），并供给精料全价配合。青干草可以不限量供给，精料用量要根据草料的品质及母羊的产奶量灵活掌握。1 月龄内 50 g，1～2 月龄 100 g，2 月龄后逐渐增加到 200～250 g。补饲要定时、定量，人工育羔用的代乳品要掌握好温度。

（六）适时断奶　羔羊断奶的年龄应根据羔羊发育状况及母羊繁殖特性来决定。羔羊发育良好，或母羊一年两产，或适当提早断奶；羔羊发育较差，就应适当延长哺乳时间。一般在羔羊生后 60～90 d，体重在 15 kg 以上断乳比较合适，这时羔羊完全可以利用草料。

（七）适时屠宰　羔羊生长具有一定的规律性。前期生长较快，饲料转化率较高，后期生长较慢，饲料转化率降低。因而肥育一定时间后适时屠宰，以求获得最佳肥育效益。山东农业大学对小尾寒羊最佳育肥期研究表明，小尾寒羊 2.5 月龄断奶，育肥在 5 月龄屠宰，经济效益最高，超过5月龄屠宰，饲料转化率降低。

（八）防治体内外寄生虫　采用内驱外浴的药物防治方法，使危害羊体正常生长的寄生虫得到有效控制。寄生虫可降低羔羊生长速度的15%～30%，甚至可使个别体况欠佳的羊致死。防治体内外寄生虫是保证肥羔生产的重要措施。

五、肉羊育肥技术方案

（一）哺乳期羔羊育肥技术　哺乳期羔羊快速育肥是指在羔羊断奶前，利用其生长发育快、胴体组成部分增加大于非胴体部分（如头、蹄、毛、内脏等）、脂肪沉积少、胃利用精料能力强等特点而进行的育肥，可分为提前断奶（1.5月龄）和不提前断奶两种方式。此种育肥方法的优势是：能获得最大的饲料报酬，如哺乳期羔羊育肥料重比为（2.5～3）∶1，断奶羔羊为（6～8）∶1；补充羊肉生产淡季供应，缓解市场供需矛盾。但羔羊早期育肥的缺点是胴体偏小，规模上受羔羊来源限制。新疆畜牧兽医研究所1986年成功地试验了1.5月龄断奶全精料育肥，对1.5月龄断奶体重在10.5 kg的羔羊育肥50 d，平均日增重为280 g，料重比为3∶1，育肥羔羊出栏重达到25～30 kg，对5～7月份羊肉供应淡季起到填补作用。

1. 早期断奶羔羊全精料育肥技术

（1）育肥前的准备：羔羊1.5月龄断奶前15 d实行隔栏补饲，或在早、晚有一定时间将母羊与羔羊分开，让羔羊在设有精料槽和饮水器的圈内活动，其余时间仍母子同处。补饲的饲料应与断奶后育肥饲料相同。谷粒在刚开始补饲时可以稍加破碎，待习惯后则以整粒喂为宜，不要加工成粉状。羔羊活动范围的地面应干燥，防雨、通风良好，可铺少许垫草。羔羊育肥常见传染病有肠毒血症和出血性败血症，肠毒血症疫苗可在产羔前给母羊注射，或在断奶前给羔羊注射。

（2）配制育肥用日粮：谷物类饲料都可用来育肥羔羊，但效果最好的是玉米等高能量饲料。实践证明,整粒料比破碎谷物饲料育肥效果好,主要表现在饲料转化率高和肠胃病少。

建议饲料配方:整粒玉米 83%,黄豆饼 15%,石灰石粉 1.4%,食盐 0.5%,复合维生素和微量元素 0.1%。其中,维生素和微量元素的添加量按每千克饲料计算为:维生素 A、维生素 D、维生素 E 分别是 500 IU,1 000 IU 和 20 IU,硫酸锌 150 mg,硫酸锰 80 mg,氧化镁 200 mg,硫酸钴 5 mg,碘酸钾 1 mg。若没有黄豆饼,可用 10%鱼粉代替,同时把玉米比例调整为 88%。

(3)饲喂技术:羔羊自由采食、自由饮水。投给饲料最好采用自制的简易自动饲槽,以防止羔羊四蹄进入槽内,造成饲料污染而降低饲料摄入量,扩大球虫病与其他病菌的传播。饲槽高度应随羔羊日龄增长而提高,以槽内饲料不堆积或不溢出为宜。如发现某些羔羊啃食圈墙时,应在运动场内添设盐槽,槽内放入食盐或食盐加等量的石灰石粉,让羔羊自由采食。还应注意羔羊采食整粒玉米的初期,有玉米粒从口中吐出,随着日龄的增长,玉米粒吐出现象逐渐消失。羔羊反刍动作也是初期少、后期多,这些都属于正常现象,不影响育肥效果。在正常情况下,羔羊粪便呈黄色团状,粪团内无玉米粒。但在天气变化或阴雨天,羔羊可能出现拉稀。育肥全期不变更饲料配方。

(4)适时出栏:羔羊育肥期为 50 d。但育肥终重与品种有关,大型绵羊品种羔羊 3 月龄育肥终重可达到 35 kg 以上。根据研究,细毛羔羊和非肉用品种的育肥终重与 1.5 月龄断奶重有关,一般断奶重 13～15 kg 时,育肥 50 d 体重可达到 30 kg 以上,而断奶重在 12 kg 以下时,育肥终重 25 kg 左右。

2. 哺乳羔羊育肥技术　此技术实质是羔羊不提前断奶,保留原有母子对,只是提高隔栏补饲水平,到时从大群中挑选出达到屠宰体重的羔羊出栏上市,剩余羊仍可转入一般羊群继续喂养。其目的是利用母羊的全年繁殖,安排秋季和初冬产羔,供应节日特需的羔羊肉。其优势是不断奶育肥可减少断奶造成的应激，保持羔羊的稳定生长。

(1)选羊：从3月龄羔羊群中分批挑出活重25～27 kg的羔羊出栏上市，活重达不到此标准的羔羊则留群继续饲养育肥。实践证明，体格较大、早熟性好的公羔能最先达到出栏标准。

(2)饲喂：以舍饲育肥为主，母子同时加强补饲。母羊哺乳期间每天喂足量的优质豆科牧草，另加500 g精料，目的是使母羊泌乳量增加。羔羊应及早隔栏补饲，且越早越好；日粮以谷物粒料为主，搭配适量黄豆饼，配方与1.5月龄断奶羔羊相同，每天喂2次，每次喂量以20 min内吃净为宜；羔羊自由采食上等苜蓿干草。若干草质量较差，日粮中每只应添加50～100 g蛋白质饲料。矿物质和维生素添加剂、食盐、饮水要求与1.5月龄断奶羔羊育肥一样。

(3)出栏：经过30 d育肥，到4月龄时止，挑出羔羊群中达到27 kg以上的羔羊出栏上市。剩余羊断奶后再转入舍饲育肥群，进行短期强度育肥。不作育肥用的羔羊，可优先转入繁殖群饲养。

(二)断奶羔羊快速育肥技术　羔羊断奶后育肥是羊肉生产的主要方式，因为断奶后羔羊除小部分选留到后备群外，大部分要进行出售处理，一般地讲，对体重小或体况差的羔羊进行适度育肥，对体重大或体况好的进行强度育肥，均可进一步提高经济效益。此种技术灵活多样，可视当地牧草状况和羔羊类型选择育肥方式，如强度育肥或一般育肥、放牧或舍饲育肥等。通常在入圈育肥前，先利用一个时期的较好的牧草地或农田茬子地，使羔羊逐步适应饲料转换过程，同时也可降低生产成本。

1. 预饲期的饲养管理　预饲期是指羔羊进入育肥圈后的一个适应性过渡期，也是正式育肥前的准备时间。一般10～15 d，若羔羊整齐，膘情中等，预饲期可缩短。

(1)羔羊入舍前后：断奶羔羊运出之前应先集中，暂停给水、给料，空腹一夜后次日早晨称重运出。装车速度要快，以减弱环境应激。刚入舍羊应保持安静，供足饮水，并喂给易消化的青干草。全面驱虫和预防注射。按羔羊体格大小分组，分出瘦弱羊，再按组配合日粮。体格大的大龄羔羊优先供给精料型日粮，通过短期强度育肥，提前出栏上市。而对体格小的羔羊先喂给粗料比例较大的日粮，干草比例可占日粮的60%～70%，待复原后再进入育肥期。

(2)饲喂技术：经过2～3 d的初步环境适应，羔羊可开始使用预饲日粮。每天喂料2次，每次投料量以30～45 min吃净为宜，不够再添，量多则要清扫。料槽位置要充足，饮水不间断。加大喂料量或变换饲料配方都应至少有3 d的适应期。

预饲期前期所用日粮建议配方：玉米粒25%，干草64%，糖蜜5%，油饼5%，食盐1%，抗生素40 mg。此配方含粗蛋白质12.1%，钙0.78%，磷0.24%，精粗比36∶64。

预饲期后期所用日粮建议配方：玉米粒39%，干草50%，糖蜜5%，油饼5%，食盐1%，抗生素30 mg。此配方含粗蛋白质12.2%，钙0.26%，精粗比为50∶50。

2. 正式育肥期的饲养管理　预饲期结束后即转入正式育肥期。此期应根据育肥计划、当地条件和增重要求，选择日粮类型——全精料型、粗饲料型和青贮饲料型，并在饲养管理上分别对待。

(1)全精料型日粮育肥：此法只适用于35 kg左右的健壮羔羊育肥，通过强度育肥，50 d达到48～50 kg上市体重。

建议日粮配方：玉米粒96%，蛋白质平衡剂4%，矿物质自由采食。其中蛋白质平衡剂的成分为上等苜蓿62%，尿素31%，粘固剂4%，磷酸氢钙3%，经粉碎后混合均匀，制成直径0.6 cm的颗粒；矿物质的成分为石灰石粉50%，氯化钾15%，硫酸钾5%，微量元素盐28%，氧四环素50 g，加预混料45 g，占2%。矿物质中的微量元素盐成分是在日常喂盐、钙、磷之外，再加入2倍食盐量的骨粉，具体比例为食盐占32%，骨粉占65%，多种微量元素占

3%。本日粮配方的营养水平为每千克风干饲料含蛋白质12.5%，总消化养分85%。

饲养管理要点：应保证羔羊每天每只额外食入精饲料45～90 g，可以单独喂给少量秸秆，也可用秸秆当垫草来满足，但垫草需每天更换。进圈羊只活重应较大，一般绵羊35 kg左右，山羊20 kg左右，羊进圈后休息3～5 d后注射快疫，猝狙和肠毒血症三联苗，重点预防肠毒血症，再隔14～15 d注射1次。保证充足饮水，对从外地购进的羊在水中加抗生素，连服5 d；如怀疑或发现有内寄生虫，及时驱虫。在使用自动饲槽时，要保持槽内饲料不出现间断，每只羔羊应占有7～8 cm的槽位。在羔羊改用自动饲槽之前应至少有10 d的适应期。

(2)粗饲料型日粮育肥：此法按投料方式分为普通饲料用和自动饲槽用两种，前者是把精料和粗料分开喂给，后者则是把精、粗料混合在一起的全日粮饲料。为了减少饲料浪费，大中型规模的集约化肉羊饲养场应采用自动饲槽，用粗饲料型日粮，此处介绍自动饲槽用日粮。

日粮配制：介绍两个饲料配方，配方一为中等能量水平，配方二为低能量水平，供参考。

配方一：玉米58.75%，干草20%，蛋白质补充剂10%，糖蜜5%。此配方中，蛋白质补充剂成分为黄豆饼50%，麸皮33%，稀糖蜜5%，尿素3%，石灰石粉3%，磷酸氢钙5%，微量元素加食盐1%。此外，每千克补充剂中加维生素A 33 000 IU，维生素D_3 300 IU，维生素E 330 IU。本配方风干饲料中含粗蛋白质11.12%，总消化养分66.9%，钙0.61%，磷0.36%，精粗比为67∶33。

配方二：玉米粒53.00%，干草47.00%，另加抗生素0.75%。此配方日粮风干饲料中含粗蛋白质11.29%，总消化养分64.9%，钙0.63%，磷0.25%，精粗比为53∶47。

饲养管理要点：日粮用干草应以豆科牧草为主，其粗蛋白质含量不低于14%；配制出的日粮在成色上要一致，尤其是带穗玉米必须碾碎，以羔羊难以从中挑出玉米粒为准，常用的筛孔为0.65 cm。按照渐加慢换的原则，让羔羊逐步转入育肥日粮的全喂量，每只羔羊日喂量按1.5 kg计。利用自动饲槽省力省工的特点，每天投料一次即在自动饲槽内装足一天的用量。要注意饲料登记过磅(不要估计重量)，不能让槽内饲料流空。自制自动饲槽的数量要适宜。

自制自动饲槽的方法：选用合适的铁桶(如汽油桶)，去掉上盖下底，底端焊接上4个细钢筋圆环支架，铁桶上1/3处穿孔，穿入一根长1.5 m的铁管；用两块木板下端固定在饲槽底盘两边，上端开槽，槽径与铁管粗细相吻合，再将铁桶放在饲槽底盘上，饲料倒入铁桶，会自动流下、外溢。

(3)青贮饲料型日粮育肥：此法以玉米青贮饲料为主，可占到日粮的67.5%～87.5%。一般青贮方法难以适用育肥初期羔羊和短期强度育肥羔羊；但若选用豆科牧草，全株玉米、糖蜜、甜菜渣等原料青贮，并适当降低其在日粮中的比例，也可用于强度育肥，羔羊育肥期将大为缩短，育肥期日增重能达到160 g以上。

现介绍两个日粮配方，供参考。

配方一：碎玉米粒27%，青贮玉米67.5%，黄豆饼5.0%，石灰石粉0.5%，维生素A和维生素D分别为1 100 IU和110 IU，抗生素11 mg。此配方风干饲料中，含粗蛋白质11.31%，总消化养分70.9%，钙0.47%，磷0.29%，精粗比为67∶33。

配方二：碎玉米粒8.75%，青贮玉米87.5%，蛋白质补充料3.5%，石灰石粉0.25%，维生素A和维生素D分别为825 IU和83 IU，抗生素11 mg。此配方风干饲料中，含粗蛋白质11.31%，总消化养分63.0%，钙0.45%，磷0.21%，精粗比为33∶67。

饲养管理要点：羔羊应先喂10 d左右预饲期日粮，再转入青贮饲料型育肥日粮。开始时，适当控制喂量，逐日增加，7 d左右达到全喂量。应严格按日粮配方配合操作，混合必须均匀，尤其是石灰石粉不可缺少。羔羊日进食量应在 2.5 kg 以上，饲料要过磅称重，不能估计重量。

（三）成年羊快速育肥技术　成年羊育肥时应按品种、体重和预期增重等主要指标确定育肥方式和日粮标准。育肥方式可根据羊来源和牧草生长季节来选择，目前主要的育肥方式有放牧与补饲混合型和颗粒饲料型两种。但无论采用何种育肥方式，放牧是降低成本和利用天然草饲料资源的有效方法，也适用于成年羊快速育肥。

1. 育肥的方式及特点

（1）放牧——补饲型：夏季成年羊以放牧育肥为主，其日采食青绿饲料可达 5～6 kg，精料 0.4～0.5 kg，合计折合成干物质 1.6～1.9 kg，可消化蛋白质 150～170 g，育肥日增重 140 g 左右。秋季主要选择淘汰老母羊和瘦弱羊为育肥羊，育肥期一般在 60～80 d，此时可采用 3 种方式缩短育肥期：一是淘汰母羊配上种，怀孕育肥 50～60 d 屠宰；二是将羊先转入秋场或农田茬子地放牧，待膘情好转后，再转入舍饲育肥；三是选择体躯较大、健康无病，牙齿良好的羊育肥。此种育肥方式的日粮配方建议如下：

配方一：禾本科干草 0.5 kg，青贮玉米 4.0 kg，碎玉米粒 0.5 kg。此配方中含干物质 40.60%，粗蛋白质 4.12%，钙 0.24%，磷 0.11%，代谢能 17.975 MJ。

配方二：禾本科干草 1.0 kg，青贮玉米 0.5 kg，碎玉米粒 0.7 kg。此配方日粮中含干物质 84.55%，粗蛋白质 7.55%，钙 0.60%，磷 0.26%，代谢能 14.379 MJ。

配方三：青贮玉米 4.0 kg，碎玉米粒 0.5 kg，尿素 10 g，秸秆 0.5 kg。此配方日粮中含干物质 40.72%，粗蛋白质 3.49%，钙 0.19%，磷 0.09%，代谢能 17.263 MJ。

配方四：禾本科干草 0.5 kg，青贮玉米 3.0 kg，碎玉米粒

0.4 kg，多汁料 0.8 kg。此配方日粮中含干物质 40.64%，粗蛋白质 3.83%，钙 0.22%，磷 0.10%，代谢能 15.884 MJ。

(2)颗粒饲料型：此法适用于有饲料加工条件的地区和饲养的肉用成年羊或羯羊。颗粒饲料中，秸秆和干草粉可占 55%～60%，精料 35%～40%。两个建议日粮配方，供参考。

配方一：草粉 35.0%，秸秆 44.5%，精料 20.0%，磷酸氢钙 0.5%。此配方每千克饲料中含干物质 86%，粗蛋白质 7.2%，钙 0.48%，磷 0.24%，代谢能 6.897 MJ。

配方二：禾本科草粉 30.0%，秸秆 44.5%，精料 25.0%，磷酸氢钙 0.5%。此配方每千克饲料中含干物质 86%，粗蛋白 7.4%，钙 0.49%，磷 0.25%，代谢能 7.106 MJ。

2. 成年羊育肥饲养管理要点

(1)选羊与分群：要选择膘情中等、健康、牙齿好的羊育肥，淘汰膘情很好和极差的羊。挑选出来的羊应按体重大小和体质状况分群，一般把相近情况的羊放在同一群育肥，避免因强弱争食造成较大的个体差异。

(2)入圈前的准备：对育肥羊注射肠毒血症三联苗和驱虫。同时在圈内设置足够的水槽和料槽，并进行环境(羊舍及运动场)清洁与消毒。

(3)选择最优配方配制日粮：选好日粮配方后严格按比例称量配制日粮。为提高育肥效益，应充分利用天然牧草、秸秆、树叶、农副产品及各种下脚料，扩大饲料来源。合理利用尿素及各种添加剂(如育肥素、喹乙醇等)。成年羊日粮中，尿素可占到 1%，矿物质和维生素可占到 3%。

(4)安排合理的饲喂制度：成年羊日粮的日喂量依配方不同而有差异，一般为 2.5～2.7 kg，每天投料 2 次，日喂量的分配与调整以饲槽内基本不剩为标准。喂颗粒饲料时，最好采用自动饲槽投料，雨天不宜在敞圈饲喂，午后应适当喂些青干草(每只0.25 kg)，以利于反刍。

六、肉羊育肥饲料添加剂及使用技术

饲料添加剂是在饲料加工、储存和饲喂等过程中添加的一类特殊物质。用量虽小,有的仅占饲料的几百万分之一,但对补充或平衡营养、预防疫病、保障饲料和畜产品质量作用很大。质量可靠的饲料添加剂能有效地增加羊产品产量,提高饲料利用率,降低成本,较明显地提高养羊经济效益。使用饲料添加剂,投资少、收益大。

羊用添加剂可分为两大类:

第一类,营养性添加剂。具有补充或平衡必需的营养维持正常生理活动等功能。主要有非蛋白氮添加剂、氨基酸添加剂、维生素添加剂及矿物质与微量元素添加剂等。

第二类,非营养性添加剂。这类添加剂本身不具有营养价值,但可以维持动物机体健康,促进机体代谢和生长发育,或参与消化和神经调控,或改善饲料及畜产品质量。具体又分为以下几类:

保健助长添加剂:抑菌促生长添加剂、驱虫保健剂、中草药添加剂、酶制剂和微生物制剂等。

生理调控添加剂:瘤胃代谢控制剂、缓冲剂和有机酸添加剂等。

改善饲料质量添加剂:青贮饲料添加剂、抗氧化剂、防霉防腐剂、粗饲料调制添加剂及调味剂等。

(一)非蛋白氮添加剂

1. 几种常用的非蛋白质添加剂及其作用效果

(1)尿素:是使用年代最久、范围最广、用量最大的一种非蛋白氮。1 kg 尿素相当于 2.88 kg 粗蛋白质,相当于 5.6~6.0 kg 大豆饼。放牧绵羊日喂 12 g 尿素,连用 115 d,增重比不喂尿素提高 2.2 kg,净毛率提高约 3.5%。育成羊在低蛋白饲料条件下,每天每只添加 7 g 尿素和 60 mg 硫酸铜，平均日增重提高 1.3～2.3 倍，饲喂效果显著。

(2)缩二脲：含氮 40.77%，化学结构稳定，不易分解，使用较安全。如每天喂给绵羊 20 g 缩二脲，可以代替 120 g 豆饼的饲喂效果，饲养成本降低。在冬、春季枯草期，饲料蛋白不足的情况下，日粮中添加缩二脲，效果更明显。

(3)磷酸脲：含氮 17.7%，磷 19.6%，可为羊补充氮和磷，是一种新型蛋白氮饲料添加剂。该产品能增加瘤胃中乙酸和丙酸的含量及脱氢酶活性，促进牛、羊的生理代谢及其氮、钙、磷的吸收利用。给奶山羊日粮添加磷酸脲，可使产奶量提高 10%，每千克磷酸脲增产羊奶 9.24 kg。每天给体重 14.5 kg 育成羊添加 10 g 磷酸脲，日增重可提高 26.7%。一般用量每天每只羊为 20～40 g。

(4)绵羊尿素盐砖：系内蒙古伊盟畜牧研究所研制的一种新型尿素添加剂。每吨含量(kg)：尿素 420、食盐 250、贝壳粉 100、糖蜜 80、纤维素(干糖蜜)50.64、骨粉 45、植物油 20，硫酸亚铁 10.23，硫磺 5、硫酸铜 10、硫酸锌 3.87、硫酸锰 3.87、碘化钾 0.65、硼酸 0.42，氯化钴 0.41、亚硒酸钠 0.021 5。该尿素盐砖营养价值高，而且比直接喂尿素安全。一般任羊自由舔食，或 30 kg 体重的绵羊日喂量 10 g。

(5)淀粉尿素：是由粉碎谷物、尿素、微量元素和成型剂按一定配比混合，经膨化而成。1 kg 淀粉尿素的蛋白质量相当棉子饼 2 kg，豆饼 1.6 kg，价格便宜，使用安全。淀粉尿素能使尿素在瘤胃内的水解变慢，同时熟化淀粉发酵快，从而及时为瘤胃微生物提供磷源，减少了氨在瘤胃中的蓄积。一般肥育羊，每只喂量 80 g。

(6)羟甲基尿素、硫酸铵、乙酸铵、乳酸铵、磷酸二铵、氯化铵等，也可用来作羊的非蛋白氮饲料添加剂。

2. 非蛋白氮饲料添加剂使用方法

(1)制成混合饲料或颗粒饲料：将尿素等非蛋白氮制成混合饲

料或颗粒饲料，其用量以占混合料的1%～2%为宜，一般超过3%就会影响适口性，甚至引起中毒。

(2)制成高蛋白配合饲料：如以70%～75%的谷物饲料、20%～25%的尿素、5%的膨润土，充分混匀后，在150～160℃的高温下压制成高蛋白添加剂(块)，使饲料中的淀粉糊化，并与溶化的尿素结合在一起，形成稳定的混合物。这样既能延缓尿素在瘤胃中的水解速度，防止尿素中毒，又能提高尿素的利用率。

(3)制成尿素盐砖：根据饲草饲料的营养成分及羊的营养标准研制，将各种原料(见前述)经粉碎、混合后用油压机经80 t压力压制而成。

(4)在青贮饲料或碱化处理秸秆时添加：向青贮饲料中添加0.5%的尿素等，可使粗蛋白质含量达到10%～12%；在碱化秸秆时加入3%尿素等，能显著提高秸秆的营养价值。

(5)用液氨处理麦秸等秸秆及谷物饲料：用液氨处理麦秸，可使麦秸粗蛋白质提高5.8%，纤维素降低15.32%，喂羊适口性好，增重效果明显。用液氨处理谷物饲料，可改进谷物储存状况，有效地破坏黄曲霉素，增加饲料中的含氮量，如用液氨处理玉米粒，可降低含水量5%，不仅防止了霉变，还使粗蛋白质含量提高2.96%。本方法简便、效果好、成本低，值得推广应用。

3. 使用非蛋白氮添加剂应注意的问题

(1)饲料中蛋白含量不宜过高：在日粮中粗蛋白质含量较低(不超过10%～12%)时添加，代替日粮中蛋白质含量的20%～25%，效果最好。在日粮蛋白质能满足需求时，添加非蛋白氮效果不明显，且易引起中毒。

(2)日粮中应含有充足的容易消化的碳水化合物：碳水化合物容易分解出足够的醋酸及时结合游离氨，同时刺激瘤胃微生物活动，以促进尿素氮的吸收。

(3)严格掌握添加剂量，饲喂方法得当：一般添加剂量以1%～

2%,或按千克体重的0.02%~0.05%为宜。分2或3次喂给,忌饮用或单纯喂非蛋白氮添加剂。喂后不要立即饮水,一般需30 min以后再饮水。病羊不要喂。

(4)日粮中忌用生豆类或生豆饼:它们富含尿素酶,易引起非蛋白氮在瘤胃中迅速分解成大量氨,有中毒危险。

(5)日粮中配合适量的硫、磷、钴:磷由骨粉供给,硫通过喂硫酸钾或硫酸钠,钴通过喂氯化钴补充。

(6)要连续使用:因为瘤胃微生物对非蛋白氮的利用有个适应过程,连续使用效果较好,不宜时断时续。

(7)在饥饿状态下的羊,不要立刻喂非蛋白氮:例如羊经长途跋涉,沿途没有吃饱,几天来处于饥饿状态,应先进行补饲,过几天后再开始喂非蛋白氮比较安全。

(8)非蛋白氮添加剂中毒的急救办法:在喂大量非蛋白氮后20~30 min即可出现中毒现象,轻者精神不振,重者呼吸困难,心跳加快,停止反刍,卧地甚至窒息而死。急救办法,可静脉注射10%~25%葡萄糖,每次100~200 mL,亦可灌服食醋0.5~1 L。

(二)氨基酸添加剂

1. *DL*-蛋氨酸　蛋氨酸是极为重要的必需氨基酸,在体内参与80多种反应,被称为"生命性氨基酸"。*DL*-蛋氨酸添加剂进入羊体,绝大部分用来合成体蛋白质,只有少部分转变成胱氨酸或代谢成聚胺,保障细胞增殖。蛋氨酸还可以提供活性羟基集团,肾上腺素、胆碱和肌酸的合成及磷脂代谢都需要蛋氨酸。据报道,每天每只绵羊补喂1~2 g蛋氨酸,可使产毛量提高29.4%,日增重提高12.3%。

2. *L*-赖氨酸盐酸盐　赖氨酸对氨基酸平衡、蛋白质利用和体蛋白合成有重要作用。尤其是处于生长期的幼羊特别需要赖氨酸,故赖氨酸又称"生长性氨基酸"。它可以增进食欲,促进生长发育,增强体质和提高繁殖力。据国外报道,在肉毛兼用绵羊基础日粮含

4～5 g 赖氨酸的基础上，补充 2～5 g L-赖氨酸盐酸盐，可明显提高日增重、净毛产量和饲料转化率。

3. 异位酸添加剂　它是异丁酸、异戊酸、乙-甲脂丁酸和戊酸的总称。异位酸能促进瘤胃微生物的生长，改善饲料消化率，提高采食量。据报道，用异位酸喂绵羊，可使饲料转化率提高 17%。

4. 使用氨基酸添加剂的注意事项

(1)确定适宜添加剂量：首先需弄清日粮中氨基酸的含量，采取缺多少补多少、缺什么补什么的添加方法。用量过多不仅造成浪费，而且会起到适得其反的结果。

(2)注意氨基酸间的相互协调：添加氨基酸时应根据需要添加，否则会破坏氨基酸之间的平衡，从而降低氨基酸的生物效价，影响蛋白质代谢，延缓机体生长。

(3)按照产品说明正确使用：使用氨基酸添加剂时，应参看产品说明，计算氨基酸在该工业制品中的实际含量，确保添加剂量的准确。

(三)维生素添加剂　维生素是保障机体正常生理机能不可缺少的一种物质，对维持畜禽生命和健康、生长与繁殖有十分重要的作用。如果日粮中缺乏维生素，就会导致机能失调，食欲下降，生长停滞等。

目前作为饲料添加剂的维生素种类主要有：维生素 A、维生素 D_3、维生素 E、维生素 K_3、维生素 B_1、维生素 B_2、维生素 B_6、维生素 B_{12}、氯化胆碱、烟酸钙、叶酸以及生物素等。对于成年羊等反刍家畜，瘤胃可以合成 B 族维生素和维生素 K，肝脏和肾脏可以合成维生素 C。因此，一般除瘤胃功能尚未健全的羔羊外，无需添加过多的维生素。对羊来说，一般需要添加的维生素只有维生素 A、维生素 D 和维生素 E 3 种。

1. 维生素 A　维生素 A 维持畜禽正常视觉，促进细胞增殖和器官上皮细胞的正常活动。它还能调节有关养分的代谢，参与组织间质中粘多糖的合成，对性激素形成、蛋白质合成、骨骼发育以及受精卵着床与胚胎发育等都有作用。

当维生素 A 缺乏时，家畜会患夜盲症，眼、呼吸道、消化道、泌尿及生殖器官的上皮组织干燥和角质化，从而继发引起干眼症、羔羊肺炎、下痢、公羊的尿道结石、母羊流产、胎儿畸形、死胎及产后胎盘滞留等；同时还会造成羔羊生长发育不良，公羊精液品质下降及骨骼发育不良等症状。

维生素 A 只存在于动物性饲料，如鱼粉、血粉、肉骨粉等中。植物性饲料中没有维生素 A，但多叶幼嫩青绿饲料和胡萝卜中富含胡萝卜素。胡萝卜素在动物肝脏、小肠壁、乳腺内经胡萝卜素酶的作用迅速转变为具有活性的维生素 A。因此，在青草期不需补喂维生素 A。在冬、春季枯草期，胡萝卜素因植物的老熟、加工调制方法不当或长期储存，损失几乎 50%以上，需要补加。补喂方法：一是供给富含胡萝卜素的植物饲料，如松针叶粉、发芽谷物、优质青干草、胡萝卜等；二是补喂鱼肝油；三是口服或注射醋酸维生素 A 或维生素 A 乙酸酯等。

2. 维生素 D　维生素 D 能调节血中钙、磷浓度，促进钙、磷的吸收和沉积，有助于骨骼生长，增加肠道对钙、磷的吸收能力。

维生素 D 缺乏会引起机体矿物质代谢紊乱。对生长羔羊，影响骨骼发育，常表现为佝偻病。成年羊，尤其是矿物质代谢紧张的妊娠和哺乳母羊则易引起骨软症，甚至瘫痪。

动物性饲料富含维生素 D。植物性饲料中的麦角固醇含量高，麦角固醇经过阳光照射后可转化为维生素 D，所以自然干燥的青干草是羊所需维生素 D 的主要来源。当饲料中维生素 D 不能满足需要时，应考虑补喂维生素 D 添加剂。

3. 维生素 E　维生素 E 又称生育酚。维生素 E 主要作为生物催化剂，给缺乏维生素 E 的家畜补饲维生素 E 能改善氧的利用而促使组织细胞呼吸过程恢复正常；维生素 E 又是抗氧化剂，防止易氧化物质（维生素 A 及不饱和脂肪酸）在饲料、消化道以及内源代谢中的氧化。此外，维生素 E 能够保护富于脂质（细胞膜脂质主要是高分子的不饱和磷脂，特别易氧化）的细胞膜不被破坏。

当维生素 E 缺乏时，心肌和骨骼肌变性，甚至出现运动障碍，多见于羔羊；肝坏死，常引起家畜突然死亡；公畜睾丸发育不良，母畜受胎率降低，使生育、繁殖机能受阻。

维生素 E 在饲料中分布十分广泛，以青饲料、糠麸和谷物的胚中含量较多。饲料加工过程中易被氧化破坏，如青饲料自然干燥后维生素 E 可损失 90%左右，人工干燥或青贮时损失较少。

4. 使用维生素添加剂应注意的事项

（1）添加的种类及用量：应根据羊的不同生理状况和生产性能，确定添加种类和数量。对于成年羊因瘤胃能合成 B 族维生素和维生素 K，肝脏等合成维生素 C，故只需补给维生素 A、维生素 D、维生素 E。羔羊（2.5～3 月龄以下）瘤胃功能尚未健全，则除了以上 3 种外还应考虑补喂 B 族维生素和维生素 K。添加维生素添加剂的剂量应合理，剂量不足，达不到应有的效果；过量添加会造成浪费，还可能对家畜造成危害。

（2）妥善保存：随着放置时间延长，维生素添加剂的效价会逐渐降低。特别是保管不当，如阳光直射、温度过高或过于潮湿等都会使其效价下降。一般储存维生素添加剂，要求密封、避光、防潮，温度最好在 20℃以下。

（3）注意维生素和微量元素添加剂不可一起配制：多数维生素与矿物质元素能相互发生化学反应，影响效价。因此，不要把它们在一起配制预混料，应单独配制，现用现混合在日粮中。

（4）按要求使用，用量灵活掌握：注意维生素添加剂产品的有效含量，按说明添加。同时添加时应考虑饲料中现有的各种维生素含量。

（四）矿物质微量元素添加剂　矿物质微量元素是育肥羊不可

缺少的营养物质。它可调节机体能量、碳水化合物、蛋白质和脂肪的代谢，提高羊的采食量，促进营养物质的消化吸收，刺激生长，加速育肥。对羊来说应考虑添加的常量元素有钙、磷、钠、氯、镁、硫；微量元素有铁、铜、锌、锰、钴、碘和硒。

1. 常量元素的添加　在育肥羊的日粮中，常添加石灰石粉、贝壳粉和磷酸氢钙等补充钙的不足；补磷多采用骨粉、脱氟磷酸氢钙；添加食盐补充氯和钠，或制成盐砖供羊舔食；硫酸镁补充镁和硫元素。

2. 微量元素的添加　微量元素多以预混剂形式添加。羔羊代乳料微量元素预混剂(每千克含)：硫酸铜 20 g、硫酸锌 80 g、硫酸铁 100 g、硫酸锰 100 g、氯化钴 1.2 g、碘化钾 0.3 g、亚硒酸钠 0.2 g，按 0.1%添加。肉羊快速育肥用微量元素预混剂为：每千克预混剂含硫酸亚铁 50 g、硫酸铜 6 g、硫酸锌 80 g、硫酸锰 60 g、氯化钴 0.8 g、亚硒酸钠 0.1 g。按每只羊每天 10～15 g 均匀混于精料中饲喂。

(五)*瘤胃发酵及胃肠道消化生理调控剂*　该调控剂通过减少瘤胃甲烷气体能量损失和饲料蛋白质降解、脱氨损失，控制和提高瘤胃发酵效率，同时具有中和育肥时大量精料产生的过多酸性产物的作用。因此，在羊生长和育肥阶段添加该调控剂，可以提高增重速度和饲料转化率。能合理控制瘤胃发酵及胃肠道消化生理的物质，包括瘤胃代谢控制剂、缓冲剂和有机酸 3 种。

1. 常用的瘤胃代谢控制剂

(1)瘤胃素(又称莫能霉素钠、莫能菌素)：喂羊添加剂量为每千克日粮 25～30 mg，最初喂量可少些，逐渐加至规定量。用瘤胃素喂舍饲育肥绵羊，日增重可提高 35%，饲料转化率提高 27%；饲喂育成山羊时，日增重提高 16%～32%，饲料转化率提高 13%～19%，效果十分显著。

(2)盐霉素钠：由白链霉菌发酵制得。其作用和效果与瘤胃素相似。

2. 缓冲剂　将缓冲剂应用于肉羊育肥中，可以增加瘤胃内碱性蓄积，改变瘤胃状况，使瘤胃内环境更适于微生物的生长。并且它还能增进食欲，促进乙酸形成和抑制丙酸的合成，提高养分的消化率，从而达到高效育肥效果。

常用缓冲剂有以下两种：碳酸氢钠（又称小苏打）与氧化镁，能调节瘤胃酸碱度，增进食欲，提高羊对饲料的消化率。

碳酸氢钠添加量占混合精料的1%～1.5%，或为整个日粮干物质的0.6%～0.8%。氧化镁占混合精料的0.8%，或占整个日粮的0.4%。

实践表明，碳酸氢钠与氧化镁合用比单独使用效果好，以(2～3)∶1的比例较适宜。

3. 有机酸添加剂　有机酸制剂可以改善羊的健康状况，提高产肉性能。如延胡索酸，能降低胃肠道的pH值，提高蛋白酶分解蛋白质的能力；抑制胃和小肠中大肠杆菌的生长和繁殖，促进乳酸菌的生长，提高对含氮物质的吸收等；异位酸能提高对纤维饲料的消化，促进微生物蛋白的合成，使氮沉积增加，提高日增重，加快育肥速度。

（六）饲料储存、保藏添加剂

1. 青贮添加剂　饲料青贮添加剂的作用：一是抑制有害微生物的活动，减少养分消耗；二是防止青贮料的腐败。生产中多采用以下几种：

(1)无机酸添加剂：包括盐酸、硫酸、磷酸等，用于高水分青贮饲料。其中以磷酸效果较好，不仅腐蚀性小，且能补充磷，提高青贮饲料的营养价值。

用法是，5份水加1份酸将酸稀释，每100 kg青贮料加5～7 kg稀酸。盐酸、硫酸等强酸易溶解钙盐，使青贮料中含钙降低，同时添加适量碳酸钙或小苏打可避免这种情况出现。

(2)有机酸添加剂:包括甲酸、乙酸和丙酸。青贮料中添加有机酸,可以提高乳酸产量,从而提高消化率。它还能增加食欲,有效抑制霉菌繁殖。青贮玉米不宜用甲酸,用乙酸较好,添加剂量 0.3%。

(3)甲醛:在青贮料中添加 0.15%~0.3%的福尔马林(35%甲醛溶液),能有效防止有害菌生长。对嫩叶量大、易腐烂的青贮料,0.15%的福尔马林和 0.15%~0.2%的甲酸同时添加效果更好。

2. 饲料防霉剂　霉菌对饲料储存十分不利,防霉剂的作用是能破坏霉菌细胞壁及细胞内的酶,使酶蛋白变性而无法参与催化作用,从而有效地防止饲料发生霉变。防霉剂有以下几种:丙酸及其盐类,使用较普遍,添加剂量一般占配合饲料的 0.1%~0.2%,动物性饲料 0.5%~1.5%;苯甲酸和苯甲酸钠添加剂量占饲料量的 0.1%以下;柠檬酸和柠檬酸钠,除用于防霉剂,还可作调味剂,添加剂量占配合饲料的 0.5%~5%。

3. 抗氧化剂　添加抗氧化剂,可有效阻止饲料因长期接触空气被氧化、变质,从而保证饲料质量,提高其营养价值。常用的抗氧化剂是乙氧基喹啉(山道喹),每吨饲料用量为 100~150 g。

(七)抗菌促生长添加剂　目前使用最广的是喹乙醇(又称快育灵)。喹乙醇抗菌效果好,对革兰氏阴性菌特别敏感,对致病性溶血性大肠杆菌有选择性抑菌作用,不影响正常大肠杆菌。它还有促进蛋白质同化作用,增加氮的沉积,节约蛋白质,从而促进生长,加快肉羊育肥。另外,它能抑制肠道中的有害菌,保护有益菌群,增强对饲料的消化吸收能力,从而达到促生长的目的。喹乙醇添加剂量为 50 mg/kg(占日粮干物质),均匀混于配合饲料中,一般可提高增重 15%~20%。

第八章 肉羊的繁殖技术

第一节 羊的生殖器官和生理机能

一、公羊的生殖器官和生理机能

公羊的生殖器官包括睾丸、附睾、阴囊、输精管、副性腺、尿生殖道和阴茎等部分(图 8-1)。

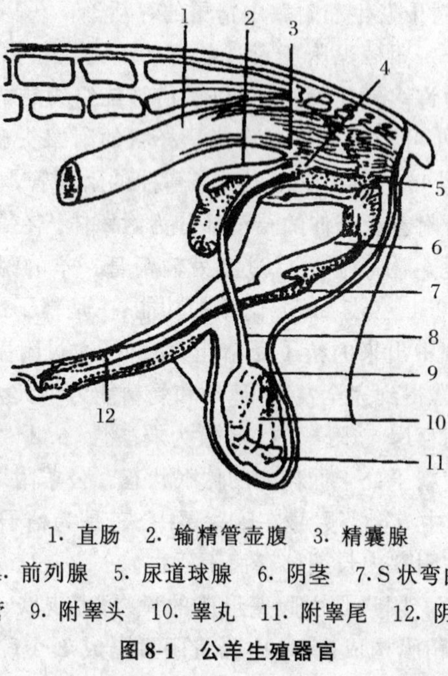

1. 直肠 2. 输精管壶腹 3. 精囊腺
4. 前列腺 5. 尿道球腺 6. 阴茎 7. S 状弯曲
8. 输精管 9. 附睾头 10. 睾丸 11. 附睾尾 12. 阴茎游离端

图 8-1 公羊生殖器官

（一）睾丸　睾丸为雄性生殖腺体，有一对均呈长卵圆形，其长轴与地面垂直。睾丸表面为浆膜，往里是白膜，里面有血管，再往里是有若干锥型小叶组成的实质部。睾丸在胚胎前期，位于腹膜外面，当胎儿发育到一定时期，它就和附睾一起通过腹股沟管进入阴囊，分居在阴囊的两个腔内。胎儿出生后公羊睾丸若未下降到阴囊，即为隐睾。两侧隐睾的公羊完全失去生育能力，隐睾往往有遗传性，两侧或单侧隐睾的公羊均不能留作种用。睾丸的主要功能：一是由分布在间质组织内的曲细精管产生精子，每克睾丸组织每天可产生2 400万～2 700万个精子，成年绵羊每个睾丸的平均质量为400～500 g，山羊平均为150 g；二是分泌雄激素（主要是睾酮），激发公羊产生性欲和性兴奋，促进生殖器官和副性腺的发育和功能，维持精子发生和附睾中精子的存活。

（二）附睾　附睾贴附于睾丸的背后缘，由头、体、尾3部分组成。附睾头由许多输出管盘曲组成，借结缔组织结成若干附睾小叶，这些附睾小叶连接成扁平而略呈杯状的附睾头贴附于睾丸的头端。各附睾小叶的输出管汇成一条弯曲的附睾管，弯曲的附睾管由睾丸头端沿附着缘延伸的狭窄部分为附睾体。在睾丸的尾端扩张而成附睾尾。附睾管最后过渡为输精管。羊的附睾管长35～50 m，管径为0.1～0.3 mm。附睾的功能：一是精子最后成熟的地方。从精细管中出来的精子受精能力极低，通过附睾需13～15 d的时间，其形态得到完全发育，运动和受精能力可大大提高。二是作为精子的储存库。附睾内pH值为弱酸性（6.2～6.8），渗透压高，温度低，使精子处于低耗能的休眠状态。公羊附睾储存精子数为1 500亿，其中有68%贮藏在附睾尾中。三是为精子分泌营养液，以利于精子在附睾内长期储存而不死亡。

（三）阴囊　阴囊是由腹壁形成的囊袋，由皮肤、内膜、睾外提肌、筋膜和总鞘膜构成，有一中隔将阴囊隔成2个腔，2个睾丸分别位于其中。阴囊具有温度调节作用，以保护精子正常生成。当外界温度下降时，借助内膜和睾丸肌的收缩作用，使睾丸上举，紧贴腹壁，阴囊皮肤紧缩变厚，保持一定温度；当外界温度升高时，阴囊皮肤松弛变薄，睾丸下降，阴囊皮肤表面积增大，以利散热降温。阴囊腔的温度比正常体温低3～4℃，通常为34～36℃。

（四）输精管　输精管是由附睾管延续而来，与通往睾丸的神经、血管、淋巴管、睾内提肌组成精索，一起通过腹股沟管，进入腹腔，转向后进入骨盆腔通往尿生殖道，开口于尿生殖道骨盆部背侧的精阜，在接近开口处输精管逐渐变粗到3～4 cm，形成输精管壶腹部 。输精管的功能：一是壶腹部可作为暂时储存精子的地方，二是依靠肌肉收缩力在射精时将精液排送入尿道。

（五）副性腺　副性腺有精囊腺、前列腺和尿道球腺3种。射精时它们和输精管壶腹的分泌物一起混合形成精清，精清与精子共同形成精液。

精囊腺成对，位于输精管末端的外侧，呈蝶形覆盖于尿生殖道骨盆部的精阜。精囊腺的分泌液含有果糖，能供给精子营养，并能刺激精子运动。

前列腺位于精囊腺的后方，为复管状腺，多个腺管开口于精阜的两侧。其分泌物呈弱碱性，能中和尿道和精液中的酸性物质，刺激并增强精子的活动能力。

（六）尿生殖道　尿生殖道为尿液和精液的共同通道，起自膀胱颈末端，终止于龟头，可分为骨盆部和阴茎部。骨盆部为膀胱颈至坐骨弓的一段。背侧壁内黏膜上有一突出的精阜，输精管开口于精阜，另外副性腺的导管均开口于精阜的后方。阴茎部为阴茎腹侧的一段，与阴茎同长，其末端突出于阴茎，有明显的尿道突，绵羊的呈乙状弯曲，山羊的较短而直。尿生殖道为尿液和精液的共同通道。

（七）阴茎　阴茎是公羊的交配器官。它由阴茎海绵体和尿生殖道阴茎部分组成，其末端藏于包皮内，可分成阴茎根、阴茎体和龟头3部分。羊的阴茎较细,体部呈S状弯曲在阴囊的后方,在龟头上有一丝状体,呈蜗卷状。阴茎的功能是排尿和输送精液到母羊生殖道里。阴茎平时缩于包皮内,在配种或采精时,受外界刺激,阴茎充血便勃起,由于尿生殖道的平滑肌发生收缩,精子从附睾进入输精管内与精液混合后从尿生殖道排出。

二、母羊的生殖器官和生理机能

母羊的生殖器官由卵巢、输卵管、子宫、阴道、尿生殖前庭、阴门等6部分组成(图8-2)。

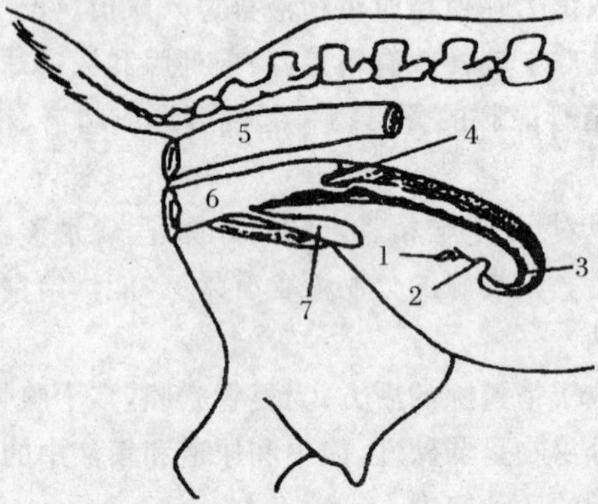

1. 卵巢　2. 输卵管　3. 子宫角
4. 子宫颈　5. 直肠　6. 阴道　7. 膀胱

图8-2　母羊生殖器官

(一)卵巢　卵巢位于腹腔肾脏的后下方,由卵巢系膜悬挂在腹腔靠近体壁处,后端有卵巢固有韧带连子宫角。卵巢左右各1个,呈杏仁形,长1.0～1.5 cm,宽0.5～0.8 cm。卵巢由外层皮质与内层髓质所构成。皮质包在髓质的外面,皮质由不同发育时期的卵泡和间质组成,是卵子和黄体生成的地方;髓质由结缔组织构成,内有大量的血管和神经，它能供给卵泡生长所需的营养物质。

卵巢的主要功能：一是产生和提供成熟的卵子，二是分泌雌激素和孕酮。前者可促使母羊出现发情，后者使卵子受精后保持妊娠。在卵泡的发育过程中，包围在卵泡细胞外的两层卵巢皮质基质细胞形成卵泡膜，它又可分为血管性的内膜和纤维性的外膜。由卵泡内膜分泌雌激素。一定量的雌激素可以导致母羊发情、排卵。排卵后形成黄体。黄体细胞产生孕酮，促使子宫黏膜增厚，维持正常妊娠。

（二）输卵管　输卵管位于卵巢与子宫角之间的输卵管系膜内，是弯曲的管道，两侧各有一条，靠近卵巢一侧较粗，膨大呈漏斗状，称输卵管漏斗，开口于腹腔，称输卵管伞，承接由卵巢排出的卵子。输卵管的子宫端逐渐变细与子宫角前端相连接，无明显分界。

输卵管是输送卵子到子宫的管道，也是精子与卵子在输卵管上1/3处完成受精过程的地方。受精以后的受精卵或早期胚胎沿着输卵管运行到子宫。

（三）子宫　子宫大部分位于腹腔后部，小部分位于骨盆腔入口的前部，背侧为直肠，腹侧为膀胱，前接输卵管，后接阴道，借助于两侧子宫阔韧带悬附于腰下部腹腔内。子宫由2个子宫角、1个子宫体和1个子宫颈构成。子宫角左右两边分开，其尖端分别与两条输卵管相连接，其外形像绵羊的角，有大小两个弯，小弯向下，有子宫韧带附着，血管、神经由此出入。子宫体较短，3～4 cm。在子宫角和子宫体的黏膜层有几排呈纽扣状隆起，称为绒毛叶阜，其中心有凹窝。妊娠时能增大好几倍，是胎膜与子宫相结合的地方，分娩后又逐渐缩小。子宫颈是子宫的入口，与阴道相通，长4～6 cm，由结缔组织，肌肉组织括约肌和分泌腺构成，质地较硬。绵羊的子宫颈管腔较细且较弯曲，与绵羊相比，山羊的子宫颈的管腔较粗且分岔少，发情时张开，故人工授精时输精管能深入到山羊的子宫颈深部。不发情和妊娠阶段子宫颈口紧闭。

子宫的生理机能有：a 子宫内膜分泌前列腺素对卵巢的周期性黄体起消融退化作用，在促卵泡素的作用下，引起卵泡的发育，导致母羊发情。b. 发情、配种时，子宫颈口稍开张，有利于精子进入，并具有阻止死精子和畸形精子的能力，可防止过多的精子到达受精部位。大量精子贮藏在复杂的子宫隐窝内。精子进入是借助子宫肌纤维有节律而强有力的收缩送到输卵管部，在子宫内膜的分泌液作用下，使精子获能。c. 妊娠时，子宫颈黏液高度黏稠形成栓塞，封闭子宫颈口，起屏障作用，防止感染。d. 子宫内膜可以供受精卵发育的胚胞附植，附着后子宫内膜形成母体胎盘，与胎儿胎盘结合成为胎儿，从母体吸收营养和排泄物的器官。

（四）阴道　阴道是一伸缩性很大的管道，位于骨盆腔，背侧为直肠，腹侧为膀胱和尿道，前接子宫，有子宫颈口突出与阴道，形成一个环行隐窝，称为阴道穹隆。后接尿生殖前庭，以尿道外口和阴瓣为界，羊的阴道10～14 cm。

阴道是母羊的交配器官和分娩时胎儿的产道，又是子宫颈、子宫黏膜和输卵管分泌物的排出管道。

（五）尿生殖前庭　尿生殖前庭位于骨盆腔内，是阴道与阴门之间的一段，前高后低，稍微倾斜，尿道口位于阴瓣的后下方，与膀胱相通。底壁有不发达的前庭小腺，开口于阴蒂的前方，在尿道外口的腹侧有一盲囊，称尿道憩室。两侧壁有前庭大腺及其开口，为分支管状腺，发情时分泌增多。尿生殖前庭是交配、排尿、分娩的通道。

（六）阴门　阴门位于肛门下方，是通入尿生殖前庭的入口，由左右两侧阴唇构成，其上下两端分别是阴唇的上下联合。上联合为钝圆形，下联合突而尖。阴蒂较短，埋藏在下联合阴蒂窝内。

阴蒂由弹力组织和海绵组织构成，富含神经。因此，阴蒂是母羊的交配感觉器。发情时阴唇充血肿胀，阴蒂也充血、外露。

第二节　绵羊、山羊的繁殖规律

一、初情期、性成熟及初配年龄

初情期是指羊初次出现发情和排卵的时期，且此时配种便有受精的可能性。初情期的肉羊虽有发情表现，但不完全，发情周期也往往不正常，其生殖器官仍在继续生长发育中。绵羊的初情期为4～5月龄，山羊的初情期为4～6月龄。

初情期后，随着年龄的增长，肉羊的生殖器官发育完全，并出现第二性征，发情周期和排卵已趋正常，具备了正常繁殖后代的能力，此时称为性成熟。由于肉用绵羊、山羊的品种、遗传、营养、气候和个体发育等因素，性成熟的年龄也有较大差异，一般肉用绵、山羊公羊在6～10月龄，母羊在6～8月龄，体重达成年羊体重的50%～60%时性成熟。早熟品种4～6月龄性成熟，晚熟品种8～10月龄达性成熟。公羊性成熟的年龄要比母羊稍大一些。

性成熟的羊并不适于立即配种利用，因为其生殖器官和机体其他器官仍处于生长发育之中，过早配种会阻碍母体的正常发育，也对后代的体质和生产性能表现不利，但若配种过晚，则会降低羊的利用价值和经济效益，故生产中应提倡适时配种。通常育成母羊的体重达成年母羊体重的70%配种比较适宜。肉用绵羊、山羊的初配年龄一般在12月龄左右，早熟的品种、饲养条件较好的母羊可以提前配种。因此，羔羊断奶以后，公、母羊要分开饲养，防止早配或近亲交配。

二、发情与配种季节

羊为短日照季节性多次发情动物，即为夏末和秋季发情，且以秋季发情较为旺盛。除光照因素外，纬度、海拔、气温、营养状况等因素也影响发情。粗放条件下饲养的绵羊、山羊，其发情季节明显。饲养条件好的绵羊、山羊，一年四季都可以发情配种。但是，由于公羊的性活动以秋季最高，冬季最低，精液的品质与温度和昼夜长短也有关，持续或交替的高温或低温变化，都会降低精子的总数、活动和精子的比例。因此，公羊的利用期最好选择秋季和春季为宜。母羊有较为严格的配种季节，尤其是在季节性繁殖的母羊上。年产1胎的母羊，有冬季产羔和春季产羔两种情况。其中，冬季产羔的母羊要在8～9月份配种，在来年1～2月份产羔；春季产羔的母羊应在11～12月份配种，在来年4～5月份产羔。2年产3胎的母羊，一般是第一年5月份配种，10月份产羔；第二年1月份配种，6月份产羔；9月份配种，第三年2月份产羔。1年产2胎的母羊，须严格控制或缩短产后配种时间，可安排在4月份配种，当年9月份产羔；第二胎要在10月份配种，翌年3月份产羔。

三、发情与发情周期

肉羊生长发育到一定年龄后，在垂体促性腺激素的作用下，卵巢上卵泡发育并分泌雌激素，引起生殖器官和性行为的一系列变化，并产生性欲，肉羊所处的这种生理状态叫发情。

（一）正常发情　正常的发情具有明显的性欲，以及生殖器官的形态与机能的内部变化。母羊发情时由于发育的卵泡分泌雌激素，并在少量孕酮的协同作用下，刺激神经中枢，引起兴奋，使母羊表现出兴奋不安，对周围外界的刺激反应敏感，常鸣叫，举尾弓背，频频排尿，食欲减退，放牧的母羊离群独自行走，喜欢主动寻找和接近公羊，愿意接受公羊交配，并摇动尾部，后肢叉开，后躯朝向公羊，当公羊追逐或爬跨时站立不动。泌乳母羊发情时，泌乳量下降，不照顾羔羊。绵羊的发情征兆不明显，仅稍微不安，摇尾，阴唇充血、肿胀，黏膜湿润等。山羊的发情表现较绵羊明显，阴唇肿胀、充血，常大声鸣叫，发情高潮时，几乎100%的山羊强烈摇尾，50%左右爬其他羊或互相爬跨。

1. 生殖道变化 母羊在发情周期中，在雌激素和孕激素的共同作用下，使生殖到发生周期性的生理变化，所有这些变化都是为交配和受精做准备。发情母羊由于卵泡迅速增大并发育成熟，雌激素分泌增多，强烈刺激生殖道，使血流量增加，母羊外阴部充血、肿胀、松软、阴蒂充血勃起。阴道黏膜充血、潮红、湿润并有黏液分泌，发情初期黏液分泌量少且稀薄透明，中期黏液量增多，较稀开始变混浊，末期黏液变稠、发白如猪油状，量变少。子宫颈口的变化是：初期颈口开始变松弛，桃红色，开口小；中期颈口相当松弛，充血肿胀，紫红色，开口大；末期颈口开始关闭，颜色变淡。

2. 卵巢变化 母羊开始发情前，卵巢卵泡已开始生长，至发情前2～3 d卵泡发育迅速，卵泡内膜增生，到发情时卵泡已发育成熟，卵泡液分泌不断增多，使卵泡容积更加增大，此时卵泡壁变薄并突出卵巢表面，在激素的作用下促使卵泡壁破裂，致使卵子被挤压而排出。

（二）异常发情 母异常发情多见于初情期后，性成熟前以及繁殖季节开始阶段，也有因营养不良、内分泌失调、疾病以及环境温度突然变化等易引起异常发情。常见有以下几种：

1. 安静发情 安静发情又称静默发情或隐性发情，多发生于发情季节的初期。初次发情时，卵巢上虽然有卵泡发育，但由于缺乏少量孕酮的刺激，发情表现往往不明显，但有可能排卵。有时由于雌激素分泌不足，发情时缺乏明显的表现，卵巢上卵泡发育成熟但不排卵。

2. 短促发情 由于发育的卵泡迅速发育成熟并破裂排卵，也可能卵泡突然停止发育或发育受阻而缩短了发情期。如不注意观察，就极易错过配种期。

3. 断续发情 母羊发情延续时间很长，且发情时断时续，常发生于早春及营养不良的母羊。其原因是排卵机能不全，以至卵泡交替发育，先在某一侧卵巢内卵泡发育，产生雌激素使母羊发情，但当卵泡发育到一定程度后又萎缩退化，而另一侧卵巢又有卵泡发育，而产生雌激素，母羊有出现发情，形成断续发情现象。如果调整饲养管理并加强营养，母羊可以恢复正常发情，就有可能正常排卵、配种也可受孕。

4. 孕后发情　孕后发情也叫妊娠发情或假发情。绵羊有20%～30%在怀孕中期以前有发情现象。其主要原因是由于激素分泌失调，妊娠黄体分泌不足，而胎盘分泌雌激素过多所致。母羊在怀孕早期发情，卵泡虽然发育，但不发生排卵。

（三）发情周期　雌性动物初情期以后，卵巢出现周期性的卵泡发育和排卵，并伴随着生殖器官及整个机体发生一系列的周期性生理变化，这种变化周而复始（非发情季节及怀孕期除外），一直到性机能活动停止，这种周期性的性活动称为发情周期。发情周期的计算，一般从这一次发情开始到下一次发情开始为一个发情周期。一般绵羊为14～20 d，平均为16 d；山羊为18～23 d，平均为20 d。母羊从发情开始至发情结束所经过的时间称为发情持续期，一般绵羊为24～36 h；山羊为30～48 h。

四、肉羊的排卵与配种时间

绵羊和山羊均为自发性排卵动物，即卵泡成熟以后自行破裂排出卵子。羊在发情结束前6 h 左右排卵。绵羊的排卵时间一般都在发情开始后20～30 h，山羊的排卵时间一般在开始发情后35～40 h。交配可使发情期稍为缩短，排卵时间稍提前。排卵数目有种属与品种间的差异，绵羊每次排1个卵子，有的品种每次排2个或三四个卵子。例如，小尾寒羊，排双卵时，两个卵子平均相隔2 h。山羊一般排1个卵子，但有时2个或3个卵子。例如，波尔山羊每次多排2个或3个卵子，萨能山羊多排2个或3个，有的达4个或5个。绵羊在5岁以前，排卵率随年龄增长而增高，其后随年龄增长而下降，山羊的排卵曲线也基本与绵羊相同。羊右侧卵巢排卵机能较强，占55%～57%。

肉羊配种，绵羊一般在发情后12～24 h本交或用鲜精液输精，冷冻精液可稍晚6～8 h输精；山羊一般在发情后20～28 h本交或鲜精液配种，冻精液可稍晚6～8 h输精。在实际生产中，绵羊一般早上发现发情，当天傍晚本交或鲜精液输精，若第二天早上仍发情，则再配（输）1次；上午发情，可在第二天早上本交（或鲜精液输精）1次即可；下午发情，可在第二天下午本交（或鲜精输精）1次即可。山羊一般发现在第一天的某个时间发情，可在第二天的相应时间本交（或鲜精输精）1次即可，冻精输精可稍晚数小时。

五、受精与妊娠

（一）受精　受精是精子和卵子相互作用结合产生一个新的个体细胞——合子的过程。这个过程包括一系列步骤。精子须进入雌性生殖道，运行到卵子附近，并经历穿透和与卵子的遗传物质相结合的能力变化；同样，新排出的卵子也有一个成熟和运行过程。受精后的合子发育进入子宫，在子宫内与母体建立密切的联系。受精的过程大体是：

1. 精子由射精部位运行到受精部位　羊属于阴道射精型的家畜，即在交配时公羊的精液射在阴道内子宫颈口的周围。因此，精子首先要通过子宫颈，然后进入子宫和子宫角，最后进入输卵管。精子要在子宫、子宫角和输卵管中获能后才具有受精能力。在绵羊，有受精能力的精子在配种后6～8 h内进入输卵管，并保留在壶峡连接处峡部一侧18 h，直到排卵时才释入壶腹。在壶腹部进行受精。

2. 由于卵子周围有大量的卵丘细胞，因而使精子的接触目标变大　当精子进入卵丘细胞时，一方面靠本身的活力，另一方面是精子头部的顶体释放出透明质酸酶和蛋白质分解酶，分解卵丘细胞之间的黏和基质，使精子进入透明带。

3. 原核形成和配子融合　当精子的头部与卵黄膜相接触，便激活了卵子，使卵细胞从休眠中开始发育，卵黄膜表面出现突起，精子的头部便由此入卵。精子入卵后，引起卵黄紧缩，并排出液体至卵黄膜间隙。此时，精子的头部涨大，失去原来的特异形状，尾部脱落，核内形成许多核仁，继而融合。羊从精子入卵到完成受精的时间为16～21 h。

（二）妊娠　受精结束后就是妊娠的开始。受精卵由一个细胞分裂为2个细胞，2个再分裂为4个，到分裂为32个细胞时形似桑葚，叫桑葚胚。继续分裂，液体充满细胞间隙，出现一个腔，胚胎成两层（内胚层和外胚层），即为囊胚。排卵后1～1.5 d受精卵分裂为2个细胞，2～3 d分裂为4～8个细胞，3～4 d进入子宫，5～6 d形成桑葚胚，6～7 d形成囊胚。7 d后卵裂速度明显加快。以后胚胎由两层变成三层（增加了中胚层），由这三层发育成胎儿的所有组织以及胎儿与母体连接的胎膜。

绵羊的妊娠期为150 d，变动范围144～155 d。妊娠期过短和过长都是不正常的。萨福克等早熟的肉用品种羊妊娠期较短，平均为144～147 d，可能是由于在丰富的饲料条件下育成的。晚熟的美利奴羊妊娠期较长，为149～151 d，考力代等杂交型品种妊娠期为148～150 d。在同一品种内，个体间妊娠期的差异可达15 d，标准差为2.2 d。山羊的妊娠期平均为150 d。波尔山羊平均为149 d（146～153 d）。萨能山羊平均为150 d（141～159 d）。济宁青山羊平均为146 d（140～152 d）。

六、妊娠母羊形态和生殖器官的变化

母羊妊娠后，随着胚胎的出现和生长发育，母体的形态和生理发生许多变化。

（一）畜体的生长　母羊怀孕后，新陈代谢旺盛，食欲增进，消化吸收能力提高。因此，怀孕母羊由于营养状况的改善，表现为体重增加，毛色光亮。青年母羊除因交配过早或营养水平很低外，妊娠并不影响其继续生长，在适当的营养条件下尚能促进生长，若以同龄及同样发育的母羊实验，怀孕母羊的体重显著增加；营养不足，则体重反而减少，甚至造成胚胎早期死亡，尤其是在妊娠前期，营养水平的高低直接影响胎儿的发育。妊娠末期，母羊因不能消化足够的营养物质以供给迅速发育的胎儿需要，致使消耗妊娠前半期储存的营养物质，在分娩前常常消瘦。因此，母羊在妊娠期要加强营养，保证母羊本身生长和胎儿发育的营养需要。

（二）卵巢的变化　母羊怀孕后，胚胎开始形成，卵巢上的黄体成为妊娠黄体继续存在，从而中断发情周期。

（三）子宫的变化　随着怀孕期的进展，在雌激素和孕酮的协同作用下，子宫逐渐增大，使胎儿得以伸展。子宫的变化有增生、生长和扩展3个时期。子宫内膜由于孕酮的作用而增生，主要变化为血管分布增加、子宫腺增长、腺体卷曲及白细胞浸润；子宫的生长是在胚胎附植后开始的，主要包括子宫肌肥大、结缔组织基质的广阔增长、纤维成分及胶原含量增加；子宫的生长和扩展，首先是由子宫角和子宫体开始的。母羊在整个怀孕期，右侧子宫角要比左侧大得多。怀孕时子宫颈内膜的腺管增加，并分泌一种封闭子宫颈管的黏液，称为子宫颈栓，使子宫颈口完全封闭。

（四）阴门及阴道的变化　怀孕初期，阴唇收缩，阴门裂紧闭。随着妊娠的进展，阴唇的水肿程度增加，阴道黏膜的颜色苍白，黏膜上覆盖由子宫颈分泌出来的浓稠黏液；妊娠末期，阴唇、阴道变为水肿而柔软。

（五）子宫动脉的变化　由于子宫的生长和扩展，子宫壁内血管也逐渐变的较直，由于供应胎儿的营养需要，血量增加，血管变粗，同时由于动脉血管内膜的皱褶增高变厚，而且因它和肌肉层的联系疏松。所以,血液流过时造成的脉搏从原来清楚的跳动变成间隔不明显的颤动,这种不明显的颤动,叫做怀孕脉搏。

第三节　肉羊的繁殖技术

一、肉羊的发情鉴定

发情鉴定的目的是及时发现发情母羊,正确掌握配种或人工授精时间,以防误配漏配而降低受胎率与产羔率。肉羊的发情鉴定主要有外部观察法、阴道检查法和试情法3种。

(一)外部观察法　绵羊发情时间短,外部表现不太明显,判断发情时要细致的观察,当发现母羊喜欢接近公羊,并强烈摇动尾部,在公羊靠近或爬跨时站立不动,外阴部分泌少量黏液等情况时,即可确定为发情。山羊发情表现较为明显,发情母山羊兴奋不安,食欲减退,反刍停止,大声鸣叫,强烈摇尾。外阴部及阴道充血、肿胀、松弛,并排出或流出较多的黏液。外部观察法是母羊发情鉴定最常用的一种方法。

(二)阴道检查法　这是一种较为准确的发情鉴定方法。它是通过开膣器观察阴道黏膜、分泌物和子宫颈口的变化情况来判断发情与否、处在何种发情阶段。阴道检查时,先将母羊保定好,外阴部清洗干净再把开膣器清洗、消毒、烘干后,涂上灭菌的润滑剂或用生理盐水浸湿;检查员左手横向持开膣器,闭合前端,慢慢插入,轻轻打开前端,通过反光镜或手电筒光线或自然光线观察阴道内的变化。当发现阴道黏膜充血、红色、表面光亮湿润、有透明黏液渗出,子宫颈口充血、松弛、开张、有黏液流出时,即可定为发情。发情初期,阴道黏膜桃红色,表面光亮,子宫颈口周围有少量稀薄的透明的黏液,子宫颈口处淡红色,但比阴道黏膜红,宫颈口略开张;发情盛期,阴道黏膜潮红湿润,阴道底部有大量的稀薄的、稍混浊的透明的黏液，子宫颈口开张，颈口周围紫红色；随着时间的推移，阴道底部的黏液将逐渐变混、变少、变稠，发情进入末期，最后变成猪油状，子宫颈口开始关闭，颜色变淡，阴道壁变干，颜色也变淡。检查完毕，稍微合拢开膣器前端，慢慢抽出。实践证明，当子宫颈周围呈紫红色，颈口开张，阴道底部黏液发混（不清亮也不呈猪油块状）时，本交或鲜精输精较为合适，冻精输精宜再晚6～8 h。

（三）试情法　在羊群较大时，鉴定母羊发情最好采用公羊试情法。

1. 试情公羊的准备　试情公羊主要用来寻找发情母羊。试情公羊必须体格健壮、无病，年龄最好在2～5岁。为防止在试情中偷配，要在试情公羊腹部系一块长40 cm，宽35 cm试情布。也可以用切除输精管的公羊或去势羊作为试情羊。

(1)试情布法：每次试完情，要及时解下试情布，洗净晒干备用。

(2)输精管切除：让公羊侧卧，保定好。在睾丸基部触摸精索（有坚实感）找到输精管，用拇指和食指捻转捏住，消毒后切开。钳出输精管，剪去4～5 cm，缝合伤口。公羊手术后2～3 d即可恢复性欲和正常爬跨；但45 d后方可用于试情，以便排空残存精子。

(3)公羊去势法：去势公羊可用于试情，但用前必须用睾酮处理。其方法是选择1岁以上的羯羊，皮下注射150 mg丙酸睾酮，每周1次，共3次；但若全期使用，则以后每隔2周再补充注射1次。

2. 试情公羊的管理　试情公羊应单圈饲喂，除试情外不得和母羊在一起；要给予良好的饲养条件，保持活泼健康。对试情公羊应每隔5～6 d排精或本交1次，对结扎输精管的公羊应给予必要的激素处理，以保持其旺盛的性欲。

3. 试情方法　试情公羊与母羊的比例以1∶40为宜。试情时间一般是清晨，如在试情羊腹部装有标记板（一种有染料的能印在发情母羊臀部的印板），可以在晚上放入，清晨取出。试情地点要平整,可在羊圈内,也可在场院内,以便观察和抓住发情母羊。当试情公羊放入母羊群后,试情人员不要轰喊,只能适当驱赶母羊,使母羊分散勿聚堆。当发现试情公羊用鼻去嗅母羊,或用蹄去挑逗母羊,甚至爬到母羊背上,而母羊站立不动或主动接近公羊时,这样的母羊即为发情羊。试情公羊不宜一次全放入。试情母羊群也不宜过大。母羊较多时可采用小群试情、大群复试的方法。每次试情时间以1 h 为宜。

二、肉羊的发情控制技术

发情控制是通过干预肉羊的自然繁殖模式使之与管理目标和经济目的相一致,从而提高母羊繁殖效率的技术方法。包括诱导发情、同期发情和排卵控制。通常对个体实行诱导发情,对群体实行同期发情。已证明,发情控制对羊群的管理决策带来很大的方便和灵活性,主要表现在以下几个方面:一是母羊分期分批发情配种,可以减少优秀公羊或母羊往返配种的次数;二是为个别优秀的母羊选择特定的配种与产羔日期,对于难以判断发情的母羊能准确预告其发情的时间;三是由同期发情带来的配种与产羔同期有利于实施人工授精技术和推广规模化羔羊育肥;四是有可能增加繁殖季节早期母羊发情的只数和受胎率;五是做肉羊的胚胎移植技术,同期发情是一个必须的技术环节。实践证明,在繁殖季节内使用任何同期发情方法,所获得的受胎率与自然发情大致相同,但在乏情期或性活动低弱时,同期发情药物的品种不同,所获得的同期发情率和受胎率就很不相同,用孕激素的效果要好于前列腺素。因此,发情控制的效果主要取决于母羊所处的状态。按照同期发情的处理方法,发情控制可分为激素法(刺激或模拟活动性黄体消退)和非激素法(羔羊早期断奶、光照控制、引入公羊气味等)两大类;而按照实施对象来分,可分为诱导发情(对个体)和同期发情(对群体)。

(一)诱导发情 诱导发情也叫诱发发情,主要是指母羊在乏情期内(哺乳期和非繁殖季节)人为的借助外源激素或非激素法引起母羊发情,并进行配种。此法能打破多数品种母羊的季节性繁殖规律,缩短母羊繁殖周期,以便实行密集产羔计划,提高母羊繁殖力,其主要途径有羔羊早期断奶、孕激素处理、生物学刺激等。

1. 羔羊早期断奶 此法实质是通过羔羊的早期断奶,缩短母羊产羔的间隔,使母羊早日恢复性活动并提早发情。早期断奶的时间可根据生产需要与断奶羔羊的管理水平来决定。一般地,1 年 2 胎的母羊,在羔羊出生后15～30 d 断奶;3 年5 产的母羊,羔羊出生后45～60 d 断奶;2 年 3 胎的母羊,羔羊出生后 75～90 d 断奶。早期断奶羔羊应进行人工育羔。

2. 孕激素处理法 在乏情或性活动低弱季节内,卵巢上缺乏活动性卵泡和黄体,母羊没有明显发情表现,同时对外源刺激表现较弱,此时实施诱导发情,虽然也能成功,但不同处理方法的受胎率会有不同。下面举几个例子。

长期或短期阴道海绵栓埋植法:把孕酮浸泡过的海绵放入阴道内保留 17～22 d,在取出海绵之前 48 h,肌内注射孕马血清 300 IU,母羊通常在取出海绵后12～60 h 开始发情,此方案适于4 个月前产羔的母羊。另一方案是把孕酮浸泡过的海绵在阴道内保留 11 d,其他处理相同,多数母羊在取出海绵的 12～36 h 开始发情,同期化效果也较好。此法在法国被广泛应用。

3. GnRH 处理法 在休情季节,使用促性腺激素释放激素(GnRH),每次 100 μg,每天 5 次,连续注射 5 d,可诱发母羊发情。发情开始于第 1 次注射后的 2 d 内。

4. 公羊引入法 据报道,在乏情季节的后期(即浅度发情期),将 2 只试情用成年公羊引入母羊群(17 只)中,另外 2 只正常公羊拴在圈舍附近 ,有 94.12%的母羊(16 只)在(5.5±1.3) d 有发情行为。在35 d 的观察期内,有13 只母羊表现了正常发情周期的孕酮变化特征。而对照组的17只母羊，没有观察到发情活动，仅1只表现出正常发情周期的孕酮变化；但当引入公羊后，有15只母羊在(7.0±1.5) d表现出发情行为。

5. 光照控制法　如果母羊是舍饲的，每天提供12～14 h的人工光照，持续60 d，然后光照时数突然减少，50～70 d后就有大量的母羊开始发情，有些母羊不到50 d就有发情表现。如果对公羊也做光照处理后引入母羊群内，有可能提高母羊受胎率。

(二)同期发情　同期发情又叫同步发情，是利用某些激素制剂人为的控制并调整一群肉羊发情周期的过程，使之在预定的时间内集中发情，以便有计划的合理组织配种。

1. 同期发情有以下意义

(1)有利于人工授精技术的推广，更能广泛地应用冷冻精液进行人工授精。

(2)应用同期发情技术使配种、妊娠、分娩等过程相对集中，便于合理组织大规模畜牧业生产和科学化饲养管理，节省人力、物力和财力。

(3)同期发情不但能使具有正常发情周期的肉羊集中发情，而且还同时能诱导乏情状态的肉羊出现发情，因此可以提高繁殖率。

(4)在做肉羊的胚胎移植时，应用同期发情可使供体和受体处于相同的生理状态，有利于移植的胚胎正常发育。

2. 同期发情的机理　同期发情处理主要是利用外源激素作用于卵巢，是其按照预定的要求发生变化，使处理母羊的卵巢生理机能都处于相同阶段，从而达到发情同期化。

母羊的发情周期，从卵巢的机能和形态变化方面可分为卵泡期和黄体期两个阶段。在较短的卵泡期中，引起发情的原因是卵泡所分泌的雌激素；在较长的黄体期，由于黄体分泌的孕激素抑制了卵泡发育，使母羊不再发情。如果孕激素一直存在并维持一定水平，则发情就不会出现。同期发情的一种途径是向一群母羊同时使用孕激素类药物来抑制卵泡的生长发育和发情表现,经过一定时间后同时停药,由于卵巢同时摆脱了外源性外激素的控制,卵巢上周期黄体也已退化,于是同时出现卵泡发育,同期发情。这种情况实际上是人为的延长了黄体期,延长了发情周期。

在自然性周期中,黄体退化以后,孕激素急剧减少,下丘脑和垂体前叶摆脱了孕激素的抑制作用,重新分泌GnRH和FSH、LH,于是又进入卵泡期,母羊开始发情,而黄体退化是由于子宫分泌前列腺素所致,所以同期发情的另一途径是向一群处于黄体期的母羊使用前列腺素,使一群处于不同阶段黄体期母羊的黄体同时消退,使卵巢提前摆脱体内孕激素的控制,于是卵泡得以同时开始发育,同期发情。这实际上是缩短了母羊的发情周期。

3. 母羊同期发情的药物及使用方法 同期发情的药物根据其性质可分为3类:

第一类是抑制发情的孕激素类物质,有孕酮、甲孕酮、炔诺酮、氯地孕酮、氟孕酮、18-甲基炔诺酮等。这些药物能抑制卵泡生长,延长黄体期。主要用药方法有:

(1)阴道海绵栓塞法。将泡沫塑料、海绵、棉团经灭菌后,浸吸一定量药液,塞于子宫颈附近,药液缓慢持续不断地释放入周围组织,被机体吸收,经一定时间后取出。优点是一次用药,省事。缺点是第一情期受胎率较低,且易发生栓塞脱落现象。

(2)埋植法。将药装在带孔的小孔内,埋植于皮下,经若干天取出,埋植期间药物缓慢吸收。此法用药量少,不易丢失。

(3)注射法。每日将一定量的药物做皮下或肌内注射,连续若干天停药。此法用药量较准确,但较麻烦。

第二类是促进黄体退化的前列腺素及其类似物,主要有:15-甲基前列腺素、前列腺素甲酯、氯前列烯醇和氟前列烯醇等。其用药方法是将少量前列腺素溶液直接注入子宫或肌内注射,只处理1或2次即可。利用前列腺素的前提是空怀且正处于黄体期的母羊。用子宫灌注的效果优于肌内注射,用药量可减1/2。

第三类是在应用上述激素的基础上，配合使用的促性腺激素，如FSH，LH，PMSG，HCG 和GnRH 及类似物。可以增强发情同期化和提高受胎率。并促使卵泡更好地成熟和排卵，提高受胎率。

4. 肉羊同期发情方法

(1)绵羊的同期发情：绵羊的同期发情，各种方法均可应用，但阴道栓塞法和前列腺素法较为适用。

孕激素阴道栓塞法：栓塞物可用泡沫塑料或海绵做成，它们包含一定量的孕酮或孕激素制剂。将栓塞物放在母羊的阴道外口处，其中激素即渗出。栓塞物的放置时间有长有短，长期放置14～16 d，短期处理7～8 d，取出栓塞物当天注射PMSG 350～700 IU。在孕激素处理结束后48～72 h，90%以上的母羊发情，发情当天和次日或相隔12 h 各输精一次，或在适当时间受精。

前列腺素注射法：在母羊发情季节里，对母羊2 次注射前列腺素，其间隔时间为9～10 d，每次用量$PGF_{2\alpha}$10～20 mg 或氯前列烯醇0.07～0.2 mg，可以使母羊发情高度同期化，但受胎率较低，如果注射时间相隔14 d，则这种发情的受胎率正常。前列腺素注射后36～60 h 母羊开始发情。

孕激素与前列腺素结合使用：先用孕激素处理7～9 d，然后注射$PGF_{2\alpha}$和PMSG，此法同期发情率高，受胎率也高，但较繁琐，费用偏高。

实行同期发情最好与定时人工授精结合起来，即经过处理的母羊在规定的时间内，不经发情鉴定即进行2 次人工授精，即在取出栓塞物后48 h 和60 h 各输精1 次。

同期发情不仅可在发情季节采用，而且可在乏情季节诱发母羊发情。后者的目的是人工控制繁殖季节，缩短产羔间隔，提高母羊产羔频率。

(2)山羊的同期发情：主要应用孕激素阴道海绵栓法和前列腺素法。

阴道海绵栓法:将浸有孕激素的阴道海绵栓放在母羊子宫颈外口处,放置14～17 d,在取栓前48 h肌内注射PMSG 200～300 IU,取栓后24～48 h母羊开始大量发情,可在发情的次日输精一次即可。受胎率与自然发情无异。如果母羊发情症状一出现,再按说明肌内注射人绒毛膜促性腺激素(HCG),则能进一步提高排卵率和受胎率。若取栓前不注射PMSG,则同期发情率稍低,配种后受胎率也较低。常用孕激素的种类及剂量为:孕酮400～450 mg,甲孕酮50～70 mg,氯地孕酮80～150 mg,18-甲基炔诺酮30～40 mg,氟孕酮40～45 mg。

前列腺素法:将$PGF_{2\alpha}$或其类似物,在母羊发情后数日(5 d后)向子宫内灌注或肌内注射一定剂量,大部分母羊在48～72 h发情。

PG处理方案:2000—2002年笔者用3种不同剂量即0.70 mg,0.10 mg和0.20 mg的氯前列烯醇处理354只萨能奶山羊,证明最低剂量的氯前列烯醇更适于萨能奶山羊母羊的同期化发情,但对发情持续期没有明显影响。其处理方法是间隔11 d,分2次肌内注射氯前列烯醇,每次为0.70 mg。第1次注射后44.5 h出现发情,第2次注射后48.1 h出现发情,同期发情率为92%～98%,受胎率和产羔率分别为77.5%和208%。

(三)母羊的排卵控制　排卵控制包含着控制排卵时间和控制排卵数。控制发情(诱发发情和同期发情)也达到了控制排卵,但这里所说的控制排卵时间,是指利用外源促排卵激素进行诱导排卵,以代替在体内促性腺激素的影响下发生的自然排卵,也可以说是激发成熟的卵泡提前破裂排出卵子。

控制排卵数是指利用外源激素增加排卵数。有两种情况:一种是进行胚胎移植时,对供体进行超数排卵处理;二是限制性的适当增加排卵数,以达到产多胎的目的。使母羊由原来产单胎增加为产双胎,或使通常产双羔的增加为产3羔。超数排卵和诱发产多胎看起来似乎只是量的差异,但目的完全不同。超数排卵后必须进行移植,诱发产多胎是自然妊娠。

1. 诱发排卵　控制排卵一般是在有成熟卵泡时,在表现发情行为之前进行,一次注射HCG或LH。重要的是控制排卵处理的时间一定要早于内源LH峰出现的时间,否则排卵时间仍受体内LH峰的影响,不会提前,也不能处理太早,太早可能会发生:a. 不出现行为发情;b. 排出不成熟的卵母细胞,而不是成熟的卵子;c. 根本不排卵,卵泡发生黄体化。

诱发排卵的激素主要有HCG、LH、GnRH及其类似物。HCG的用量绵羊为250～500 IU,也可以用LH。注射HCG之后至发生排卵的时间,与自然发情开始(接受交配)至排卵时间相近似。

2. 诱发产双羔　诱发产双胎和诱发发情是两个不同的概念,也不同于超数排卵。诱发产双胎主要是单胎品种的绵羊,处理后经过配种,使母羊正常妊娠。一般在绵羊预计发情到来之前4 d(发情周期的第12～13 d)注射PMSG(或FSH),或先用孕激素处理14 d,再注射PMSG(300～700 IU)和HCG(200 IU)。乏情状态下也可如此进行,但需适当增加激素用量。

排卵多少不但与促性腺激素的用量大小有直接的关系,而且还受多种因素影响。要想达到使母羊排2个或3个卵,不能多也不能少于2个卵是个难以掌握的问题。在实践中,如果能做到使50%以上处理母羊产羔数有所增加,产羔率提高50%,即可认为取得了成功。

我国新疆实验的"新八一绵羊双羔素"是试图多产羔的一类人工复合生物激素制剂,根据实验,它具有增加绵羊双羔率和产羔率、增加羔羊初生重和增加周岁羊毛量等综合生理效应。

3. 超数排卵　超数排卵技术在胚胎移植中作详细介绍,这里不再叙述。

三、肉羊的配种方法及技术

(一)配种方法　羊的配种方法分为自然交配和人工授精两大类,其中自然交配又可分为自由交配和人工辅助交配。人工辅助交配和人工授精是较为普遍的交配方法。

1. 自由交配　通常根据母羊的数量,将选好的种公羊放入母羊群中任其自由寻找发情母羊进行交配;有时公、母羊混群放牧,母羊发情后则有公羊自由交配。这种方法的优点是省工省事,适合于小群分散饲养的情况,若公、母比例适当,可获得较高的受胎率。其缺点是公羊追逐母羊,无限交配,既影响母羊的采食抓膘,又不易控制产羔时间和选配计划,同时种公羊利用率降低。为此,生产中应注意,在非配种季节,公、母羊要分群饲养和管理,配种时按照1∶25的公、母比例将公羊放入母羊群,配种结束时把公羊隔离出来;每年群与群之间要有计划的调换公羊,以控制近亲交配。

2. 人工辅助交配　此法是将公、母羊分群隔离放牧,先用试情公羊试情,再有计划的安排公、母羊配种。这种配种方式不仅可以提高种公羊的利用率,增加利用年限,而且能够有计划的选配,提高后代质量。交配时间一般是早晨发情的母羊傍晚配种,下午或傍晚发情的母羊于次日早上配种,山羊的配种时间可向后延迟8 h左右。为了确保受胎,最好在第一次配种后间隔12 h左右复配1次。

3. 人工授精　用器械将公羊的精液取出,经过精液的品质检查和一系列的处理后,再用器械将精液输送到发情母羊的生殖道内,使母羊受胎,这就是人工授精。其优点是提高优秀种公羊的利用率,节约大量种公羊的饲养费用,加速羊群的遗传进展,并可防止疾病传播。

(二)羊的人工授精技术　人工授精是近代畜牧技术的一项重大成就。据介绍,采用人工授精技术,每只公羊平均受配母羊794

只,最高的公羊受配母羊数可达到1 163只,受胎率平均在90%左右。人工授精技术主要包括采精、精液检查、精液处理输精等环节。

1. 人工授精的意义　人工授精与自然交配相比,主要优点是:

(1)可以提高优良种公羊的利用率。绵羊、山羊如自然交配,每只公羊交配一次,只能使1只母羊受孕,一个配种季节,1只种公羊只能配50～80只母羊。如果采用人工授精的方法,可以把1只公羊一次射出的精液稀释后配几十只母羊。种公羊的利用率可提高20倍左右。在当前肉羊改良过程中良种公羊不足的情况下,采用人工授精技术,就可以大大提高种公羊的利用率,用较少的良种公羊,繁殖大量优质杂交羊,加快良种推广进度。

(2)可以少养种公羊,节省饲料、饲草和饲养管理费用,降低养羊成本,特别是在肉用种公羊主要靠国外引进的情况下可以减少种公羊进口,节省大量外汇。

(3)可以提高母羊的受胎率。人工授精可以将种公羊的精液准确地输入到发情母羊的子宫或子宫颈内,增加了精卵受精的机会,克服了母羊因子宫颈位置不正或由于阴道疾病而不易受孕的缺点,提高受胎率。

(4)可以防止疾病传染。自然交配公、母羊直接接触,容易传播某些疾病和生殖器官疾病,而采用人工授精,公、母羊不直接接触,疾病不易直接传播。

(5)可以延长和扩大种公羊精液的利用年限和供种范围。精液通过稀释、保存,特别是冷冻精液不仅可以长期保存和远距离运输,不受时间和地域的限制,解决了种公羊不足的地区母羊的配种问题。

2. 人工授精器械和常用药品

(1)器械:干燥箱、恒温箱、光学显微镜、盖玻片、载玻片、擦镜纸、试管、滴管、80目铜网、铝饭盒、保温瓶、血球计数器、pH试纸、长柄镊子、酒精灯、滤纸、量筒、天平、玻璃棒、玻璃漏斗、烧杯、三角瓶、假阴道外壳、假阴道内胎、气嘴、胶塞、集精瓶、白凡士林、温度计、低温温度计、水浴锅、采精架、开膣器、输精器、手电筒、液氮罐、磁盘、脸盆、毛巾、肥皂等。

(2)药品:生理盐水、柠檬酸三钠、葡萄糖、EDTA(乙二胺四乙酸二钠)、纯碱、乳糖、果糖、蔗糖、甘油、鲜鸡蛋、青霉素、链霉素、双蒸馏水。

3. 采精场所的准备　采精一般要在固定的采精场或采精室进行。采精场所应该宽敞、平坦、安静、清洁、能挡风避雨,地面不要太滑,并设有采精架保定台羊,供公羊爬跨,便于采精。台羊最好用发情的母羊,也可以用假台羊。应用假台羊采精是一种方便、清洁、安全、极为有效的方法。采精架可以用木材做成塔井形,上有活栓,采精架必须安装牢固。架高50～60 cm,上栓宽20 cm左右,下栓宽25 cm左右,也可根据不同品种的体型而定。

4. 采精前的准备

(1)器械的清洗与消毒:凡是采精、输精及与精液接触的一切器械、用具,都必须做到清洁无菌、干燥。不管是新购进的器械,还是使用过的器械,都要仔细的洗刷干净,然后消毒,存放在清洁的壁橱中或方盘内,用消毒过的纱布盖好备用。

一般用的洗涤剂是2%～3%的小苏打或1%～1.5%的苏打溶液,也可以用洗洁精。器械用洗涤剂洗刷后必须立即用清水多次冲洗干净而不留残迹,然后严格消毒备用。消毒方法,因各种器材的质地不同而不同。

玻璃器械:最好采用电热鼓风干燥箱进行高温干燥消毒,要求温度控制在130～150℃,并保持20～30 min,待温度下降到不烫手时,可开箱取出使用。也可采用高压蒸汽消毒维持20 min左右。

橡胶制品:内胎等橡胶制品一般采用75%的酒精棉球擦拭消毒,最好再用95%的酒精棉球擦拭一次,以加速挥发残留在橡胶上面的水分和酒精气味，然后用生理盐水冲洗。

金属器械：可用新洁尔灭等消毒溶液浸泡，然后用生理盐水冲洗干净，也可以用火焰消毒或用75%的酒精擦拭消毒。

溶液：润滑剂、生理盐水等，可隔水煮沸20～30 min或用高压蒸汽消毒，消毒时为了避免玻璃瓶爆裂，瓶盖要取下或橡胶皮塞上插上大号注射针头，瓶口用纱布包扎。

(2)假阴道的准备：假阴道是采精的主要工具。采精成功与否取决于假阴道的温度、压力和润滑度。安装假阴道时，注意内胎不要有褶，装好后用75%的酒精棉球擦拭消毒，待酒精挥发后再用生理盐水棉球擦洗数次；装上集精瓶后用消毒过的凡士林涂于内胎前1/3～2/3的地方；由外壳向夹层中灌入50～55℃的温水150～180 mL。按上活塞，再从活塞孔向夹层中吹入适量空气，以保持假阴道内一定的压力，假阴道内胎口成三角形时，即表示压力合适。假阴道内腔温度以39～41℃为宜。羊对假阴道内的温度比压力更敏感。因此，要特别注意温度的调节。

(3)台羊的准备：选择的台羊即发情母羊，应健康无病，发情明显，体格大小与采精公羊相适应，用2%的来苏儿消毒其外阴部，再用温水清洗干净即可。

5. 采精　采精是人工授精的第一步，包括采精技术操作和采精频率等。

(1)采精操作：将公羊引到台羊前，采精员半蹲在台羊后部右侧，右手持已准备好的假阴道，贴靠在台羊尾部，入口朝下，与地面成30°～40°；当公羊爬跨台羊时，迅速将阴茎导入假阴道内。采精员在采精时要注意假阴道倾斜的角度与公羊阴茎伸出的方向成直线。待公羊用力向前一冲时即为射精，由于公羊射精时间非常短，因此，要求采精员动作敏捷准确，注意防止阴茎导入时突然弯折而损伤，要紧紧握住假阴道，防止掉落。射精后，采精员即将假阴道的集精杯一端向下，以便精液流入集精杯中。当公羊跳下时，假阴道随着阴茎后移不要抽出。阴茎由假阴道自行脱出后，即将假阴道直立，筒口向上，并立即送化验室，取下集精杯，以备检查。

(2)采精频率：合理安排公羊的采精频率，对维持公羊正常的性机能、保持健康的体质和最大限度的提高采精数量和质量都是十分重要的。羊的配种季节短，射精量少而附睾内的贮精量大，因此，在配种季节内每天多次采精并连续数周也无问题。1.5 岁左右的公羊，如初次参加配种，每天 1 或 2 次；2.5 岁以上的公羊，每天可采 3 或 4 次，分上下午进行。也可以第一次采精后隔 5～10 min 再采 1 次。因第一次采精时，性兴奋未消除，第二次射精量较大，且活力更强。

在正常的情况下，种公羊隔天采精一次的方式，利用率明显不足。据有关实验结果看采精频率每天 1 次时，持续采精 5 d 休息 1 d，经两个反复，与隔天采精 1 次比较，公羊性欲、精液品质均无大变化，而个体采精量则显著提高。在持续 3 d 的不同采精频率中，每天 2 次采精的采精量高于每天 1 次采精量，每天 3 次采精量又高于前两者。由此可以认为，提高种公羊的采精频率和延长采精的持续时间，是提高种公羊利用率的有效措施之一。在母羊发情配种季节里，初步认为采精方式以每天采精 1 次，持续 5 d，或每天采精 2 次，持续 3 d 的方式较为适宜。这两种方式在实验期内没有发现精液质量问题，而且有较高的采精量。

每天采精 3 次，虽然采精量最高，但持久性差。据有关实验，第二轮采精周期中，精液质量有下降的趋势，不宜采用。如果提高种公羊的饲养水平，也将是提高公羊采精能力的一个有效措施。从年龄上考虑，3～5 周岁的公羊可每天采精 2 次；1.5～2.5 岁的公羊，每天采精 1 次为宜，以免影响公羊的生长。

6. 精液的品质检查　精液品质检查的目的是为了鉴定精液品质的优劣。评定的各项指标即是确定新鲜精液进行稀释、保存的依据，可以反映公羊饲养管理水平和生殖器官的机能是否正常。因此，精液品质鉴定是诊断公羊不育或确定种用价值的重要手段。同时也是辨别精液在稀释、保存、冷冻和运输过程中的品质变化及处理效果的重要依据。

(1)影响精子存活的外界因素。

温度：温度影响精子的运动和生存，一般在37～38℃，精子能正常活动。随着温度的升高，精子的运动能力加强，在45～50℃时，精子活动异常激烈，表现狂动。54～56℃时，精子迅速死亡。相反，温度下降使精子活动减慢，10℃以下时，精子成摆动状态。5℃左右即停止活动。

渗透压：精子只能在等渗溶液中才能保持正常的形态和活力。溶液的渗透压高，精子内部水分被吸出而发生收缩，迅速死亡；溶液渗透压低，则溶液内的水分进入精子体内，精子发生膨胀，甚至头部破裂。在操作过程中，要避免将水混入精液中，稀释液一定要与精液等渗。

pH值(酸碱度)：酸性溶液能抑制精子活动，弱碱性溶液能能增强精子活动。羊精液因精清比例较小呈弱酸性，pH值为6.5～6.9。pH值对精子运动的最低限度为4～4.5，最高为10。

光照：阳光中的紫外线可引起精子受精能力下降，为了减少紫外线对精子的伤害，精液应储存在有色瓶中，处理时也应在室内进行。

化学药品及气味：药品、纸烟、酒精等对精子均有危害。因此，在操作过程中要避免有挥发性和特殊气味的药物混入精液中。

(2)精液品质检查的基本操作原则。采得的精液要迅速置于30℃左右的恒温水浴中或保温瓶中，以防温度突然下降，对精子造成低温打击。要保持工作室20～30℃，显微镜周围37～38℃；事先做好各项检查准备工作，在采得精液后立即进行品质检查。检查时要求动作迅速，尽可能缩短检查时间，以便及时对精液做出稀释保存等处理，防止质量下降；操作中不应使精液受到损害，蘸取精液的玻璃棒等用具，既要消毒灭菌，又不能残留消毒药品及其气味；取样要有代表性，要将采得的精液搅拌均匀再取样，力求结果客观准确；精液品质检查的项目很多，通常采用逐次常规重点检查和定期全面检查相结合的办法。检查时不仅限于精子本身，还要注意其中有无杂质异物等情况；评定精液质量等级，应对各项检查结果进行全面综合分析，一般不能有一两项指标就得出结论。有些项目必要时要重复2或3次，取其平均值作为结果。对一只种公羊精液品质和种用价值的评价，更不能只根据少数几次检查结果，而应以某个阶段多次评定记录作为综合分析结论的依据。

(3)精液品质检查的项目及其方法。一般人工授精站精液品质检查的常规项目包括精量、色泽、气味、云雾状、活力和密度等；定期检查项目包括精子形态、抵抗力测定活时间等。

精液的外观检查：精液量、色泽、气味、云雾状等可以用肉眼检查。羊的精液呈乳白色或略带黄色，浓厚而不透明，肉眼观察时，可见精子翻动呈云雾状，每次射精量为0.8～2.3 mL，一般为1.0 mL。凡带有腐败臭味、红色、褐色、绿色的精液，不能用于输精，射精量突然过多或过少都应停止采精并查明原因。

精子活力的检查：精子活力是指精液中呈直线前进运动的精子所占的百分率，称为活力。只有直线前进运动的精子才具有受精能力，精子活力大小与母羊受胎率有密切关系，精子活力是评定精液品质好坏的重要指标。鲜精活力在0.6以下，冻精活力在0.3以下不可用于输精。精子活力的检查方法有多种，在生产实践中常用的有两种。

目测评定法：活力检查通常采用显微镜放大200～400倍，对精液样品进行目测评定。精液样品检查标本的制作有3种方法：即平板压片法、悬滴法、精液检查板法。由于羊精液的密度很大，检查前可用生理盐水、5%葡萄糖溶液或其他等渗溶液稀释后再进行制片，这样在检查时可以比较清晰的看清单个精子的运动状态。由于精子活力受温度的影响很大，温度过高，精子活动会异常剧烈；温度过低，精子活动又会异常减慢而表现不充分，以至评定结果不准确。因此，应在37～38℃下进行活力检查。最好采用带有电热恒温装置的显微镜。在检查活力时，为了取得比较客观的评估结果，应将前进运动的精子与旋转运动、摆动的精子区别开来。每个样品应观察几个视野，并上下调节微螺旋以观察每个视野内不同层次的精子的运动情况，求出平均值。活力评定一般采用十级评分法，即按呈前进运动的精子所占的百分率分别评为1.0，0.9，0.8……0.1 10个等级。若无前进运动的精子，则活力为“0”，前进运动的精子占70%，则活力为“0.7”。羊的新鲜精液活力一般为0.7～0.8。

死活精子记数法：死活精子的记数一般采用染色鉴测的方法。这种方法是利用活精子对特定染料不着色而死精子着色的特点来区分死、活精子。因为活精子的细胞膜的半透过性的机能，能阻止色素进入；而死精子的细胞膜特别是核后膜处的通透性增强，不能阻止色素渗入。所以染色后，着色的精子(特别是头部)即为死精子，不着色或几乎不着色的是活精子。在400～600倍光学显微镜下，从染色抹片中随机观察一定数量的精子(一般为500个)的着色情况，即可计算出死活精子的比例。由于一些非前进运动的活精子也可能不着色，所以由此测得的结果，比按前进运动目测评定的精子活率偏高。最简单的染色法则可采用单纯的5%伊红或1.1%～1.5%红汞溶液作为染色剂。实验表明，此法不适用于冷冻精液，因为4%以上的甘油可使着色的精子数异常增多。

精子密度检查：精子密度通常是指每毫升精液中所含的精子数。根据精子密度可以计算出每次射精量中的精子总数，再结合精子活率和每个输精量中应含有效精子数，即可确定精液合理的倍数和可配母羊只数。因此，精子的密度和活率等同，也是评定精液品质优劣的常规检查中的主要项目，但一般只需在采精后对新鲜的原精液作一次性密度检查。

目前测定精子密度的主要方法是目测法、血球记数法和光电比色测定法。

目测法(又称估测法)——在检查精子活率的同时进行,在显微镜下可根据精子稠密程度,粗略的分为“稠密”、“中等”、“稀薄”、“无”4 个等级。这种精子密度估测法和精子活率的测定一样,虽然方法简便,但主要凭经验,主观性较大,因此误差也较大。正常情况下,羊的精子密度最大,每毫升 20 亿～40 亿,划分标准如下:25 亿以上为“密”,20 亿～25 亿为“中”,20 亿以下为“稀”。

血球记数法——采用该法计算精子与计算血液中红细胞、白细胞的方法相类似。这是一种比较准确的测定精子密度的方法,且设备比较简单,但操作步骤较多,故一般只对公羊精液品质做定期检查时才用。其操作方法是:用红细胞吸管吸至“0.5”,然后再吸入 3%氯化钠溶液至“101”刻度,稀释200 倍。以拇指及食指分别按住吸管的两端,充分摇动使精液和 3%氯化钠溶液混合均匀,然后弃去细管前端数滴,将吸管尖端放在计算板与盖玻板之间的空隙边缘,使吸管中的精液流入计算室,充满其中。在400～600 倍显微镜下观察,以计数器数出5 个大方格内精子数。计算时以精子头部为准,在方格四边线条上的精子,只计算上边和左边的,避免重复。选择的5 个大方格,应位于一条直角线上或四角各取一个,再加上中间一个。求得5 个大方格的精子总数后,再扩大1 000 万倍,即为每毫升精液中所含精子总数。

光电比色测定法——其原理是精子密度越高,其精液越浓,以至透光性越低,从而使用光电比色计通过反射光或透射光能准确地测定精液样品中的精子密度。普遍用于牛羊精子密度的测定。其优点是准确快速,使用精液量少,仪器价格一般,且经久耐用,操作简便,一般技术人员均可掌握。其方法是事先将原精液稀释成不同倍数,并用血细胞计计算其精子密度,从而制成已知系列各级精子密度的标准管,然后使用光电比色计测定其透光度,根据透光度求出每相差 1%透光度的级差精子数,编制成精子密度查数表备用。

一般检测精液样品时，只需将原精液按1∶(80～100)的比例稀释后，先用光电比色计测定其透光值，然后根据透光值查对精子密度查数表，即可从中找出其对立的精子密度值。

精子形态的检查：精子形态正常与否与受胎率关系密切。如果精液中形态异常的精子所占的比例过大，不仅影响受胎率，甚至可能造成遗传障碍，所以有必要进行精子形态的检查。特别是冷冻精液，对精子的形态检查更有必要。一般绵羊、山羊品质优良的精液，其精子畸形率不超过14%，普通的也不能超过20%，超过20%以上者，会影响受胎率，表示精液品质不良，不宜用做输精。

精子畸形一般分四类：头部畸形，如头部巨大、瘦小、细长、圆形、轮廓不明显、皱褶、缺损、双头等；颈部畸形，如颈部膨大、纤细、屈折、不全、带有原生质滴、不鲜明、双颈等；体部畸形，如体部膨大、纤细、不全、带有原生质滴、弯曲、曲折、双体等；尾部畸形，如尾部弯曲、曲折、回旋、短小、长大、缺损、带有原生质滴、双尾等。一般头、颈部畸形较少，体、尾部畸形较多。

精液中有大量畸形精子出现时，可能的原因是：一是精子的生成过程受到破坏；二是副性腺及尿道分泌物有病理变化；三是由精液射出起至检查时，或保存过程中，因没有遵守操作规程，精子受到外界不良影响。

畸形精子检查方法：先将精液用生理盐水或稀释夜作适当稀释，作涂片。干燥后，浸入96%酒精或5%福尔马林中固定2～5 min，用蒸馏水冲洗。阴干后可用伊红(美蓝、龙胆紫、红墨水也可以)染色2～5 min用蒸馏水冲洗即可放在600～1 500倍显微镜下检查，总数不少于300个。

精子顶体异常率的检查：由于精子顶体在受精过程中具有重要作用，因此一般认为只有呈前进运动并顶体完整的精子才可能具有正常的受精能力。事实上在正常的新鲜精液中同样不可避免存在一些顶体异常的精子，但其比例不高，对受精能力影响不大。

但是，如果精子顶体异常率超标，就直接导致受精力下降，这也是目前羊冷冻精液的受胎率明显不及新鲜精液的主要原因之一。由此可见，在精子的形态检查中，顶体异常率的检查具有更加重要的意义，并且它在一定程度上也是检验精液冷冻效果的一项重要方法。

虽然精子在体外遭受低温打击(特别是冷冻方法不当时)是出现顶体异常的重要原因，但是也可能与公畜的生精机能和副性腺分泌物性状异常有关。精子顶体异常有膨胀缺损部分或全部脱落等数种。

顶体异常率的常规检查方法是：先如同畸形率检查一样制成抹片，待自然干燥后再在固定液中固定片刻，水洗后用姬姆萨缓冲液染色1.5～2 h，再水洗干燥后，用树脂封状，置于1 000 倍以上普通生物显微镜下随机观察500 个精子(最少不得少于200 个)，即可计算出顶体异常率。采用此法时，凡是含有卵黄、甘油成分稀释液的精液抹片，必须先在含有甲醛的柠檬酸盐液中固定，才能染色和镜检，否则无法清晰地观察精子的形态。如果改用相差或微分一干涉一对照显微镜观察时，则只需固定而不必染色，甚至不经固定亦可直接观察。若用超薄切片法或滴片法(负染色法)制作样品，置于透射电子显微镜下观察，则可以看到更加细致的顶体结构变化。特别是使用扫描电子显微镜，则可以看到立体状态的顶体结构变化。因此，采用电子显微镜观察精子顶体变化情况比光学显微镜要准确得多。据报道，冷冻后公羊精子顶体的破损率光镜检查为40％左右，而电镜检查为70％左右。

精液存活时间和存活指数的测定：精子存活时间是指精子在一定外界环境下的总生存时间，而存活指数是指精液内的精子平均存活时间，表示精液内精子活力下降的速度。精子存活的时间越长，活力下降速度越慢，说明精子生活力越强，其精液品质越高，并与受胎率呈显著正相关。在人工授精技术实验和实践中，也常以这两项指标的测定，作为鉴定某种稀释液和精液各项处理方法效果的一种检测手段。检测时，将稀释并经活力检查后的精液分装成若干等份，置于一定温度等条件下保存，然后每隔一定时间随即抽取同类的一份样品，经过升温后，在37℃显微镜保温箱中进行活力检查。直至精子死亡为止。然后根据记录计算存活时间和存活指数。存活时间计算是由开始稀释检查时间至倒数第二次检查之间的间隔时间，加上最后一次与倒数第二次检查间隔时间的1/2，其总和即精子总存活时间。存活指数计算是，每相邻前后两次检查的精子平均活率与其间隔时间的乘积相加的总和即为存活(生存)指数。

7. 精液的稀释　所谓精液稀释，就是在采得的精液里，添加一定数量的、按特定配方配制的、适于精子存活并保持受精能力的溶液。羊的精液密度大，一般1 mL 原精液中有25 亿～30 亿精子，但每次配种，只要输入3 000 万～6 000 万个精子，就可使母羊受胎，精液稀释以后不仅可以扩大精液量，增加可配母羊只数，更重要的是稀释液可以中和副性腺和分泌物，缓解对精子的损害作用，同时供给精子所需要的营养，为精子生存创造一个良好的环境，从而达到延长精子存活时间，便于精液的保存和运输。精液稀释是充分体现和发挥人工授精优越性的重要技术环节。

稀释液，应能供给精子所需的养分，以延长精子生存时间；渗透压与精子相同，不致破坏精子的细胞膜；酸碱度应为中性，能缓和精子的酸化和碱化，并能减少与消除副性腺和分泌物对精子的损害。

稀释液的主要成分和作用：供给能量的有糖类，如葡萄糖、乳糖、果糖、蔗糖、蜂蜜等；缓冲剂类，如柠檬酸钠、磷酸二氢钾、磷酸氢二钠、明胶等；防冷抗冻物质，如卵黄、牛奶、羊奶、甘油、乙二胺四乙酸二钠(EDTA)；抗生素类，如青霉素、链霉素、氨苯磺胺等；改善精子生存环境和母羊生殖道生理机能的添加剂：如过氧化氢酶、催产素、PGE、ATP、维生素B_1、维生素B_2、维生素B_{12}、维生素C、维生素E等。

稀释液配制的基本技术原则:稀释液配制时,必须遵循以下基本技术原则:

(1)配制稀释液的各种药物原料品质要纯净。一般应选择化学纯或分析纯制剂,同时要使用分析天平或普通药物天平按配方准确称量。不能以人用的口服葡萄糖代替化学纯或分析纯的葡萄糖;不能用未知含糖量的奶粉或炼乳来取代新鲜奶液;卵黄要取自鲜鸡蛋,并且不应混入蛋白或卵黄膜等杂物;稀释用水最好使用pH值为7.0左右的中性新鲜纯净的蒸馏水,不要随便用普通开水代替;对新购进的抗菌药物,最好在大批使用前进行效果实验,证明确实对精子无毒害作用而安全可靠时方可使用。

(2)配制和分装稀释液的一切物品用具,事先都必须刷洗干净和严格消毒。

(3)配制稀释液的各种药物原料用水溶解后要进行过滤,以尽可能除去杂质异物。然后采用隔水煮沸(即水浴)或高压蒸汽消毒,并应采用灭菌蒸馏水以补足消毒灭菌过程中蒸发损失的水量,以保持配方要求的正常药物浓度。抗生素、卵黄、酶类、激素等物质,应在稀释消毒冷却后再行加入。氨苯磺胺可先溶解于少量蒸馏水(其用量计入配方总水量中),单独加热到80℃,待完全溶解后再加入稀释液中。鲜奶或奶粉溶液需先单独过滤,然后在水浴中加热至92～95℃维持10 min,以杀死混入奶中的微生物,并使奶中的乳烃素对精子的杀害作用得到抑制,通过加热还能从牛奶的乳糖中分解出葡萄糖而有利精子利用。使用脱脂乳更加适宜,因为脂肪球减少,有利精子活率的观察检查。

(4)配制好的稀释液如不现用,应注意密封保存,不受污染。卵黄、奶类、抗生素等必需成分应临时添加。

(5)要认真检查已配制好的稀释液成品,经常进行精液的稀释、保存效果的测定,发现问题及时纠正。凡不符合配方要求,或者超过有效储存期的变质稀释液都应废弃。

精液的稀释倍数:精液进行适当倍数的稀释,可以提高精子的存活力。精液的保存方法以及稀释后的保存时间要求不同,应考虑采用不同的稀释倍数。如精液冷冻保存就不能像常温、低温保存那样作较高倍数的稀释。羊的精液一般稀释比例为1∶(2～4);精子密度在25亿以上的精液可以1∶50稀释。据报道,山羊精液以1∶10稀释的常温精液受胎率达95.16%,甚至以1∶20,1∶30,1∶40,1∶50,1∶80,1∶100等6种稀释比例,输精后的情期受胎率均在80%以上。其中1∶(20～40)的情期受胎率达91.74%～97.23%,1∶(50～100)的情期受胎率达81.82%～89.38%。在山东农业大学王建民教授指导下,2000—2001年,在山羊发情的旺季(秋季),笔者对潍坊市波尔山羊繁育推广中心的13只种公羊的精液,作了大量的不同倍数(稀释2～80倍)的稀释和输精实验(即波尔山羊精液的大倍量稀释输精实验),根据不同稀释倍数的精液的受胎结果,验证了以上报道。

精液的稀释方法:精液在稀释前必须进行活率和密度检查,然后确定稀释倍数。为了防止精液温度突然变化,稀释液应现配现用,并将精液和稀释液同时置于30℃左右的水浴锅或恒温箱中,作片刻同温处理。稀释时,将稀释液沿杯(瓶)壁缓缓加入精液中,然后轻轻摇动或用灭菌玻璃棒搅拌,使之混合均匀。如作15倍以上的高倍稀释时,应分两步进行,先加入稀释液总量的1/3～1/2作低倍稀释,稍等片刻后再将剩余的稀释液全部加入。稀释完毕后,必须做活力检查,稀释前后活力若没有变化,即可进行分装与保存。

8. 精液的保存　精液保存时暂时抑制或停止精子的运动,降低其代谢速度,减缓其能量消耗,以达到延长精子存活时间而又不至于丧失受精能力。精液的保存方法,一般可按保存温度分为常温(15～25℃)保存、低温(0～5℃)保存、冷冻(－79℃或－196℃)保存等。

(1)常温保存:常温保存的温度一般在15～25℃,春、秋季节可放在室内,夏季可放在地窖或旱井中保存。由于保存温度不十分恒定,故又称为变温保存或室温保存。常温保存无需特殊的温控和制冷设备,比较简便。特别是绵羊精液采用常温保存,比低温或冷冻保存的效果相对较好。一般羊精液常温保存48 h以上,活力仍可达原精液活力的70%。

常温保存的稀释液介绍如下:

①新鲜牛奶或羊奶用8层纱布过滤,然后在水浴锅中加热至92～95℃,维持10～15 min,冷却至室温,除去上层奶皮,每毫升加青霉素1 000 IU、链霉素1 000 μg,用于绵羊、山羊精液稀释。

②0.85%或0.89%氯化钠溶液高压灭菌后使用,适用于羊采精后立即稀释应用,且此法不能用做高倍稀释。

③基础液:3 g无水葡萄糖、1.4 g柠檬酸三钠溶解在100 mL蒸馏水中,过滤后煮沸消毒15～20 min,降至室温,每毫升加入青霉素1 000 IU、链霉素1 000 μg。在密封的条件下此基础液在4～5℃下能保存7～10 d。稀释液:用时每10 mL基础液加入新鲜卵黄2 mL混匀。此方用于稀释山羊精液。

④100 mL蒸馏水加10 g明胶、0.1 g氨苯磺胺、0.15 g磺胺甲基嘧啶钠、3 g二水柠檬酸钠,每毫升加青霉素1 000 IU、链霉素1 000 μg,用于绵羊精液稀释。

⑤100 mL蒸馏水加5 g乳糖、3 g无水葡萄糖、1.5 g柠檬酸钠,溶解后过滤煮沸消毒,冷却后每毫升加青霉素1 000 IU、链霉素1 000 μg。用于山羊精液稀释。

⑥100 mL蒸馏水加入5.5 g葡萄糖、0.9 g果糖、0.6 g柠檬酸钠、0.17 g乙二胺四乙酸二钠,溶解后过滤煮沸消毒,冷却后每毫升加入青霉素1 000 IU、链霉素1 000 μg。用于山羊精液稀释。

(2)低温保存:是将按低温保存的稀释后的精液置于0～5℃的

低温条件下保存。一般是放在冰箱内或装有冰块的广口保温瓶中冷藏。在这种低温条件下，精子处于一种休眠状态，运动完全消失，代谢降到极低的水平。因此，精子的保存时间可以相对延长。由于绵羊精液的特异性，采用低温保存效果还不理想，还有待于进一步研究。

采用低温保存精液时，首先要严格遵守逐步降温的操作规程，防止冷休克。其方法是待精液稀释分装后，先用数层纱布或药棉包裹容器，并以塑料袋包装防水，然后置于0～5℃的低温环境中。在整个保存期间应尽量保持温度恒定，防止升温或忽高忽低。常用的稀释液有：

①基础液。2.8 g 二水柠檬酸钠、0.8 g 葡萄糖溶解于100 mL 蒸馏水中，过滤后消毒，冷却后每毫升中加入青霉素1 000 IU，链霉素1 000 μg。密封后在4～5℃条件下可存放7～10 d。稀释液：每10 mL 基础液中加入2.5 mL 新鲜卵黄即成(卵黄用时现加)。适用于绵羊精液稀释。

②2.7 g 二水柠檬酸钠、0.35 g 氨基乙酸溶解于100 mL 蒸馏水中，过滤，消毒，冷却后每毫升中加入青霉素1 000 IU，链霉素1 000 μg。密封保存于4～5℃下，可呆7～10 d 不变质。适用于绵羊精液稀释。

③100 mL 蒸馏水加10 g 奶粉，溶解后用8层纱布过滤，然后在水浴锅中加热至92～95℃，维持15 min，冷却至室温，每毫升加入青霉素1 000 IU、链霉素1 000 μg。用于绵羊、山羊精液的稀释。

(3)冷冻保存：将稀释好的精液降到冰点以下，冷冻起来以达到长期保存的一种方法。详细介绍见后面冷冻精液及其应用。

9. 精液的运输　将稀释处理好的精液，注入消毒过的干燥小试管中，上面覆盖0.5 cm 厚的液体石蜡，再用橡皮塞塞严管口，周围裹一层棉花并用纱布包好，在管外注明公羊号、采精时间等标记，放入有冰块的广口保温瓶中即可运输。运输中要尽量缩短途中时间，防止剧烈震动，并避免温度、化学药品等造成的不良影响。

10. 输精 适时而准确的将一定量的优质精液输到发情母羊的子宫颈口内，是保证母羊受胎的关键。输精操作中，应先将待输精母羊外阴部用来苏儿擦洗消毒，再用水或生理盐水棉球擦洗干净；把母羊后肋放在离地面高度50 cm左右的横杆上，或者有人两腿夹羊颈部，两手分别抓母羊后腿提起；输精人员用开膣器插入母羊阴道，寻找子宫颈口，如果在暗处输精，要用额灯或手电筒光源辅助；子宫颈口的位置不一定正对阴道，但其在阴道内呈一小突起，附近黏膜充血而颜色较深；将输精器慢慢插入子宫颈口1.0～2.0 cm(山羊的子宫颈比绵羊的直，输精时插的较深，输精管有时甚至能插到子宫内)，把所需要的精液量(原精0.05～0.1 mL)缓慢注入。

为了取得理想的输精效果，操作中还应注意掌握以下几点：

(1)严格遵守操作规程，操作要细致，子宫颈口一定要对准，经产羊一定要输到子宫颈口内1～2 cm，且尽量要深(尤其在使用冻精时)，这样受胎率才有可能高。

(2)与精液接触的一切器械要经消毒再用，输精人员的手和输精器外壁要用生理盐水擦净后再操作。输精后的母羊，应在原保定位置停留一会儿再放开活动，以防精液倒流。

(3)对处女羊输精，由于其阴道狭窄，输精时到不了子宫颈口内，只能作阴道底部输精，所以输精时至少要加倍。

(4)精液质量要好，数量要足。鲜精活率要0.6以上，冻精活率要0.3以上。绵羊鲜精有效精子7 000万以上，山羊鲜精有效精子5 000万以上；绵羊冻精有效精子4 000万以上，山羊冻精有效精子3 000万以上。

(5)正确把握输精时间。肉羊排卵在发情后期。绵羊排卵时间一般都在发情开始后20～30 h，山羊的排卵时间一般在开始发情后的35～40 h。山羊的交配适期一般在开始发情后的25～30 h。卵子排出后，保持受精能力的时间为12 h；而精子保持旺盛受精能力的时间为24 h左右（冻精则短得多）。因此，输精最迟应在排卵前8～12 h进行（冻精则适当延迟数小时），一般适宜的配种时间为母羊发情的第二天，即发情后的20～30 h输精。用子宫颈黏液特征也可作为适时输精的标志，其标志为透明的黏液变成混浊，最终呈奶酪状时，此时输精效果最好。

(6)输精次数。一般采取1次试情，2次输精，即当天上午试情后下午进行第一次输精，第二天上午再输1次；下午试情，第二天上下午各输1次。

四、妊娠诊断技术

在配种以后为及时知道母羊是否怀孕，怀孕的时间及胎儿和生殖器官的异常情况，采用临床和实验室的方法进行检查，称为妊娠诊断。妊娠诊断的目的，是确定母羊是否已经怀孕，以便按怀孕母羊的要求，加强饲养管理，维持母羊健康，保证胎儿的正常发育，防止胚胎早期死亡或流产。如果确定没有怀孕，要密切注意下次发情，做好再次配种准备，并及时找出未孕原因。

妊娠诊断不但要求准确，而且要能早期确诊，这在生产中具有重要意义。因怀孕早期胚胎很小，母羊生理上和形态上变化也不显著，用一般的方法检查比较困难。早期妊娠诊断的方法要准确率高，对母羊及胎儿无影响，方法简便，容易掌握，费用低廉。目前，主要有以下几种方法：

1. 外部检查法　母羊怀孕以后，一般表现为周期发情停止，食欲增进，营养状况改善，毛色润泽光亮，性情变的温顺，行为谨慎。怀孕3个月以后腹围明显增大，右侧比左侧更为突出，乳房增大。右侧腹壁可以触诊到胎儿，在胎儿胸壁紧贴母体腹壁时，可以听到胎儿的心音。根据这些外部表现诊断是否怀孕。

2. 直肠检查法　母羊在触诊前应停食一夜。触诊时，母羊仰卧保定，用肥皂水灌肠，排出直肠宿粪，然后将涂润滑剂的触诊棒（直径1.5 cm，长50 cm，前端弹头形，光滑的木棒或塑料棒）插入肛门，贴近脊柱，向直肠内插入30～35 cm。然后把棒的外端轻轻下压，使直肠内一端稍微挑起，以托起胎胞。同时另一只手在腹壁触摸，如能触及块状实体为怀孕，如果摸到触诊棒，应再使棒回到脊柱处，反复挑动触摸，如仍仅仅摸到触诊棒，即为未孕。此法检查配种后60 d的孕羊，准确率可达95%，85 d以后的为100%。但要注意防止直肠损伤，配种已115 d以后的母羊要慎用。

3. 阴道检查法　母羊怀孕3周后，当开膣器刚打开阴道时，阴道黏膜为白色，几秒钟后即变为粉红色。

4. 激素测定法　根据母体的激素变化与妊娠的密切关系，使用激素测定的妊娠诊断法，在快速、准确、简易操作方面显示出良好的应用前景。母羊配种以后，如果未怀孕，母羊的血浆孕酮含量因黄体退化而下降，而怀孕母羊则保持不变或上升。这种孕酮水平差异是母羊早期妊娠诊断的基础。配种后20～25 d，怀孕绵羊血浆中孕酮含量大于1.5 ng/mL；怀孕奶山羊乳汁孕酮含量大于或等于8.3 ng/mL，血浆孕酮含量大于或等于3 ng/mL。准确率可达90%～100%。

5. 多普勒仪诊断法　根据多普勒仪的原理，将探针插入母羊直肠内，可以听到母羊心率（90～110次/min）和胎儿的脉搏，以此来判断母羊是否怀孕，在绵羊上有很高的准确率。据报道，用多普勒仪法、直肠腹外触诊和X射线摄影法，判断38只（1～7岁）母山羊的怀孕情况，发现3种方法的准确性都很高，尤其是多普勒仪诊断法具有确诊胎儿存活的优势，但缺乏准确率的资料。

五、分娩与接羔助产技术

（一）分娩　母羊配种以后经150 d左右的怀孕，胎儿在母体内发育成熟，母羊将胎儿及其附属物从子宫内排出体外，这个过程称为分娩。

1. 引起分娩的因素　母羊分娩是由机械性扩张，神经及激素等综合因素互相协调作用下促成的。母羊在分娩过程中发生骨盆韧带及产道的松弛，子宫肌肉的强烈收缩和胎盘的脱离等生理变化。

2. 分娩的征兆　随着胎儿的发育成熟和分娩期的临近，母羊的生殖器官与骨盆部都要发生一系列生理变化，以适应排出胎儿和哺乳羔羊的需要。母羊的行为及全身状况发生相应的变化。这些变化称为分娩征兆。

乳房变化：乳房在分娩前迅速发育，膨胀增大，乳头竖立，有的还出现乳房浮肿，用手挤时有少量黄色乳汁。

外阴部变化：母羊在分娩前1～3 d，阴唇逐渐松软，肿胀并体积增大，阴唇皮肤皱褶展平，并充血稍变红，从阴道流出的黏液由稠变稀。

骨盆变化：骨盆韧带在临产前1～2 d开始变为松软，臁窝凹陷。奶山羊的荐坐韧带软化比较明显，当荐骨两旁的组织各出现一纵沟，荐坐韧带完全松软时，分娩一般不超过1 d；在荐坐韧带软化的同时，荐髂韧带同样也变的松软，使荐骨后端的活动性增大，当手握羊的尾根时可上下活动。

行为变化：母羊在分娩前有明显的精神状态变化，站立不安，食欲不振，精神抑郁，时起时卧，时常鸣叫等。

3. 分娩过程　母羊的整个分娩过程是从子宫肌和腹肌出现阵缩开始的，到胎儿和附属物排出为止。整个分娩过程分为子宫开口期、胎儿产出期和胎衣排出期3个阶段。

子宫开口期：有规则的出现阵缩，阵缩的频率越来越快，直到子宫颈口完全开大。阵缩是由子宫角端向子宫颈发生波状收缩，使胎水和胎儿向子宫颈移动，并逐渐将胎儿前置部分进入子宫颈管和阴道，有时胎膜囊外露于阴门外。由于子宫颈肌和腹肌的收缩作用，使胎儿上举，由下胎位变为上胎位，蜷曲胎式变成伸展状态。绵羊这一时期持续4～5 h，山羊6～7 h。

胎儿产出期：在这一阶段，母羊表现极度不安，起卧频繁，弓背努责。然后胎儿前置部分以侧卧式通过骨盆及其出口，由于阵缩加剧和强烈努责，胎儿排出体外。

胎衣排出期：胎衣是胎膜，包括部分断离的脐带。胎儿被排出后，母羊开始安静并站起来照顾羔羊。由于子宫的强烈收缩，从胎盘和母体胎盘中排出大量血液，减轻了绒毛和子宫黏液腺窝的张力。绵羊0.5～4 h，山羊1～4 h，胎衣全部排出。如怀双胎或多胎的羊，胎衣是在胎儿排出后，一次或多次排出。胎衣排出后要及时取走，以防母羊吞食。如果超过6 h胎衣未排出，应及时采取措施。

（二）接产　一般经产母羊产羔很快，不需助产。初产或胎儿过大的母羊，当羔羊嘴部露出阴门后，接羔人员应以手用力挤捏母羊尾根和阴门的联合部，很快将头挤出，同时用手拉住羔羊的两前肢顺势向后下方轻拉，羔羊即可产出。

羔羊出生后，先将其口鼻部的黏液擦掉，并让母羊将羔羊舔干。如果母羊不舔，可在羔羊身上撒些麸皮。脐带一般会自然拉断，接羔人员要把脐带内的血液挤净，然后涂上碘酒消毒。

（三）难产母羊的助产　母羊难产的原因可能是：母羊骨盆狭窄、阴道过小、胎儿过大及子宫收缩无力，或胎位不正。一般在羊膜破裂后30 min，如母羊努责无力，羔羊仍未产出时，即应助产。助产人员应将指甲剪短磨光，消毒手部，涂上润滑油，视情况做相应处理。如胎位不正，先将胎儿露出部分送回阴道，把母羊后躯抬高，手伸进产道纠正胎位，随母羊有节奏的努责，将胎儿拉出；如胎儿过大，可将羔羊两前肢反复数次拉出或送入，然后一手拉前肢，一手扶头，随母羊努责缓慢向下方拉出。切忌用力过猛，或不随努责节奏硬拉，以免拉伤阴道。

假死羔羊的救助：羔羊产出后，不呼吸，但发育正常，心脏仍跳动，即为假死。主要原因是羔羊吸入羊水或分娩时间较长、子宫内缺氧等。处理方法有两种：一是提起羔羊两后肢悬空并不时拍击其背和胸部；二是让羔羊平卧用两手有节奏的挤压胸部两侧，经过如此处理，假死羔羊大多能够复活。

（四）产后母羊和羔羊的护理

1. 产后母羊的护理　母羊产后，身体虚弱，应注意保暖、防潮、避风，应让其很好的休息，并给一些温盐水饮用（或温红糖水），喂些麸皮和青干草。胎衣排出后要及时取走，以防母羊吞食。绵羊应把乳房周围的毛剪去，并调教母羊护羔、喂奶。

哺乳期羔羊的营养主要依靠母羊，母乳是羔羊生长发育所需营养的主要来源。母羊乳多，羔羊生长发育就好，抗病力强，成活率高。因此，在产后1～3 d，要对母羊进行补饲。母羊的补饲，要根据各地具体情况，以补饲多汁及优质干草为主，适当补喂精饲料，每天每只母羊 0.3～0.5 kg 补充料，常用饲料配方如下：玉米面50%、豆饼（或豆粕）22%、麸皮25%、骨粉2%、食盐1%，多维素。微量元素按说明添加。

产后 1～3 d 的母羊，不能饲喂过多精料，以防造成消化不良和发生乳房炎；产后不久的母羊不能饮冷水和冰水；羔羊断奶时，也要减少母羊多汁饲料、青贮料和精料的喂量。

2. 羔羊的护理

（1）辅助羔羊吃初乳：初乳浓稠，营养丰富，并含有初生羔羊所需的抗体，初乳中含有大量的镁盐，有轻泻作用，有助于胎粪的排出。羔羊出生后 1 h 即可站立行走，如不能自己吃奶，应人工辅助羔羊吃到初乳。

（2）羔羊补饲：羔羊的哺乳期一般为 2～3 个月，母羊产羔后 1 个月，奶量逐渐减少，往往不能满足羔羊生长发育的需要。因此，羔羊出生后 10～15 d，要训练其采食能力。先让羔羊吃鲜草嫩叶，或选择优质、柔软的禾本科和豆科牧草，扎成草把，吊在羊舍四周，让其自由采食;20～30 日龄羔羊要让其采食混合精料,每天 30～100 g,60 日龄羔羊 100～150 g。食盐和骨粉可混在精料中喂给。

羔羊的去势,不用于种用的公羔,可在生后 15～30 d 进行去势。去势后比较容易管理,易育肥。如早期即育肥出售可不用去势。

(3)羔羊的断奶与分群:羔羊 30 日龄以后消化道的生理功能逐步完善,逐渐由哺乳变为采食草料为主;60 日龄后,羔羊前胃发育成熟,其功能与成年羊基本相同。此时就可以断奶了。羔羊的断奶时间可这样确定:体重达到出生重的 2.5 倍,采食饲料干物质在 30 g 以上,一般50～75 日龄断奶。羔羊断奶后要按公母、强弱分群饲养管理。

(4)预防羔羊疾病:羔羊易发生的疾病主要有两种:一种是羔羊痢疾,另一种是肺炎。前者主要是由于感染大肠杆菌、沙门氏杆菌和魏氏梭菌所引起,一般羔羊出生后 2～4 d,出现拉稀、粪便呈灰白色,淡黄色或绿色,贴在肛门周围,有特别的臭味,有时粪便中有血。羔羊精神差、弓背、食欲不振,耳、鼻和四肢发凉,低头耷耳,全身无力。该病死亡率较高,应注意预防和及时治疗。发生过羔羊痢疾的羊场,为了预防起见,可注射疫苗或在羔羊生后连续 4～5 d 喂给青霉素片。个别羔羊出现痢疾,可以注射氯霉素15 万IU,每天 2 或3 次;也可以用金霉素20～40 mg,甘氨酸钠2～4 mg 溶解后静脉注射;还可以用磺胺脒0.5 g、次硝酸钠0.2 g、鞣酸蛋白0.2 g、小苏打0.2 g,加适量水一次灌服,每天3 次,连服2～3 d。肺炎主要是由于气候骤然变冷或羊舍过于潮湿,废气不能及时排出而造成。患羊呼吸急促、咳嗽、气喘、流鼻涕,体温升高,无食欲。治疗可注射氨卞青霉素 40 万 IU,每天注射 2 次;也可以服用磺胺噻唑,第一次喂 2 g,以后每次1 g,每天 3 次,连服3～4 d。预防白肌病可以在吃料后,口服亚硒酸钠3～5 mg,隔7 d 再服1 次;预防肠道疾病,可每周饮1 次 0.1%高锰酸钾水;为防止体内外寄生虫的感染和蔓延,每年春、秋两季进行预防性驱虫。

第四节 肉羊的繁殖控制新技术

一、羊精液冷冻技术

精液冷冻技术是人工授精技术的新发展。精液经过冷冻可以长时间保存，使优秀种公羊的利用不再受时间和地域的限制，如不需要从远处引进种羊，即便是种公羊死后仍可产生后代等，从而最大限度的提高了种公羊的利用率。

家畜精液冷冻保存的研究，始于20世纪40年代末，至50年代后期，牛精液冷冻保存效果已经接近鲜精液的水平，并广泛应用于生产。而绵羊精液具有特殊性，如具有较高的代谢水平，非常不耐冷冻，冷冻后的精液受胎率低。因此，羊的精液冷冻保存技术比牛的进展慢。在国外，20世纪50年代初绵羊精液冷冻获得成功，但情期受胎率为5%～30%；20世纪60年代也只有11.5%～44.3%；20世纪70年代为30%～63%；20世纪80年代初，据罗马尼亚35万只绵羊实验，冷冻精液的情期受胎率为60%～63%；前苏联1.5万只绵羊实验，情期受胎率为50%～60%。

我国1974年开始了绵羊精液冷冻保存的研究并获得了成功，但情期受胎率较低，仅为17.5%。1976年由中国农业科学院畜牧所主持新疆、内蒙古、青海、山西、吉林、黑龙江、四川7省（自治区）的10个单位成立了全国绵羊精液冷冻技术研究协作组，1981年在协作组统一组织下进行大规模的生产应用实验，输精10 982只母羊，情期受胎率平均达53.9%。新疆800只母羊实验情期受胎率为50%～80%，平均达67.6%。

山羊精液的冷冻技术，国外从20世纪60年代开始实验，并获得成功，如德国山羊冷冻细管精液情期受胎率达68.9%～88.9%；

法国山羊冷冻细管精液与新鲜精液的受胎率基本相同。我国20世纪70年代进行了山羊精液冷冻实验并获得成功,20世纪80年代中期在江苏、山东、安徽3省毗邻的9个县进行生产性应用实验,情期受胎率达71%。最近几年,陕西省畜牧所、江苏省徐州市家畜改良站、山东省畜禽良种推广中心生产的波尔山羊冷冻精液,情期受胎率达60%左右,高的达75%。下面介绍羊冷冻精液的操作技术。

(一)精液的采集　按常规方法用假阴道采集公羊的精液(采集频度为连采2 d,休息1 d),并进行品质鉴定,检查射精量、原精活率、精子密度等项目。原精活率在0.7以上,密度达"密"级,精子畸形率在15%以下方可用于制作冻精。

(二)精液的稀释　配制羊的冷冻精液专用稀释液,以1∶(2～4)倍的比例稀释。

1. 绵羊精液常用的冷冻稀释液。

配方1:乳糖—葡萄糖—柠檬酸钠稀释液。基础液:100 mL蒸馏水,加5.5 g乳糖、3.0 g葡萄糖、1.5 g柠檬酸钠,溶解后过滤,煮沸消毒,冷却后加青霉素、链霉素各10万IU。稀释液:取基础液75 mL,新鲜卵黄20 mL、甘油5 mL充分混匀即成。

配方2:55 mL蒸馏水,加2.25 g葡萄糖、1.13 g柠檬酸钠、4.13 g乳糖、0.003 g、维生素B_1、0.11 g磷酸氢二钠、0.021 g磷酸二氢钾,加15 mL卵黄、10 mL脱脂乳、15 mL羊血清、5 mL甘油,再加青霉素、链霉素各10万IU。

配方3:11%的乳糖溶液75 mL,加卵黄20 mL、甘油5 mL,青霉素、链霉素各10万IU。

2. 山羊精液常用冷冻稀释液配方

配方1:基础液:100 mL蒸馏水,加乳糖6 g、柠檬酸钠1.5 g,溶解后过滤,煮沸消毒,冷却后加青霉素、链霉素各10万IU。稀释液:取基础液80 mL,加入卵黄20 mL,甘油5 mL混匀即成。

配方2:基础液:100 mL蒸馏水,加乳糖3.8 g、葡萄糖2.6 g、柠檬酸钠1.3 g,溶解后过滤,煮沸消毒,冷却后加青霉素、链霉素各

10 万IU。稀释液：取基础液80 mL，加入卵黄20 mL，甘油5 mL 混匀即成。

配方3：基础液：100 mL 蒸馏水，加乳糖4.6 g、葡萄糖3.1 g、柠檬酸钠1.5 g 溶解后过滤，煮沸消毒，冷却后加入青霉素、链霉素各10 万IU。稀释液：取基础液105 mL，加入卵黄20 mL，甘油5 mL 即成。

配方4：基础液：10.5 g 乳糖、1.5 g 果糖溶解在100 mL 蒸馏水中，过滤消毒，冷却后，加入青霉素、链霉素各10 万IU。稀释液：取基础液74 mL，新鲜卵黄20 mL，甘油6 mL 即成。

配方5：基础液：6.5 g 乳糖、6.5 g 蔗糖溶解于100 mL 蒸馏水中，过滤消毒，冷却后加入青霉素、链霉素各10 万IU。稀释液：取基础液74 mL，新鲜卵黄20 mL，甘油6 mL 即成。

(三)平衡　精液稀释以后，需在2～5℃条件下平衡2～4 h。笔者用配方4 或配方5 制作波尔山羊冻精，稀释后仅平衡2 h，制作出来的冻精颗粒活力很好，一般为活力达为0.4～0.6。

1. 冻精的制作　颗粒冻精的制作较为简单，所需设备少。但缺点是不能单独作标记，容易混杂。细管冻精在冷冻和解冻过程中细管受温均匀，冷冻效果较好，并便于标记和保存。

(1)颗粒冻精：初冻温度为－90～－100℃(范围为－70～－130℃)。将液氮盛入铝饭盒做的冷冻器(或大广口瓶)中，距口沿5～7 cm；然后把氟板(或铜纱网)浸入液氮2～3 min；再将氟板(或铜纱网)取出平放在冷冻器(漂浮器)上，使氟板(或铜纱网)底部距液氮面保持1～3 cm，加盖2～3 min 后取盖(或用低温计测的氟板或铜纱网的温度为－90℃时开始滴冻)；按每颗粒0.1 mL 剂量滴冻，滴完后加盖3 min；最后将氟板(或铜纱网)连同冻精一起浸入液氮中保存。

(2)细管冻精：稀释平衡后的精液在4℃下先用细管分装入0.25 mL特制细管内再经超声波封口(另一端为棉线塞)后喷墨印上标记，置于液氮面上，初冻温度为－90～－100℃下保持5 min，最后装袋浸入液氮中保存。

2. 冻精的检查 冷冻精液在冷冻保存之前，应达到规定的质量要求：剂量为颗粒(0.1±0.01) mL，细管(0.25±0.02) mL；解冻后精子活率为0.3以上；剂量内有效精子数为3 000万个以上；精子畸形率在20%以下，精子顶体完好率在45%以上；解冻后的精液应无病原微生物，每毫升细菌数在1 000个以下。其中以精子活率检查最为经常，但应注意检查时使解冻液的温度维持在36～38℃，才能准确判定精子活率。

3. 冻精的储存与运输

(1)储存：制作合格的冻精应按大包装(100支或150粒)、中包装(50支)和小包装(25支)不同包装规格装袋，然后应及时放入贮精罐中，装量一般不超过罐容积的1/2，并始终保持在液氮面以下。贮精罐中液面最低要保持在罐的2/3处，为此贮精罐中要经常注意添加液氮。常用贮精罐的规格有口径125 mm/35 L，125 mm/30 L两种。贮精罐应在气温较低、干燥的房间放置，避免阳光直射。

(2)运输：运送冻精应使用专用运输罐，常用规格有30 L，10 L，3 L等。从贮精罐中取冻精细管或颗粒时，应在罐内颈基部操作，不得将提桶或袋子提到罐口外操作，夹取冻精的镊子应经过预冷后使用，取冻精时间不超过5～10 s，同时每个包装袋或提桶提放次数不宜超过60次(罐的颈基部温度为－90℃，提放次数过多即回温次数过多及时间过长，均会影响冻精质量)。装满液氮的运输罐要固定好，以防翻倒或歪斜造成液氮流失或罐子损坏。

4. 冻精的解冻

(1)颗粒冻精：分为干、湿两种解冻方法。干解冻方法是先将灭菌小试管放入38～40℃的温水中水浴2～3 min，然后将一粒冻精颗粒放入试管底部，轻轻摇动即可融化。湿解冻方法分为常规解冻和高温解冻两种方法。常规法是将灭菌小试管中注入0.2 mL左右的解冻液(2.9%柠檬酸钠溶液、1.4%柠檬酸钠加3%葡萄糖溶液、维生素B_{12}注射液均可)，水浴加热到38～40℃，取冻精颗粒1粒快速放入解冻液中，轻轻摇动试管，待颗粒还剩1/3时取出，继续摇动试管直至融化。镜检活力达0.3以上时，即可吸入输精器用于输精。高温解冻方法基本与常规解冻相同，只是解冻温度为60℃，要注意当颗粒融化到1/2时，要迅速脱离水浴，继续摇动试管，直至融化。高温解冻，精子活力高，受胎率也高。

(2)细管解冻：细管解冻也分常规解冻和高温解冻两种方法。常规解冻方法是取一烧杯(要高于细管)，内部注入38～40℃的温水，用预冷的镊子从贮精罐中快速取一只冻精细管投入温水中，注意棉塞端朝下，封口端向上，封口端尖部要用镊子捏住，不要进入水中，以免有些细管封口不严，有水进入其中，细管在温水中待8～10 s后取出，用干净布擦干，再用专用剪刀剪去封口端0.5 cm左右，注意不要剪到精液。取样检查，活力达0.3～0.35方可使用。将细管装入输精枪帽，把棉塞一端按在输精枪的推杆上，旋紧帽，即可用于输精。高温解冻方法基本与常规解冻方法相同，只是解冻温度为60℃，大约解冻5 s，当观察到细管颜色一变，立即将细管取出。高温解冻精子活力高，受胎率也高，但一定要注意严格操作。

二、羊的胚胎移植技术

胚胎移植(简称ET)，是指将一头母畜配种后的早期胚胎取出，移植到另外一头或数头同种的、生理状态相同或相似的母畜生殖器官的相应部位，使之继续发育成新个体的过程，又称人工受胎或借腹怀胎。其中，提供胚胎的母畜称之为供体，接受胚胎并代之完成妊娠分娩及哺育后代的母畜称为受体。

经胚胎移植产生的后代，其遗传物质来自亲代，即供体和与之交配的雄性个体，而胚胎发育所需要的营养物质则来自受体。可以说胚胎移植技术是胚胎生产和胚胎发育过程的分工协作。供体决定其遗传特性，受体则影响其体质发育。

胚胎移植的主要技术过程一般包括供体的超数排卵、受体的同期发情、供体的人工授精、胚胎的收集与保存、胚胎的鉴定和胚胎的移植等环节。胚胎移植的意义在于：一是能迅速增加母畜的后代数量，以最大限度的延长具有优秀遗传特性母羊生产后代的寿命；二是保存濒临灭绝威胁的物种，以保护生物的多样性；三是便于国际间的品种扩散贸易，如减少动物活体运输的费用及危险、减少引进品种携带疾病的危险、避免出口国将一些优秀品种用尽等；四是最大限度的减少公羊后裔测定所需要的时间，加快群体的选择强度；五是增加同卵双胎和多胎的机会，提高种畜生产力；六是作为科学研究手段，用于受精学、胚胎学、遗传学等基础学科的研究。

动物的胚胎移植首次实验成功(1890 年)距今已经有110 年的历史了。其发展大致可分为3 个阶段，即实验生物学阶段(20 世纪50 年代以前)、家畜实验阶段(20 世纪 50—70 年代)和畜牧生产应用阶段(20 世纪 70 年代以后)。在国际范围内，绵羊和山羊胚胎移植成功较早(分别在1934 年和1949 年)，但以牛的胚胎移植研究最多、成果最多和商业化程度最高。据报道，目前牛胚胎移植的技术水平已达到每头供体经胚胎移植后可获得 2～4 头犊牛，冷冻胚胎移植成功率为 30%～60%。我国自 1964 年以来先后在兔、绵羊、牛、山羊方面均已实验成功。我国的胚胎移植研究起始于 20 世纪 70 年代中后期，以绵羊的手术移植开展最早，成功率最高。目前，肉羊的胚胎移植技术在我国已经形成生产力(特别在波尔山羊和杜柏绵羊方面)。近年来，各省利用这一技术迅速扩大良种羊群取得了巨大效果。因此，笔者综合国内外肉羊的胚胎移植技术资料，结合本人的实践经验，对其技术过程和环节作一介绍。

(一)供体母羊的超数排卵　超数排卵是在母羊发情周期的某一时期，用促性腺激素处理母羊，诱发卵巢比在自然情况下有较多的卵泡发育并排出多个有受精能力的卵子。其目的是希望一次从供体得到多个胚胎，其技术过程包括供体羊的管理、同期发情、超数排卵处理和输精等环节。

1. 供体羊的选择标准　品种优良、生产性能好；遗传性稳定，无遗传疾病；经济价值高，市场需求的品种；体质健壮，膘情中等以上；繁殖机能正常，无生殖器官疾病，无空怀史；发情周期正常，发情症状明显；年龄在2～7岁。

2. 供体羊的饲养管理　供体母羊群至少应在胚胎移植计划开始前2个月建立，要保持饲养环境稳定，饲养环境卫生、干燥、棚舍温度适宜，避免应激反应。制定合理的供体羊日粮配方，保证正常的营养平衡。供体羊应有优质的牧草放牧，补充高蛋白饲料、维生素和矿物质，并供给食盐和清洁的饮水。在采卵前后，不得任意变换草料和管理程序，使母羊保持中等以上的膘情。

3. 供体羊的同期化处理　在正常的繁殖季节里，通过使用前列腺素或孕激素阴道海绵栓，均可导致母羊发情同期化，具体方法前面已经叙述。其中用孕激素处理可使任何季节的空怀母羊发情同期化，而前列腺素只能用于繁殖季节里具有发情周期的空怀母羊。但由于前列腺素质优价廉，用量少，使用方便，在繁殖季节里，通常认为是首选的同期发情药物。

4. 供体母羊的超数排卵　绵羊的发情周期平均为17 d(14～20 d)，山羊为平均20 d(18～23d)。产后第一次发情一般都在下一次发情季节。羊是季节性多次发情动物，每年发情的开始时间及次数，因品种及地区气温不同而异。超排处理应在肉羊的最佳繁殖季节进行。我国北方的绵羊发情多集中在8～11月份，所以绵羊的超排一般多选择在秋季9～12月份。山羊的发情季节不如绵羊明显，山羊发情最旺的季节是秋季，其次是春季。山羊的胚胎移植效果以秋季最好(10～12月份)，春季效果比秋季差。

目前，超排处理的药物有促卵泡素(FSH)和孕马血清促性腺激素(PMSG)两种。实验表明，PMSG产生的反应不如FSH，并且使用PMSG或其他任何来源的促性腺激素结合高比率的LH∶FSH都可能引起提早排卵或卵泡黄体化，导致受精率和胚胎回收率均降低。重复使用FSH也会引起超排反应的后续性抑制，这是母羊对FSH产生抗体所致。

PMSG处理法：山羊在发情周期的16 d(绵羊为13 d)，1次肌内注射PMSG 1 000～2 000 IU(绵羊为1 500～2 000 IU)，发情后18～24 h肌内注射等量的抗PMSG。

FSH-P法：

(1)FSH-P剂量(注射总量/只)：绵羊，120～160 IU；山羊，120～150 IU。

LH-P剂量：根据FSH的注射量，肌内注射100～120 IU。

氯前列烯醇(PG)剂量：各品种的绵羊、山羊每次肌内注射0.1 mg，每天2次。

(2)FSH-P连续3 d，递减注射法。

山羊以母羊发情之日作为发情周期的0 d，在母羊发情周期的16 d开始，每天早、晚各肌内注射1次FSH，连续3 d，递减注射。

绵羊以母羊发情之日作为发情周期的0 d，在母羊发情周期的13 d开始，每天早、晚肌内注射1次FSH，连续3 d，递减注射。

在第5或6次注射FSH-P时，同时肌内注射氯前列烯醇(PG)。确定母羊发情后，立即静脉注射(或肌内注射)LH。如果FSH-P未注射完毕供体羊已发情，停止注射FSH-P，立即注射LH。

FSH-孕激素阴道海绵栓法：将海绵栓在母羊阴道中放置14～17 d，在取栓前48 h开始肌内注射FSH，每天2次，连续3 d，递减注射。剂量、注射方法与FSH-P方法相同。一般在母羊取栓后36 h发情。发情后立即注射LH。

5. 供体羊的发情鉴定 在第6次注射FSH-P时即对供体羊进行发情观察。每天观察3次。观察方法：将一只试情公羊放入供体羊群中(系试情布)，以母羊站立接受爬跨作为发情鉴定的标准。

6. 供体羊的配种　母羊发情后要选择合适的与配公羊，发现发情后立即肌肉或静脉注射LH，并同时进行第1次配种。以后每隔12 h配种1次，直至发情结束。与配公羊必须系谱清楚，检疫合格，遗传性能稳定，生产性能优良，精液品质良好。

（二）供体羊的采胚　羊的采胚一般用外科手术法。

1. 采胚的时间及部位　不同的采胚时间，采胚部位也不同。可分为输卵管采胚和子宫角采胚两个部位。一般在母羊发情后第2.5～3 d（发情当天为0 d）即母羊发情后66～72 h，从输卵管采集2～8细胞的胚胎（2细胞的很少），作为鲜胚移植用；在母羊发情后5.5～7 d（山羊6～7 d），从子宫角采集桑葚胚至扩张囊胚，可用于鲜胚移植、冷冻保存、分割及其他研究、实验。

2. 手术前的准备

（1）供体羊的空腹：手术前12～24 h，停止饲喂供体羊，以减少手术时腹压过大对手术的不利。应供给清洁的饮水。

（2）仪器设备、药品的准备：手术台，手术刀，创布，止血纱布，手术剪，手术刀柄，止血钳，持针器，手术刀片，缝合线，缝合针，镊子，冲胚二路导管，显微镜，胚胎冷冻仪，冲卵液，保存液，冷冻液，酒精，碘酒，新洁尔灭，生理盐水，青霉素，链霉素，液体石蜡，止血敏，直径120 mm，180 mm表面皿，35 mm培养皿，6～8号头皮针，10 mL，20 mL注射器。

杜氏磷酸缓冲液配制说明（表8-1）：配制PBS所用的药品必须是分析纯以上的化学制剂。也可以使用进口成品PBS粉剂。配制PBS所用水是电阻值超过18 MΩ的超纯水（四蒸水）。配制好的冲卵液必须过滤灭菌，pH值为7.2～7.6，渗透压为270～290 mol，在4～5℃保存。PBS液中加0.4%的犊牛血清即为保存液，可用于胚胎的体外操作和保存，也可以直接作为冲卵液用于绵羊和山羊的手术法冲胚和移植。PBS液中加入10%的甘油，加20%的犊牛血清，可以作为胚胎冷冻液使用。

表 8-1　杜氏磷酸缓冲液(PBS)配方

试剂或药品	浓度(mol)	每升中含量
氯化钠(NaCl)	136.87	8.00 g
氯化钾(KCl)	2.68	0.20 g
氯化钙($CaCl_2$)	0.9	0.10 g
磷酸二氢钾(KH_2PO_4)	1.47	0.20 g
氯化镁($MgCl_2 \cdot 6H_2O$)	0.49	0.10 g
磷酸氢二钠($Na_2HPO_4 \cdot 7H_2O$)	8.09	1.15 g
丙酮酸钠	0.33	0.036 g
葡萄糖	5.56	1.00 g
牛血清白蛋白(或羊血清)	—	3.00 g(或 10 mL)
青霉素	—	10 万 IU
链霉素	—	10 万 IU
双蒸水	—	加至 1 000 mL

3. 受体羊的麻醉与保定　受体羊实施硬膜外腔麻醉。用 9 号针头垂直刺向百会穴(百会穴位于脊椎中线和髂结节尖端连接的交汇处,也就是最后腰椎与荐椎的椎间孔),刺入深度为 3～5 cm,当刺穿椎间韧带时,会感到一种似刺穿窗户纸的感觉,且阻力骤减,将适量 2% 盐酸普鲁卡因从此处注入。如有阻力,说明针头不在硬膜外腔,应矫正针头位置。一般注射 6～8 mL(视体重而定),注射 10 min 即出现后肢站立不稳,继而卧倒。此法可以麻醉整个后躯,麻醉维持时间达 1～2 h。也可以按每千克体重肌内注射 2% 静松灵 0.03～0.05 mL 进行麻醉。母羊呈仰卧式或侧卧式保定在手术台上。

4. 手术人员的手臂消毒　氨水-新洁尔灭法。

在两个盆内各盛已经煮沸过的清洁的温水,加入浓氨水(28%)5～7 mL,配成 0.5%的氨水,手术人员将指尖到肘部先后浸入两盆水里各洗 2 min,洗完后,用消毒毛巾或纱布擦干,而且要按从手部向肘部顺序擦,另一侧手臂应取未曾用过的毛巾或纱布擦干,然后将手臂浸入 0.1%的新洁尔灭中擦洗 5 min,消毒完毕,要保持拱手姿势,手臂不应下垂,要养成避免与未消毒过的物品接触的习惯。

5. 手术部位的剪毛及消毒　剪毛范围20 cm×20 cm，用肥皂水清洗手术部位，用手术刀片刮净毛茬，再用清水洗净，用0.1%的新洁尔灭清洗手术部位，用5%的碘酒棉球对手术部位由里向外消毒、晾干，用75%的酒精棉球对手术部位由里向外消毒、脱碘、晾干。

6. 切开腹壁

(1)手术部位：在离乳房前端约2 cm处，腹中线的两侧均可。

(2)方法：避开血管，用手术刀将手术部位纵向切开6～8 cm长的切口，将皮下结缔组织分离、暴露肌膜；用手术刀将肌膜轻轻切开，暴露肌肉层，再用刀柄后端将肌肉层和腹膜钝性切开；在骨盆腔，膀胱周围触摸子宫角，并将卵巢、子宫引出切口外，记录两侧卵巢黄体和卵泡数。

7. 输卵管冲胚　用超排母羊发情后66～72 h从输卵管采集2～8细胞的胚胎，进行鲜胚移植。方法是：用6～8号头皮针从子宫输卵管结合部的子宫端导入到输卵管峡部，将去掉针头的6～8号头皮针从输卵管漏斗部插入3～4 cm，头皮针的喇叭口端与直径为120 mm的表面皿相接触，助手事先用10 mL注射器抽取冲卵液，与头皮针连接，把冲卵液缓缓推出，胚胎即通过母羊输卵管回收到表面皿中。另一侧输卵管操作同上。每侧约用冲卵液8 mL(图8-3 a)。

注意：图8-3 b对羊冲胚不适用。

8. 子宫角冲胚(图8-1 c)　在超排母羊发情后5.5～7.0 d，从子宫角采集桑葚胚至扩张囊胚，胚胎可用于移植、冷冻、分割及其他研究。方法是：用消毒好的止血钳将一侧子宫角基部刺一洞，将止血钳抽出，然后将二路冲胚管尖端从洞中插进3～4 cm，再用10 mL注射器给二路导管打气，将导管的气球充起，使其在子宫角中固定(冲胚管的另一端靠在一直径为180 mm的表面皿上)，但

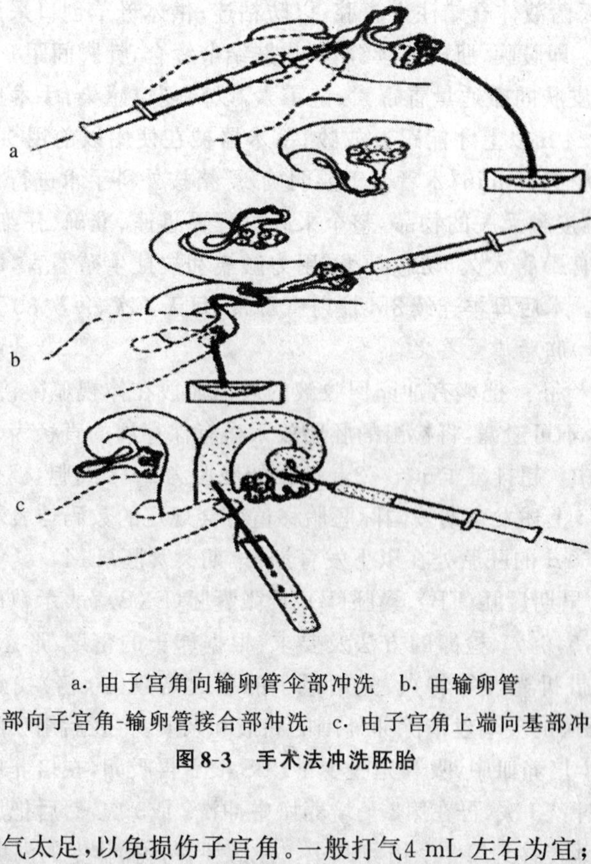

a. 由子宫角向输卵管伞部冲洗　b. 由输卵管伞部向子宫角-输卵管接合部冲洗　c. 由子宫角上端向基部冲洗

图 8-3　手术法冲洗胚胎

不要打气太足，以免损伤子宫角。一般打气4 mL 左右为宜；术者一手捏住宫管连接部靠近峡部的一侧，助手事先用 20 mL 注射器吸取冲卵液，与头皮针连接，术者另一手将针头从宫管连接部刺入，助手将冲卵液缓慢注入子宫腔，胚胎随冲卵液一起慢慢流入表面皿中，最后将子宫角提起，由尖端向基部撸一遍，给冲胚管放气，抽出冲胚管。另一侧子宫角操作同上。每侧需冲卵液 20～30 mL。

冲胚完毕后，用 30℃左右含有适量青霉素（每毫升含青霉素 2 万 IU）的生理盐水，将暴露在外面的子宫角冲洗一下；将 5～10

mL 温灭菌液体石蜡注入腹腔，以防粘连；供体母羊创口采用三层缝合法。即腹膜、肌肉连续缝合，皮肤结节缝合，针脚间距1 cm，在肌肉与皮肤间撒适量青霉素、链霉素，以防创口感染；手术后母羊须观察 24 h 以上才能跟群放牧；手术器械在使用以前用0.5%新洁尔灭浸泡30 min，术者分工要明确，严格按外科手术进行自身消毒，不得接触无关的物品，整个采胚过程要迅速、准确、仔细，避免生殖器官暴露太久，切忌频繁、用力触摸和拉扯生殖器官，以防脏器粘连。术后母羊连续3 d 注射青霉素，每天2 次，每次80 万IU。

（三）胚胎质量鉴定

1. 检胚　把盛有冲卵回收液的表面皿放在体视显微镜下，仔细检查，不可遗漏，将检出的胚胎放入盛有保存液的直径为35 mm 培养皿中。超排母羊66～72 h 冲出的胚胎为2～8 细胞，极少数为16 细胞。上述发育期按国际胚胎移植协会规定的数码均表示为2。5.5～7.0 d 的胚胎处在以下发育期：早期桑葚胚(EM)、紧实桑葚胚(M)、早期囊胚(EB)、囊胚(B)、扩张囊胚(EXB)。表示数码分别是：3，4，5，6，7。检卵的方法及要求：根据卵子的密度、形态、大小和透明带折光性等特点，先用最小的放大倍数（10 倍）找到受精卵，用无菌的玻璃丝清除卵外围的黏液和杂质。将胚胎用吸胚管吸到第1 个培养皿中，吸管先吸少量PBS 液后再吸卵，在培养皿的不同位置冲洗3 次，再在第2 个培养皿中冲洗2 或3 次，然后把所有的胚胎全部转移到第3 个培养皿中。注意要保持操作室的温度在20～25℃。

2. 胚胎的质量鉴定——形态学方法　在20～40 倍体视显微镜下观察受精卵的形态、色调、分裂球大小、均匀度、细胞密度、与透明带的间隙及变性情况等。凡是卵子的卵黄未形成分裂球及细胞团的，均为未受精卵。在正常情况下，处于不同发育阶段的羊胚胎特征明显不同，凡在发情后6～8 d 回收的16 细胞以下的受精卵，均为非正常发育卵，不能用于移植或冷冻。

(1)第2～3天的胚胎，处于2～8细胞期，可清楚地看到卵裂球，卵黄腔间空隙较大。

(2)第5～6天的胚胎为桑葚胚，只能观察到球状的细胞团，分不清卵裂球，细胞团占据卵黄腔的大部分。

(3)第6～6.5天的胚胎为紧实桑葚胚，细胞团变小，占卵黄腔的60%～70%。

(4)第6.5～7.5天的胚胎为囊胚，最初细胞团的一部分出现发亮的胚胎腔。当细胞团占卵黄腔70%～80%时，难以分清内细胞团和滋养层；当细胞团充满卵黄腔时，内细胞团和滋养层界限清晰，胚胎腔明显。

(5)第8～9天的胚胎为扩张囊胚，囊腔明显扩大，体积增大到原来的1.2～1.5倍，与透明带之间无空隙，透明带变薄，相当于正常厚度的1/3。

3. 胚胎的分级　处于发育期2细胞的胚胎，卵裂球轮廓清楚，球体饱满，透明带适中，数目吻合即定为1级；1/3卵裂球死亡可定为2级；1/2卵裂球死亡可定为3级；其余定为4级。1,2,3级胚胎均可用于鲜胚移植。

处于3～7发育期的胚胎用形态学方法进行质量鉴定，分为4级。

1级：优秀胚。发育正常，胚龄与发育期相吻合，卵裂球轮廓清楚，透明度适中，细胞密度大，卵裂均匀，无变性细胞。

2级：良好胚。发育基本符合预定胚龄，轮廓清楚，明暗适中或稍暗稍淡，细胞密度较小或小型卵裂球过多，细胞变性率为10%～20%。

3级：一般胚。轮廓不清楚，色泽过暗或过淡，细胞密度小，细胞变性率为30%～40%。

4级：不可用胚。未受精卵和变性胚。

(四)胚胎的冷冻和解冻

1. 胚胎装管　将胚胎分别在含3%,6%和10%甘油的冷冻液中待5 min;再用0.25 mL塑料细管按以下顺序吸入含10%甘油的PBS液(少量)→气泡→10%甘油的PBS液(内含胚胎)→气泡→10%甘油的PBS液,最后加热封口两道。用0.5 mL、2 cm长的塑料细管作标记外套,内装色纸或使用喷墨法,注明供体品种、个体耳号、胚胎发育阶段及等级、制作日期、序号等信息(图8-4)。

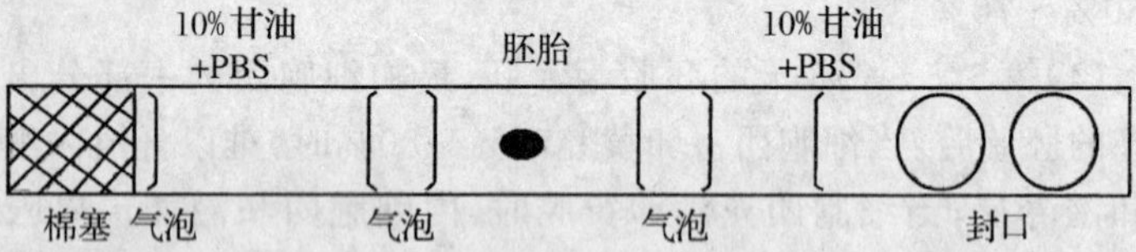

图8-4 胚胎装管示意图

10%甘油保存液的配制:取9 mL含20%羊血清的PBS液,加入1 mL甘油,用吸管反复混合15~20次,用0.22 μm滤器过滤到灭菌容器内待用。

3%和6%甘油冷冻液配制:分别取含20%羊血清、0.3 moL/L蔗糖的PBS液2 mL和3.5 mL,再分别加入10%的甘油3 mL和1.5 mL,即配成含6%和3%甘油的蔗糖冷冻液。

2. 冷冻程序 将细管直接浸入冷冻仪的酒精浴槽内,以每min 1℃的速度,从室温降至-6℃;停5 min后置冰,再停留10 min,以每分钟0.3℃的速度降至-36℃,再以每分钟0.1℃的速度降至-38℃;直接投入液氮中长期保存。

3. 冻胚的解冻 从液氮中取出胚胎,在3 s内投入38℃的温水中,浸10 s。用70%酒精棉球擦拭塑料细管,用消毒的剪刀剪去棉塞端,与带有空气的1 mL注射器连接。再剪去细管的另一端,在室温下将胚胎推入10%甘油和0.3 moL/L蔗糖的PBS解冻液中,放置5 min后依次移入含6%,3%,0%甘油的蔗糖PBS解冻液中,各停留5 min,最后移至PBS保存液中镜检待用。

（五）胚胎的移植

1. 受体移植用的器械及药品　手术台、手术刀、剪毛剪、手术刀柄、止血钳、持针器、手术刀片、缝合针、缝合线、创布、止血纱布、35 mm 培养皿、针头式细菌滤器、移植器、酒精棉球、碘酒棉球、新洁尔灭、生理盐水、液体石蜡、抗生素、止血皿、黄体酮。

2. 受体羊的标准

(1)营养良好、无传染疾病、健康、膘情中等以上。

(2)无生殖疾病，发情周期正常。

(3)年龄为1.5～6岁。

(4)受体羊与供体羊应发情同期化，允许相差±24 h，但不能超过±24 h。

3. 受体羊的同期发情　药品为氯前列烯醇，每只每次剂量为0.1 mg，采用二次肌内注射法。第一次注射在任意一天；第二次注射绵羊在第一次注射后8 d，山羊在第一次注射后9 d。第二次注射后 24～96 h 观察发情。受体羊发情之日记为零天，按胚龄要求进行移植。

4. 受体羊移植操作步骤

(1)制作移植器：将卡介苗注射器洗净烘干，拔出注射器内芯，将注射器管的前端在酒精喷灯上烧灼，拉制成长5～6 cm，直径1～1.2 mm 的细管，冷却后用小砂轮将尖端断齐，再将内芯插入管内，将断齐的口端在酒精灯上小心烧结，使其圆滑但不能变形，即制成移植器，移植器用后要立即用五蒸水冲洗干净。高压蒸汽灭菌或干热灭菌后，再次使用。

(2)受体母羊的手术移植步骤

暴露生殖器官：手术过程与供体羊相同。

移植部位：与供体羊冲胚部位一致。即输卵管冲胚进行输卵管移植，子宫角冲胚用于子宫角移植。

吸取胚胎：用移植器先吸一段长约1 cm 的保存液，再吸一段约0.5 cm的空气，然后吸取胚胎，含胚胎的液柱不能超过1.5 cm。

输卵管移植：将有黄体一侧的输卵管伞部拨开，找到管口，把装有胚胎的移植器从此处插入3～4 cm，然后将胚胎轻轻推出。

子宫角移植（鲜胚或冻胚）：将有黄体一侧的子宫角取出，用尖端磨钝的曲别针在子宫角前1/3段的中部刺一小孔，把装有胚胎的移植器从此孔中插入子宫腔内，伸至子宫角尖端将胚胎轻轻推出。

不要把移植器插入子宫壁。不论移植到哪个部位，移植液的用量一般不超过1 mL。移植后要检查移植器中是否有胚胎遗留。确认没有胚胎后才能缝合。

创口缝合：同供体缝合法。

手术结束后，注射人用黄体酮1～2支；连续3 d注射抗生素，每天2次。

（六）手术后受体羊的饲养管理

（1）受体羊要加强饲养管理，避免应激反应。

（2）妊娠受体羊在产前2个月要补充足量的维生素、微量元素，适当限制能量摄入，既要保证胎儿的生长发育，又要避免难产。

（3）根据当地的疾病发病情况，有目的的注射一些疫苗，以防胎儿流产或传染病的发生。

第九章　羊　　肉

羊肉是羊的主要生产产品。近些年来羊肉已成为我国人民膳食结构中不可缺少的食品之一,并且羊肉产量在整个肉类产量中的比例呈逐渐上升趋势。

第一节　羊肉的成分和品质

一、羊肉的营养成分

羊肉含有蛋白质、脂肪、无机盐、维生素、水分等。这些成分又因品种、性别、季节、饲料等而有所不同。此外还由于同一胴体,不同部位其组成亦不一样,胴体在贮藏过程中受酶等因素的作用而发生复杂的生理生化变化,其组成也会发生变化(表 9-1)。

表 9-1　绵羊、山羊不同年龄、性别的肌肉营养成分　　%

畜别	性别	年龄	水分	蛋白质	脂肪	灰分
山羊	羯羊	周岁	68.29	20.40	10.16	1.15
		成年	67.54	19.47	11.88	1.11
山羊	母羊	周岁	68.55	19.79	10.60	1.06
		成年	68.60	19.60	10.70	1.10
绵羊	羯羊	8 个月	61.27	14.83	23.13	0.77
		18 个月	52.83	13.22	33.25	0.70

由表 9-1 看出,肌肉营养成分中水分含量山羊比绵羊高,蛋白质含量山羊比绵羊高,脂肪含量山羊比绵羊低,灰分含量山羊比绵羊高。表明山羊肉营养价值比绵羊更显优越。同时也看到绵羊经肥育后易沉积脂肪。

二、羊肉与其他肉类营养比较

羊肉与其他肉类营养比较见表9-2和表9-3。

表9-2 各种肉类营养成分和能量比较

品种	蛋白质(%)	脂肪(%)	矿物质(%)	水分(%)	能量(MJ/kg)
牛肉	16.2～19.5	11.0～28.0	0.8～1.0	55.0～60.0	31.4～56.1
猪肉	13.5～16.4	25.0～37.0	0.7～0.9	49.0～58.0	52.7～68.2
绵羊肉	12.8～18.6	16.0～37.0	0.8～0.9	48.0～65.0	38.5～66.9
山羊肉	16.2～17.1	15.1～21.1	1.0～1.1	61.7～66.7	36.8～56.5

表9-3 各种肉类每100 g蛋白质中所含各种氨基酸量 g

种类	羊肉	牛肉	猪肉	鸡肉
赖氨酸	8.7	8.0	3.7	8.4
精氨酸	7.6	7.0	6.6	6.9
组氨酸	2.4	2.2	2.2	2.3
色氨酸	1.4	1.4	1.3	1.2
亮氨酸	8.0	7.7	8.0	11.2
异亮氨酸	6.0	6.3	6.0	—
苯丙氨酸	4.5	4.9	4.0	4.6
苏氨酸	5.3	4.6	4.8	4.7
蛋氨酸	3.3	3.3	3.4	3.4
缬氨酸	5.0	5.8	6.0	—
甘氨酸	—	2.0	—	1.0
丙氨酸	—	4.0	—	2.0
丝氨酸	6.3	5.4	—	4.7
天冬氨酸	—	4.1	—	3.2
胱氨酸	1.0	1.3	1.1	0.8
脯氨酸	—	6.0	—	—
谷氨酸	—	15.4	—	16.5
酪氨酸	4.9	4.0	4.4	3.4

从表9-2和表9-3的资料中可以看出，羊肉的蛋白质含量低于牛肉，略高于猪肉，脂肪和热能含量高于牛肉，低于猪肉。氨基酸中的赖氨酸、精氨酸、组氨酸、丝氨酸含量高于牛肉、猪肉和鸡肉，所含维生素B_1和维生素B_2也较其他肉类多。另外羊肉中胆固醇含量很低，每100 g羊肉脂肪中含有胆固醇仅29 mg、大牛肉含106 mg，犊牛肉含140 mg，猪肉含60～70 mg，兔肉含65 mg，低于其他肉类。人对羊肉的消化率也较高，所以羊肉在肉类中更具保健性。

三、羊肉的品质

羊肉的品质好坏主要受品种、性别、年龄、体重、饲料种类与成分、胴体特性、肥度、屠宰季节等因素所影响。

（一）胴体形状　理想的胴体形状应该是体躯粗短，背腰宽平而深，骨骼轻细，肋骨拱圆，背肉厚而匀称，后躯臀部丰满，颈部与胫骨要短，将胴体倒挂起来，两后腿之间应呈明显的“U”形，而应不是“V”形。

（二）肥度　胴体要求肥度适中。胴体上的肉、骨骼与脂肪三者的比例好，肉的比重要高，骨骼要低，脂肪含量要适中。在胴体表面应有一层较薄而均匀的脂肪覆盖，而在肋骨的内部表面应有一层极薄的脂肪层分布。脂肪在肌肉中应呈大理石纹状分布。

（三）胴体品质　胴体品质是指肉的食用品质，是根据脂肪含量、瘦肉量及其分布情况、鲜嫩度、多汁性与味道等特性来评定。品质好的羊肉，应该质地坚实，鲜嫩味美，颜色鲜艳，呈浅红和鲜红色，肉呈大理石纹状态，背脂分布均匀而不过厚。脂肪必须坚实，色白、黄色者不佳。

四、羊肉的分等标准和切块

（一）国外羊肉分等标准　国外将绵羊肉胴体分为两类：大羊肉（mutton）和羔羊肉（lamb）。前者指周岁以上换过门齿的羊，后者指生长不满1年，完全是乳龄的羊，其中生后4～6月龄屠宰的称为肥羔(fatlamb)。

1. 大羊肉胴体的分等标准

上等：胴体重25～30 kg，肉质好，脂肪含量适中，第六对肋骨上部棘状突起上缘的背脂厚度为0.8～1.2 cm。

中等：胴体重21～23 kg，背部脂肪厚0.5～1.5 cm。

下等：胴体重17 kg以上，背部脂肪厚度0.3～2.0 cm。

等外：肉质有恶味，脂肪黄色，因屠宰时外伤或其他原因造成的变质部位多，以及卫生检验时割除部分较多。

2. 羔羊肉胴体的分等标准

上等：胴体重19～22 kg，背脂厚度0.5～0.8 cm。

中等：胴体重17 kg，背脂厚度较上等的多或少。

下等：胴体重15 kg，背脂厚度0.3 cm。

等外：肉质有恶味，脂肪黄色，卫生检验时割除部分较多。

3. 胴体切块分等(图9-1)

绵羊的胴体大致可切成8大块，分3个商业等级，其等级类别及所占比例如下：

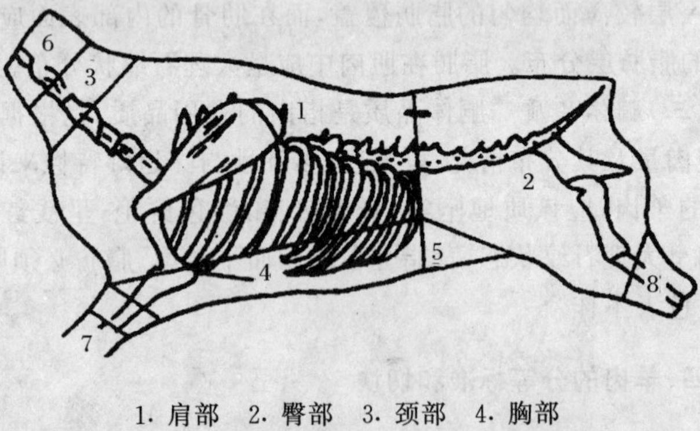

1. 肩部　2. 臀部　3. 颈部　4. 胸部
5. 腹部　6. 颈部切口　7. 前腿　8. 后小腿

图9-1　羊胴体切块图

一等肉占75%:包括:肩部(35%)、臀部(40%)。

二等肉占17%:包括:颈部(4%)、胸部(10%)、腹部(3%)。

三等肉占8%:包括:颈部切口(1.5%)、前腿(4%)、后小腿(2.5%)。

胴体上食用价值最高部位是臀部、肩部和腰部,这些部位与其他部位比较,富有优质瘦肉,是羊肉精品部位。

(二)中国绵羊肉的规格标准

一级:肌肉发育最佳,骨不外露,全身覆盖脂肪合适,在肩胛骨上附着柔软的脂肪层。

二级:肌肉发育良好,骨不外露,全身覆盖脂肪合适,肩胛骨稍突起,脊椎上附有肌肉。

三级:肌肉不甚发达,仅脊椎、肋骨外露,并附有细条的脂肪层,在臀部、骨盆部有瘦肉。

四级:肌肉不发达,骨骼显著外露,体腔上部附有脂肪层。

第二节 羊肉的性状评定

羊肉的性状,包括肉的颜色、嫩度、失水率、氢离子浓度(pH)、气味(膻味)、熟肉率等。

一、羊肉的颜色

羊肉的颜色,又叫肉色。依肌肉与脂肪的颜色来决定,但又与性别、年龄、肥度、宰前状态有关,如放血的完全与否、冷却、排酸、冻结等加工环节有关。就绵羊而言,成年绵羊的肉呈鲜红或红色,老母绵羊肉呈暗红色,而绵羊羔羊肉呈淡灰红色。

正常的羊肉颜色为红色,这是因为在肌肉中含有红色的肌红蛋白和血红蛋白,肌红蛋白越多,肉的色泽越红,肌红蛋白在肌肉中数量，与品种和年龄有关。羔羊肉为3～8 mg/g，成年的公羊和母羊肉中可高达12～18 mg/g。羊宰杀之后即使放血充分，在微细的毛细血管中仍会残留少量的血液。血液中血红蛋白的含量对肉的颜色有直接关系。

放牧的羊比舍饲的羊肉中含有较高的肌红蛋白，故肉色发暗。用高营养水平和用含铁少的饲料所喂饲的羊，肌肉中肌红蛋白少，其肌肉色泽较淡。剥离后的羊肉，放置在空气中经过一定时间，其肉可由暗红色变成鲜红色或褐色。肌肉颜色的变化大都是由于肌红蛋白分子氧化造成。冷却或冻结过或经过长期保藏的羊肉，肉的颜色也会发生变化，这是肌红蛋白受空气中氧作用造成的。

羊肉颜色的测定方法有目测法和仪器测定法两种。目测法是将胴体分割后，目测肋肌、腰肌、后腿肌肉的色泽，白天要在室外阳光直射的正常光线下观察，不能在暗光处观察。仪器测定方法是根据肌肉颜色对光的反射强弱设计的仪器来测定。

二、羊肉的嫩度

羊肉的嫩度实际上是指煮熟的肉入口后在咀嚼时对碎裂的抵抗力，常指煮熟的肉加工烹饪成熟制品的肉的柔软、多汁和易于被嚼烂的程度。相反的是肉的韧度，指在肉被咀嚼的过程中不易嚼烂的程度。影响羊肉嫩度的因素很多，与品种、性别、年龄、肌肉的结构(即肌纤维直径)及宰杀后的成熟作用和冷冻方法等有关。如羔羊肉或肥羔肉，由于肌纤维细，含水分多，结缔组织少，所以其肉质就比老龄羊的肉质细嫩。

羊肉在加热的处理过程中，因加工条件的不同，有时可提高肉的嫩度，有时则会降低肉的嫩度。这是因为肌肉组织在加热过程中起了物理及化学的变化之故。根据人们日常的生活经验，在煮肉时，开锅后肌肉收缩变硬，此时应改用文火煮，时间略长点，煮熟的肉易烂，且易咀嚼。

研究表明，宰杀后胴体的分割时间、胴体温度同肉的嫩度有密切关系。羊宰杀后，胴体剔骨(或分割)有两种方式：一种是宰杀后的胴体，立即剔骨(分割)称热剔骨；另一种是将胴体冷却到0～7℃时再进行剔骨(分割)称冷剔骨。用冷剔骨法时，不要使胴体的温度迅速下降，以免肌肉发生强烈的收缩，而降低肉的嫩度。所以要求羊 宰杀后，先进行温度平衡预冷处理，在10 h之内，胴体温度逐渐降至8℃，这样就不会产生过冷使肌肉收缩现象而影响嫩度。

羊肉嫩度评定通常采用品尝评定和仪器评定两种：品尝评定是传统的也是最基本的方法；仪器评定方法有多种，应用比较广泛的是剪切测定法，这种测定羊肉嫩度的方法是客观评定法。即采用C-LM型肌肉嫩度计，以千克为单位表示。数值越小，肉越嫩；数值越大，肉则越粗硬。

三、羊肉的失水率

羊屠宰后，肌肉蛋白质变性的最重要表现是丧失保持水分的性能，羊肉的失水率是羊肉的主要物理指标之一。一定面积和一定厚度的肌肉样品，在一定外力作用下，失去水分重量的百分率称为肌肉的失水率，用此法可间接反应肌肉间系水率(或保水性)。失水率越高则系水率就低。羊肉失水率受羊的年龄、肌肉酸碱度的影响。肌肉系水率是动物宰杀后肌肉蛋白质结构和电荷变化的极敏感指标，直接影响肌肉的风味、嫩度、色泽、加工和贮藏的性能，具有重要的经济意义。羊肉的失水率比牛肉和猪肉的失水率高。

据中国农业科学院畜牧所的研究结果，德国美利奴羊同小尾寒羊杂交的杂一代公羔背最长肌肉的失水率为(9.24±1.85)%，股二头肌为(11.31±1.75)%；无角陶赛特羊公羊同小尾寒羊母羊杂交的杂一代公羔失水率相应为(10.71±2.42)%和(9.92±2.54)%。

测定方法：取背最长肌腰椎肉在光滑木板上横切1 cm厚的肉

片，再用特制的直径为2.523 cm的取样器于肉片中央钻取供试肉样，精确度要求为0.01 g，用感量为0.01 g的扭力天平称量测试用肉样(W_1)，在肉样上、下各覆盖一层医用纱布，纱布外各垫18片定性分析滤纸，滤纸外各垫一层硬质书写塑料垫板，然后将垫好的肉样放置于压力仪的平台上，用均匀速度缓慢摇动压力仪的摇把，使平台上升直至压力计百分表上显示相当于35 kg的读数，并保持5 min，然后迅速松动摇把，压力表读数指针恢复原位上，取出被压肉样，立即在天平上称重(W_2)。计算公式如下：

$$肌肉失水率=(W_1-W_2)\div W_1\times 100\%$$

式中：W_1 代表压前肉样重(g)；W_2 代表压后肉样重(g)。

四、羊肉的酸碱度

肌肉氢离子浓度是反映羊只宰杀后肌糖原酵解速度和三磷酸腺苷(ATP)的水解供能变化的最重要指标。活的家畜肌肉的氢离子浓度在63.09～79.42 nmol/L(pH7.1～7.2)，呈中性。放血后经1 h，下降到39.81～63.09 nmol/L(pH5.8～6.0)。

氢离子浓度的意义，直接影响到肉的风味和肉的色泽与嫩度，而肉pH的变化也与存放时间和环境温度有关。用肉的pH更可以判断鲜肉的变化情况。当肉开始腐败时，其氢离子浓度从酸性到碱性。健康新鲜肉pH值为5.7～6.2，可疑新鲜肉的pH为6.3～6.6，pH值在6.7以上属于不新鲜肉。肌肉氢离子浓度测定较合适时机，是在动物宰杀后45 min。宰杀后24 h测定为最终值。

绵羊肉的氢离子浓度，背最长肌：杂交羊为pH 5.6，本地羊为pH 6.10；股二头肌相应为pH 5.8和pH 5.4。

五、熟肉率

熟肉率是测定肌肉在烹饪过程中的保水情况。熟肉率高，表示肌肉在烹饪过程中的系水力高(孙玉民等,1993),肌肉受热之后,蛋白质在受热过程中变性凝固失去水分重量的程度,这是消费者十分关心的一个具有实际意义的实用指标。采用常规方法,取右半胴体腿部肌肉500～1 000 g,放置于有沸水的铝锅蒸屉上,加盖蒸60 min,取出蒸熟肉样,用铁丝钩挂于室内无风阴凉处,静止(冷却)30 min,再称蒸熟肉重(W_2)。

熟肉率$=W_1/W_2\times100\%$

式中:W_1 蒸前肉重,W_2 蒸后肉重。

六、肉的成熟

绵山羊屠宰后,将胴体放置在一定温度下(0～4℃),由于酶的酵解作用肌肉组织发生一系列生物学变化,使肉的风味和食用价值大有改善,这一过程称之谓肉的成熟,也叫后熟。

把刚宰杀的绵羊、山羊肉马上进行烹调食用,则肉汤混浊、缺乏香味,嫩度差,口感粗糙;反之,如把肉放在一定温度下经过2～5 d使之成熟,这种羊肉更显得鲜美,有风味、多汁而嫩,肉汤透明清香。在成熟过程中肌肉由原来的pH值中性或弱碱性变为酸性,pH值一般由7.1～7.2下降到5.6～5.8。

肉成熟的时间和条件受温度、动物种类、动物生前的营养等因素影响,通常温度高时,肉的成熟过程相对加快,在5℃时牛肉需8～10 d,猪肉需4～6 d,鸡肉0.5～1 d,羊肉则与猪肉相似,如果在0℃条件下,羊肉则需10 d,在12℃时只需5 d。25～29℃时几个小时就完成成熟过程,但高温容易引起微生物繁殖,造成肉质腐败。通常是把胴体放在2～4℃条件下放置2～3 d,使其逐渐成熟。

七、羊肉的气(膻)味

羊肉的气(膻)味是肉的风味指标之一,羊肉的气味来源于

3个方面。

(一)生理　就是羊本身特有的膻味，羊肉的膻味受年龄、性别、去势与不去势的影响。通常公羊比母羊膻味重(尤其公山羊)，年老的比幼龄的膻味重，未去势的比去势的膻味重。

(二)喂有异味的饲草　如育肥羊期间，喂给羊有异味的草如草木犀、沙打旺等牧草，其肉更有异(苦)味。

(三)屠宰前给羊口服或注射某种药物　如注射樟脑则其肉会带有异味。还有其他因素使羊肉产生异味。

对羊肉气(膻)味的鉴别，最简便的方法是煮沸品尝，可取右半前腿肉500～1 000 g，放入铝锅内蒸约60 min，取出切成薄片，放入盘中，不加任何佐料，凭咀嚼感觉来判断膻味的浓淡程度。

第三节　羊产肉力的测定

通常在评定肉羊产肉力时，评定的项目有：胴体重、屠宰率、净肉重、净肉率、胴体产肉率、骨肉比等。一般在胴体静置30～40 min后，依次测定。

一、屠宰率

屠宰率是衡量肉羊产肉性能的重要指标之一。将静置后的胴体称重后，计算出屠宰率。其计算公式是：

屠宰率＝(胴体重/宰前活重)×100％

式中：胴体重为宰前活重减去头、血、内脏、腕关节以下的肢蹄及皮的重量

将称重后的胴体从颈部至尾椎沿着背中线部分成左右两片，左片为软半，右片为硬半。为测算胴体各项产肉力指标的方便、精确、省时，通常仅半个胴体的百分值代表整个胴体重。

二、净肉率

胴体经剔骨之后，以实际称得净骨重（允许带肉不超过300 g）用原胴体重－净骨重得出净肉重再计算出净肉率，其计算公式是：

净肉率＝（胴体重－骨重）/宰前活重×100%

三、胴体产肉率

胴体净肉率即胴体重与净肉重之比，其计算公式是：

胴体产肉率＝净肉重/胴体重×100%

四、骨肉比

胴体经精剔净肉后，称实际的全部骨骼重量，计算出骨与肉之比。其计算公式是：

骨肉比＝骨重/净肉重×100%

五、眼肌面积测定

眼肌是沿脊椎两侧的纵长肌肉（在育种上称眼肌，解剖学称背最长肌）。它具有3个特点：一是在胴体肌肉中最长与全身产肉量高度正相关性；二是肉品质最优；三是在肉质评定和肌肉化学成分分析时采取这块肉的特定部分作肉样。

利用背最长肌对全身肌肉相关性强的特点，在特定部位测定其横断面积，用来评价肌肉产量。在同一品种中，凡眼肌面积大，瘦肉率就高；反之，则瘦肉率较低。在生产上常用横切眼肌断面的面积大小和该断面大理石纹的明显程度来表示肌肉产量和质量。大理石纹由第十二和第十三肋骨处横切的眼肌剖面观测评定。

眼肌面积的大小是衡量肉羊胴体的品质的指标之一。有两种测量方式：一种方式是从胴体的第十二肋后缘横切断；另一种是硬半片胴体，部位也是在第十二肋后缘顺切开。测量用硫酸纸描绘眼肌横断面轮廓图方法：

将硫酸纸贴在横断的眼肌面上，用软质铅笔沿眼肌面积的边缘描下轮廓。以求积仪或坐标方格纸计算眼肌面积，若无求积仪，可采用硬尺，准确地测量眼肌的高度和最宽度。用下列公式计算：

眼肌横断面积＝眼肌高度×眼肌宽度× 0.79。

此法评定眼肌面积较为简便，准确且效率高。

第十章　羊场建设及设施

我国养殖绵山羊的区域广，生态环境条件极复杂，社会经济条件有差别。同时，不同地区发展养羊生产的方向和目标不同。所以，羊场规模、羊舍种类和结构、设施简繁方面各地也不相同。

随养羊生产水平的提高，尤其是养羊业发达的地区，种羊场、繁育场的兴建，要求在羊场规划、羊舍结构、设施配套方面日尽完善。而放牧或半放牧地区和商品羊场(户)，应更注意实效，建造和设施要求简易实用，以降低成本。

将来，集约化、现代化的肉羊生产发展，需要在羊场规模设计、基础设施方面考虑充分满足羊的生理和生长的要求，以保证其生产性能的充分发挥，所以羊场的建设和设施，一要因地制宜，二要着眼于今后，最终目标是实现养羊生产现代化。

一、场址选择和总体布局

(一)场址选择的基本要求

1. 地势要高燥向阳，土质好　因为潮湿的环境对肉羊的生长、繁殖、防病等均有不利影响，故羊场应建在地势较高，南坡向阳、排水良好和通风干燥的地方。切忌在低洼滞地、山洪水道内和冬季风口处建场。对土质的要求是，应选择透水性强、毛细管作用弱、吸湿性和导热性小、质地均匀和抗压性强的沙质土壤。这种土质利于羊舍干燥清洁、冬暖夏凉，能减少羊疾病的发生。黄土和黏土质不宜作羊场场址，因其透水性差、吸湿导热性大。建筑羊场后如果羊舍潮湿、冬天寒冷、夏天闷热，羊易生病。

2. 保证草料水供给　按气候环境和饲养体系肉羊生产体系分为4大类：a. 集约化生产体系，即冬、春季舍饲，夏、秋季放牧，尤其适于寒冷气候;b. 半集约化生产体系,即全年依靠粗饲料和精料饲养,同时每天在人工牧草地进行少量时间的放牧,适于炎热和寒冷气候;c. 家庭式生产体系,即全年以青绿饲料饲养,补喂少量的精料和干草,基本不放牧,适于炎热和潮湿气候;d. 粗放式生产体系,即全年放牧天然植被,视情况在冬、春补饲少量精料和干草,适于炎热气候。但无论哪种生产体系,都要保证有足够的饲草料和清洁而丰富的水源。例如,在我国的北方牧区和农牧结合区,要有足够的四季牧草和打草场;南方的草山、草坡区和大面积人工草场区,要安排合理的轮牧草场;以舍饲为主的农区、垦区及集中育肥区,应有充足的饲草料基地或饲草料来源。肉羊饮水以泉水和深井水为最好,切忌在水源季节性不足或受到严重污染的地区建场。

3. 交通便利　从羊场防止疫病传播的角度考虑,应注意与居民点、附近单位及畜群保持一定距离。但从有利于商业性生产的角度考虑,羊场距离公路、铁路等交通要道远近适宜,以保证交通和运输较为便利,也能得到充足的能源供应和方便的通讯条件。

4. 全面考虑发展计划　羊场的发展计划既要与当地畜牧业发展规划相一致,又要与肉羊业发展趋势相吻合,以便确定生产方向和规模。同时,羊场应建在当地主要发展品种的中心,以利于生产的组织与安排。在肉羊生产中,羊场所在区域内最好具备屠宰、加工和冷藏条件,以避免育肥羊只的大运大调。

(二)羊场内整体布局的基本要求　在设计新上羊场或改造旧房舍为羊场时,必须按照一个既定的总体规划来安排布置房舍、围栏、圈舍等。一般要考虑以下几个方面的因素。

1. 确定生活区的位置　生活区一般安排在地势较高、排水良好、通道较多的上风头处,最好能看到全场的其他房舍。办公室和住房朝向应有利于采光(寒冷地区)或遮阳(热带),距离场外大道保持在 40～50 m。

2. 羊舍朝向一般以南为宜　在北方应考虑便于采光和避风;

在南方要考虑既能遮阳，又可避风暴侵袭。

3. 有利于提高工作效率 生活区与羊舍等建筑物距离应较近，工人上下班步行方便。羊舍通向草料库、牧地等设施的交通也应以方便为宜；但应保持一定距离，以利于防火。

4. 要考虑全场整体的美观 生活区要适当种植花木，以增加美观。粪肥及难看的物体应隐蔽或者在前面种植树木作为遮掩屏风。围栏与房舍应经常维修、院落、通道、羊栏等应保持清洁。

二、羊舍建筑的要求和类型

（一）羊舍建筑的要求 建造羊舍的目的是保暖防寒，便于南方区降温防暑，北方区防冻免受风寒侵害。同时，利于各类羊群管理。专业性强的规模羊场，羊舍建造应考虑不同生产类型绵羊、山羊的特殊生理需求，以保证羊群有良好的生活环境。

合理的羊舍要求控制光照、温度、湿度、气流和有害气体成分。小型种羊场或农户羊舍控制主要有害气体成分即可。羊舍温度要求冬季在0℃以上，夏季舍温不应超过30℃，冬季产羔舍保持在8℃以上。羊舍要保持干燥，地面不潮湿。建造楼式舍或离地高床可解决羊舍潮湿问题，南方多雨地区宜采用。舍内相对湿度应保持在50%～70%。采光系数要求，成年羊舍是1∶(15～25)，产羔羊舍的采光系数应小。羊舍光照入射角应不小于25°，透光角不小于5°。

生产方向和生长发育阶段不同，羊的羊舍面积也有差别。设计时，羊舍过小，舍内易潮湿，空气污染严重，对健康不利，管理不便，影响生产效果。羊舍建造过大，浪费财物，同样管理不便，而且还加大建场成本，也不利于冬季保温。一般肉用羊每只需要面积1～2 m^2，种公羊（单饲）4～6 m^2，种公羊（群饲）2～2.5 m^2，青年公羊0.7～1 m^2，青年母羊0.7～0.8 m^2，断奶羔羊0.2～0.3 m^2，商品肥羔（当年羔）0.6～0.8 m^2。羊舍设置运动场面积应为羊舍的2～3倍，产羔舍内附设产房，房内有取暖设备，必要时可以加温，产羔舍面积按产羔母羊数的25%设计。

(二)羊舍基本结构　羊舍由屋顶、顶棚、墙、门、窗、地面、楼板、基础等部位组成。

1. 地基和基础　地基是支撑建筑物的土层，简易的小型羊舍，因负载小，一般建于自然地基上，要求有足够的承重能力和厚度，抗冲刷力强，膨胀性小，下沉度应小于2～3 cm。

基础：墙壁没入土层的部分，是墙体的延续和支撑。要求具备坚固耐久、抗机械能力及防潮、抗震、抗冻能力强。一般基础比墙宽10～15 cm，可选择砖、石、混凝土、钢筋混凝土等作基础建筑材料。

2. 墙和隔墙　主要对羊舍起保温作用。因冬季通过墙体的散热量占畜舍总散热量的35%～40%。不论采用土墙、砖墙、石墙，都应考虑造价低，保温好，易消毒。砖墙最常用，砖墙厚度分为半砖墙、一砖墙和一砖半墙。温带地区也有用铝板、玻纤板做保温隔热墙。南方农村建非承重墙采用当地竹木作隔墙，透气凉爽，保温性差，但也实用。

3. 屋顶　保温隔热作用相对大于墙。舍内因上部温度高，屋顶内外的温度大于墙内外的温度。通常采用多层建筑材料，增加屋顶的保温性。单坡式屋顶用于单列式羊栏的小型农户羊场。双坡式屋顶，用于双列式羊栏的中型羊场。

4. 地面和羊床　北方通常采用地面作羊床，供羊只卧息，排泄粪尿。一般要求地面保温性好，用导热小的材料建造。地面处理采取夯实黏土或三合土，即石灰∶碎石∶黏土＝1∶2∶4。地面处理要求致密、坚实、平整、无裂缝、不硬滑，达到卧息舒服，防止四肢受伤或蹄病发生。不渗水，地面应有1.0%～1.5%的斜度，便于排污，利于清扫、消毒，能抗消毒液侵蚀。采用砖铺地面，效果也很好。

南方地区采用竹木漏缝地板作羊床，上述条件均可达到要求，是最佳的羊床。

5. 天棚　寒冷的地区，可增设天棚，以降低羊舍净高，既可以贮放冬草,又起到保温作用。南方温暖地区不考虑天棚设计。楼式羊舍让羊冬住楼下,楼上贮草,也有天棚的效果。夏住楼上,干燥清洁。

6.门和窗 开设门以能保证羊可自由出入,安全生产为目的。羊舍门应向外开,不设门槛。视羊舍大小设1或2个门,一般设于羊舍两端,正对通道。大型羊舍门宽度2.5～3.0 m,高度2.0～2.5 m。寒冷北方地区可设套门。

窗宽1.0～1.2 m、高0.7～0.9 m,窗台距地面高1.3～1.5 m。

(三)羊舍的类型

1.长方形羊舍 这种羊舍适合两种地区。

(1)以放牧为主的地区:羊多在露天过夜,仅在冬、春季,产羔期在舍内休息,其饮水、补饲多在运动场上进行,故舍内布局、结构比较简单。

(2)以舍饲为主的地区:舍内应有固定的草架、饲槽、饮水槽,也可将其设在运动场上。舍内布局和结构可以选择单列式(不设走道的,有关设施沿墙而设;设走道的,走道以靠北墙为宜);双列式(对头排列则中间设走道,走道两侧建带有颈枷或斜架的固定饲槽,对尾排列则把走道、饲槽等靠前后墙而设)。羊舍内走道用水泥、砖石铺设。运动场面积应为舍内的3倍,并有遮阳设施。

2.棚舍结合羊舍 这种羊舍适用于冬、春天气较暖的地区。有两种主要形式:一是利用原有羊舍一侧墙体,修成三面有墙,前面敞开的羊棚。羊平时可在棚内过夜,气候不适时可进入羊舍内。二是三面有墙,向阳避风面高为1.0～1.2 m,上部敞开的矮墙,矮墙外面为运动场的羊棚。

3.楼式羊舍 这种羊舍在南、北方均有(图10-1)。其主要特点是:a.夏季气候炎热、多雨、潮湿时,羊可住在楼上;冬、春冷季,楼下经清理即可为羊圈,楼上则可储存干草。b.楼板多以木条、竹片铺设,其间隔1.0～1.5 cm,离地2.0～2.5 m。c.可单独修建,增设阶梯,训练羊上楼,也可依山而建,舍门设在山坡上,更为方便。

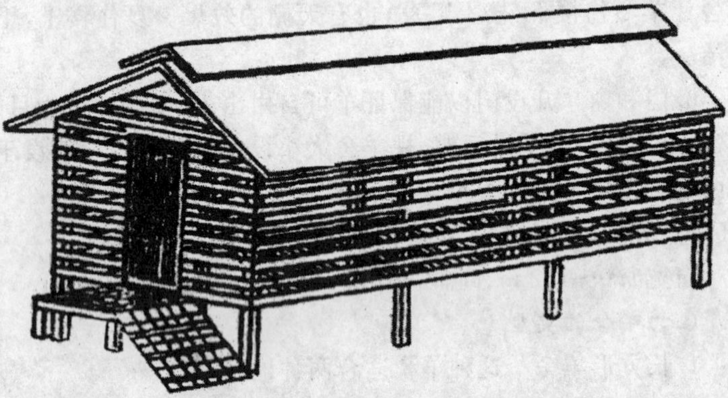

图 10-1 具有漏缝地板和墙的支柱式羊舍

(适用于热带地区,Gatenby 等,1985)

4. 农膜暖棚式羊舍 这是一种经济合理、灵活机动、方便实用的棚舍结合式羊舍。其特点是可利用白天蓄热和羊体自身产热来提高夜间舍内温度;可大可小,节省能源,能降低成本;建造和操作技术容易掌握,效益显著。

(1)结构形式:目前的农膜暖棚羊舍主要有两种形式:一是以原有三面有墙的敞棚圈舍为基础,在距棚前房檐 2～3 m 处筑一高 1.2 m 左右的矮墙,矮墙中部留约 2 m 宽的舍门,矮墙顶端与棚檐之间用木杆或木框支撑,上面覆盖农膜,并用木条固定,农膜与棚檐和矮墙连接处用泥土压紧,防止透风,舍门以门帘遮挡,东、西两端墙上各设一个进气孔,离地 1.5 m,排气窗设在棚顶最高处,其大小与排气孔相称,并可以调节;二是完全采用钢骨架为主体,围墙及所有部件也均为组合体,其空气调节方法与前一种形式相同,此形式又称为太阳能活动暖棚。

(2)操作技术要点:一是室温调节技术,出牧前要提前打开进气孔、排气窗和圈门，待室温降到与棚外气温大致平衡时再让羊出来，中午阳光充足时，关闭舍门及气窗(孔)来提高棚内温度；二是农膜因老化或碰破后要及时修补；三是要保持棚内及地面干燥，及时清理地面，勤垫干土；四是棚舍大小依羊多少而定，每只母羊平均占棚内面积1.0～1.2 m^2。

(3)使用效果：此棚舍基本能保证北方羊的越冬需要，通常在棚外气温为－5～0℃时，棚内温度比棚外提高5～10℃，在棚外气温降到－30～－20℃时，棚内温度比棚外可提高20℃左右。

三、人工授精室及兽医室

(一)人工授精室　人工授精是良种快速推广的重要技术手段之一，也是提供可靠的配种记录、降低种公羊饲养费用和减少羊疾病传播的有效途径。因此，有条件的种羊场应建立人工授精室，而在羊饲养较为集中的地区则应建立人工授精站(点)，并逐步形成网络。

人工授精室与人工授精站仅在规模和布局上略有差异，均应包括采精室、精液处理室和输精室(图10-2)，各室面积分别为8～12 m^2、10～12 m^2 和20～25 m^2。室内要求光线充足，地面坚实，空气新鲜。各室之间应互相连接，以便于各工作环节的连续操作。人工授精室内应配备齐全的器材和药品，防止伤害精子。

(二)兽医室　羊场应建有兽医室，以便能及时对羊进行疾病防治。其位置应与羊舍保持相应距离，室内配备常用的消毒器械、诊断器械、手术器械、注射器械和药品等，室外应装有保定架等。

四、肉羊饲养场的常用设备

(一)饲槽和饲草架　饲槽和饲草架主要用来饲喂饲草、饲料或青贮饲料，要求能保护饲草、饲料不受污染和减少浪费，其主要类型有移动式、悬挂式、固定式和结合式4种。

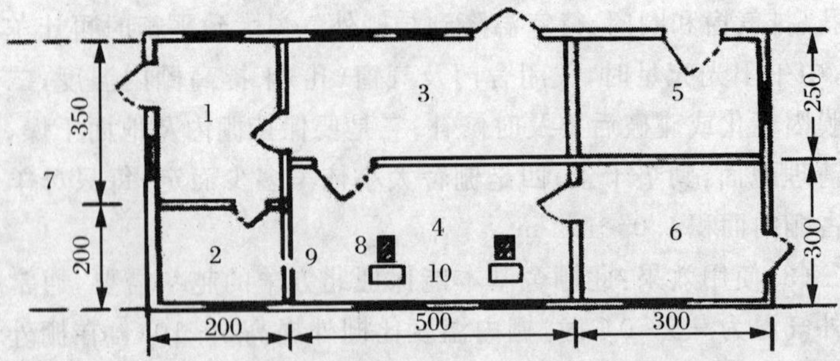

1. 采精室　2. 精液检查室　3. 输精等待室　4. 输精室
5. 贮藏室　6. 已输精母羊室　7. 公羊圈　8. 输精架
9. 送精窗口　10. 输精坑

图 10-2　人工授精站平面图(cm)

1. 移动式饲槽　可用木板或铁皮制作,大小和尺寸可灵活掌握。为防止羊踏翻饲槽,可在饲槽两端安装临时性的,但装拆方便的固定架,若固定架设在采食一侧,最好从架的横杆处垂直装上能伸进羊头的倒钥匙形(图 10-3a)或 T 形孔,以防羊进槽;若为铁皮饲槽,要在表面喷以防锈涂料(图 10-3b)。此类饲槽适用各种羊只舍饲时喂料。

2. 悬挂式饲槽　将长方形饲槽两端的木板改为高出槽缘约 30 cm的长方形木板,在木板上端中心部位开一圆孔,用一长圆木棍从两孔中插入,再用绳索紧扎圆棍两端后,悬挂在羊舍补饲栏上方。此类饲槽适于断奶前羔羊补饲用,故其高度应以羔羊吃料方便为宜。

3. 固定式饲槽　这种饲槽可用砖石、水泥砌成,按形状可分为长形和圆形两种,适用于以舍饲为主的羊舍。

(1)长形饲槽:一般设在羊舍内、运动场上或专门的补饲场内,可平行排列或紧靠四周墙壁而设。通常在双列对头式羊舍内,饲槽修在中间走道两侧,而在双列对尾式羊舍内,饲槽应修在前后墙走

(a)钥匙孔形饲槽

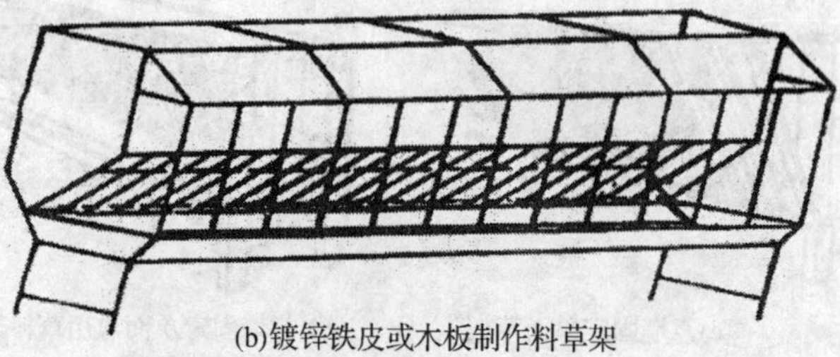

(b)镀锌铁皮或木板制作料草架

图 10-3　两种新型的草料架(槽)

道一侧,若为单列式羊舍,饲槽应修在靠北墙的走道的南侧。饲槽要上宽下窄,槽底呈圆形,尺寸为上宽约50 cm,深20～25 cm,槽高40～50 cm。

(2)圆形饲槽:一般设在运动场或专门的补饲场(图 10-4)。建造方法是在一个高 40～50 cm 的方形或圆形支架上铺设直径约2 m的圆形底盘,其边缘高出盘底约 15 cm,在离边缘 15 cm 之内,围高40～50 cm 的圆筒,靠底盘的圆筒下边每隔10 cm 左右留一宽12 cm、高 20 cm 的方孔,再在圆筒内装置一直径与圆筒内径相同的圆锥形光滑隔板。当把草或料加在盘上圆筒内、隔板上时,草料将不断地从方孔中滑落到圆盘边缘处的食槽内。

4. 结合式饲槽　常用的是栅栏式长形槽架,是一种结构简单、实用方便的草料两用饲槽(图 10-4)。其结构为,先用竹条、木条或

(a)长方形两面草架

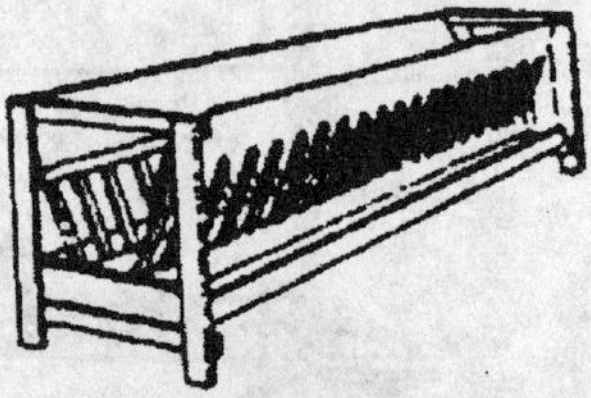

(b)凹形两面联合草料架

(c)靠墙固定单面草架

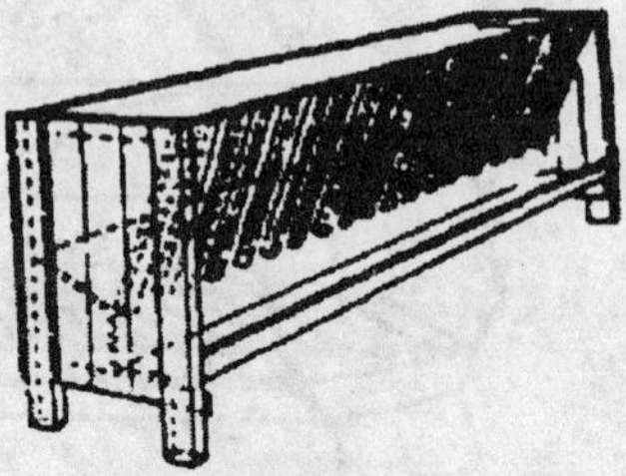

(d)靠墙固定单面兼用草料架

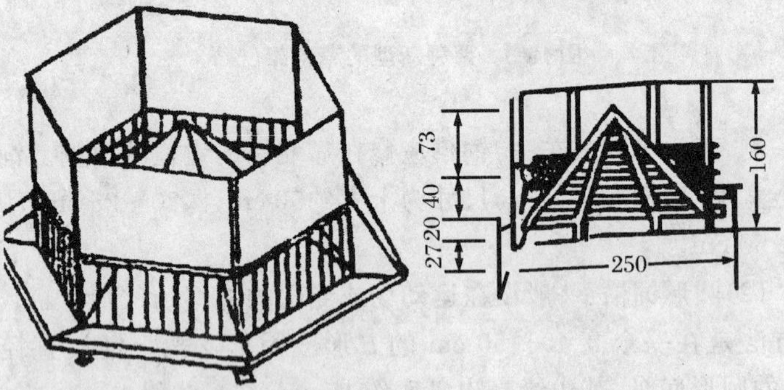

(e)适于投饲青饲料的六角形饲料和草架(cm)

图 10-4 各种常用的草料架(槽)

钢筋、三角铁加工成宽 80～100 cm，长 3～5 m 的栅栏，栏间距离 6～8 cm；当饲槽为靠墙的固定饲槽时，可在紧靠饲槽的墙上分两排各固定 2 个铁钩，把栅栏下横梁挂在下排的 2 个铁钩上，其上横梁用2根两头带钩的钢筋与墙成35°～40°，分别挂在上排的2个铁钩上，带钩钢筋同时起支撑作用。若饲槽为两侧同时饲喂的固定式长方形饲槽时，可在饲槽两端用钢管或三角铁固定一个其平面与饲槽垂直的T形架，在T形架横梁两端及与槽底等高的架脚两侧各安一个铁钩，再将两个栅栏成60°～70°夹角挂在T形架上。上述两种槽架既可补草喂料，又可随时拆下另用。

（二）各种用途的栅栏

1.母仔栏及其他围栏　它是为羊场母羊产羔、瘦弱羊隔离而设的。一般为两块栅板用铰链连接而成（图10-5a）。将此活动木栏在羊舍角隅成直角展开，并将其固定于羊舍墙壁上，可围成1.2 m×1.5 m的母仔间，供一只母羊及其羔羊单独停留用。如将此栅板成直线安置，则既可代羊舍隔间用，也可结合重叠围栏（图10-5b）或三角架围栏（图10-5c）用于围成羔羊补饲栏或隔离有关羊只。母仔栏的数量一般为母羊数的10%～15%。

2.羔羊补饲栅　主要用于羔羊补饲。可将多个栅栏、栅板或网栏在羊舍或补饲场靠墙围成足够面积的围栏，在栏间插入一个大羊不能入内，羔羊能自由出入的栅门（图10-6a）。栏内食槽可放在中央（图10-6b）或依墙而设（图10-6c）。

3.活动式分群栏　在大、中型肉羊饲养场内，为了提高羊鉴定、分群、防疫注射、药浴、驱虫等工作的效率，通常要设有比较结实但可活动的分群栏。分群栏可用栅栏组成，通道的宽度比羊体稍宽，羊在通道中央只能单行前进而不能回头；通道长度视需要而定，其两侧可设置若干个与通道等宽的小圈门，由此门的开关方向决定羊去路（图10-7）。

（三）磅秤及羊笼　为了定期称量羊的体重，掌握饲养效果等情况，肉羊场应设置小型磅秤，并在磅秤上装置木制或钢筋制的长方形羊笼。羊笼一般长1.4 m，宽0.6 m，高1.0 m，两端安置活门供羊进出。为减少抓羊时间，可将羊笼及磅秤安放在分群栏的通道入口处。

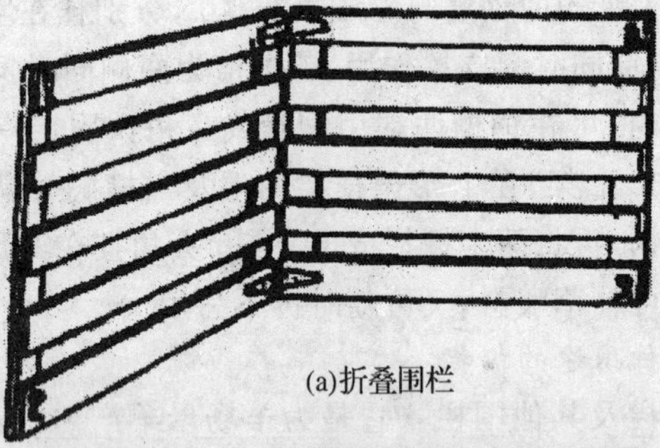

(a)折叠围栏

(b)重叠围栏

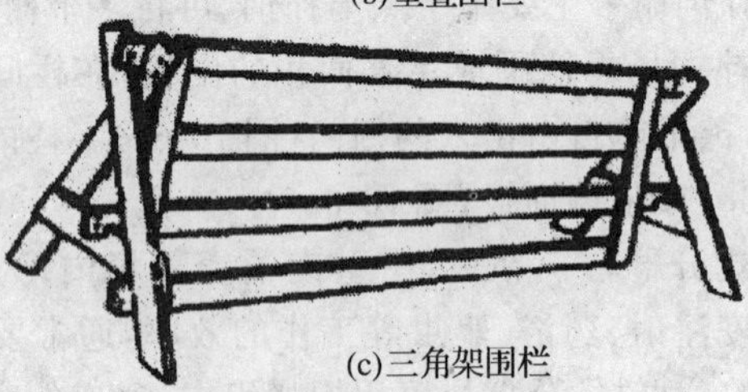

(c)三角架围栏

图10-5　各种形式的围栏

（四）药浴池　为了防治疥癣及其他寄生虫病，每年要定期给羊群药浴。常用的药浴池是长方形的，一般用水泥筑成，池深不小于1.0 m，长8～10 m，池底宽30～50 cm，上宽60～80 cm。药浴池入口一端是陡坡；出口一端是台阶，并设置滴流台，以便羊身上多余的药液流回池内。

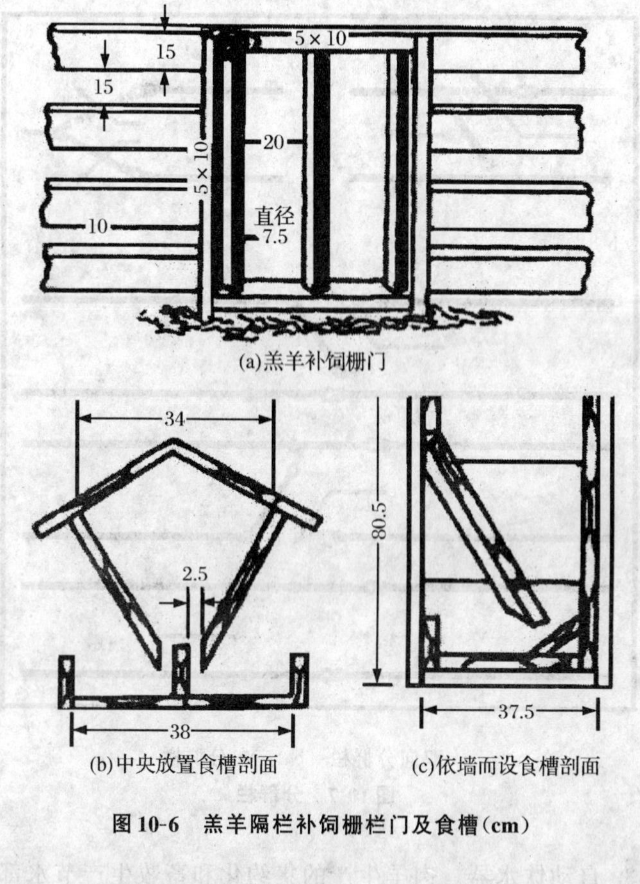

图 10-6 羔羊隔栏补饲栅栏门及食槽(cm)

(五)几种主要的养羊机械　在以盈利为经营目的的肉羊饲养场,需要通过使用适宜的养羊机械,来提高劳动生产率和生产水平,降低生产成本。

1. 牧草收获机械　其作用是通过割、搂、集、捆、垛等工序为养羊生产储备优质干草。

2. 饲草饲料工机械　主要包括青贮饲料收获调制机械,袋装青贮装填机,饲料热喷机,粗饲料压粒、压块机等。

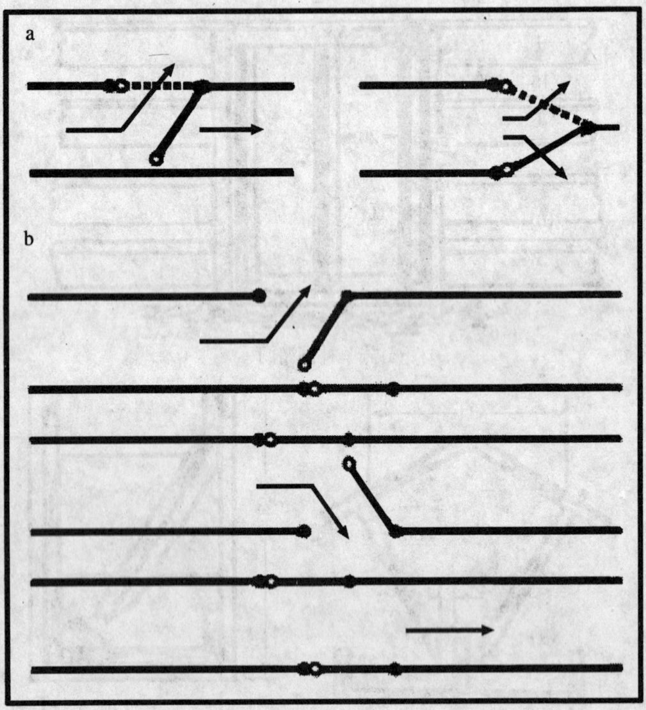

a. 双向分群栏　b. 三向分群栏

图 10-7　分群栏

3. 自动饮水器　肉羊生产的集约化和畜牧生产节水都需要羊用自动饮水器，但目前我国还没有定型产品。国外有浮子式和真空泵式两种羊用饮水器，其原理是用浮子的升降或真空调节器来控制饮水器中的水位，以供羊饮用，从而达到自动饮水的目的。

第十一章 羊病的防治技术

第一节 羊病的预防

羊的疾病多种多样，根据其性质，一般分为传染病、寄生虫病和普通病3大类。

传染病是由病原微生物（如细菌、病毒、支原体等）侵入羊体而引起的。病原微生物在羊体内生长繁殖，放出大量毒素或致病因子，破坏或损害羊的机体，使羊发病，如不及时防治，常引起死亡。羊发生传染病后，病原微生物从其体内排出，通过直接接触或间接接触传染给其他羊，造成疫病的流行。有些急性、烈性传染病，可使羊大批死亡，造成严重的经济损失。

寄生虫病是由寄生虫（如蠕虫、蜘蛛、昆虫、原虫等）寄生于羊体而引起的。当寄生虫寄生于羊体时，通过虫体对羊的器官、组织造成机械损伤，夺取营养或产生毒素，使羊消瘦，贫血，营养不良，生产性能下降，严重者可导致死亡。寄生虫病与传染病有类似之处，即具有侵袭性，使多数羊发病。某些寄生虫在其生活发育过程中还需要有中间宿主。羊的寄生虫病种类很多，某些寄生虫病所造成的经济损失，并不亚于传染病，对养羊业构成严重威胁。

普通病是指除传染病和寄生虫病以外的疾病，包括内科病、外科病、产科病等。这类疾病是由于饲养管理不当，营养代谢失调，误食毒物，机械损伤，异物刺激，或其他外界因素如温度、气压、光线等原因所致。普通病与上述两类疾病不同之处是没有传染性或侵袭性。多为零星发生，但羊如误食了某些毒草或毒物，也会大批发病，造成严重的经济损失。

羊病防治必须坚持“预防为主”的方针，认真贯彻《中华人民共和国动物防疫法》，采取加强饲养管理、搞好环境卫生、开展防疫检疫、定期驱虫、预防中毒等综合性防治措施，将饲养管理工作和防疫工作紧密结合起来，以取得防病灭病的综合效果。

一、加强饲养管理

（一）坚持自繁自养　养羊者应选择健康的良种公羊和母羊，自行繁殖，以提高羊的品质和生产性能，增强对疾病的抵抗力，防止因引入新羊带来病原体。

（二）合理组织放牧　放牧是羊获取其营养需要的重要方式，合理组织放牧，与羊的生长发育好坏和生产性能的高低有着十分密切的关系。应根据农区、牧区草场的不同情况，以及羊的品种、年龄、性别的差异，分别编群放牧。为了合理利用草场，减少牧草浪费和减少羊群感染寄生虫的机会，应推行划区轮牧制度。

（三）适时进行补饲　冬季草枯、牧草营养下降或放牧采食不足时，必须进行补饲，特别是对正在发育的幼龄羊、怀孕期和哺乳期的成年母羊补饲尤其重要。种公羊如仅靠平时放牧，营养需要难以满足，在配种期间则更需要保证较高的营养水平，因此种公羊多采取舍饲方式，并按饲养标准喂养。

（四）妥善安排生产环节　养羊的主要生产环节是：剪毛、梳绒、配种、产羔和育羔、羊羔断奶和分群。每一生产环节的安排，应尽量在较短时间内完成，以尽可能增加有效放牧时间，如某些环节影响放牧，要及时给予适当的补饲。

二、搞好环境卫生

养羊的环境卫生好坏，与疫病的发生有密切关系。环境污秽，有利于病原体的滋生和疫病的传播，因此羊舍、羊圈、场地及用具应保持清洁、干燥，每天清除圈舍、场地的粪便及污物，将粪便及污物堆积发酵。

羊的饲草，应当保持清洁、干燥，不能用发霉的饲草、腐烂的粮食喂羊；饮水也要清洁，不能让羊饮用污水和冰冻水。

老鼠、蚊、蝇等是病原体的宿主和携带者，能传播多种传染病和寄生虫病。应当清除羊舍周围的杂物、垃圾及乱草堆等，填平死水坑，认真开展杀虫、灭鼠工作。杀灭蚊、蝇可使用敌百虫、倍硫磷、马拉硫磷（马拉松）等杀虫药，配成0.1%～0.2%溶液，或使用蝇毒磷，配成0.025%混悬液，每月在羊舍内外和蚊蝇容易滋生的场所喷洒2次，但不可喷洒于饲料仓库等处。灭鼠的方法，除使用捕鼠夹捕杀外，常使用药物灭鼠，如敌鼠钠盐等。敌鼠钠盐对人、畜毒性低，常用于住房、畜舍、仓库灭鼠，证明比较安全。敌鼠钠盐是一种抗凝血性药物，鼠食后可使其内脏、皮下等处出血而死亡。使用时应慎防发生人、畜中毒，如发生中毒，可用维生素K，注射液解救。

三、严格执行检疫制度

检疫是应用各种诊断方法（临床的、实验室的），对羊及其产品进行疫病（主要是传染病和寄生虫病）检查，并采取相应的措施，以防疫病的发生和传播。为了做好检疫工作，必须有一定的检疫手续，以便在羊流通的各个环节中，做到层层检疫，环环扣紧，互相制约，从而杜绝疫病的传播蔓延。羊从生产到出售，要经过出入场检疫、收购检疫、运输检疫和屠宰检疫，涉及外贸时，还要进行进出口检疫。出入场检疫是所有检疫中最基本最重要的检疫，只有经过检疫而未发生疫病时，方可让羊及其产品进场或出场。羊场或养羊专业户引进羊时，只能从非疫区购入，经当地兽医检疫部门检疫，并签发检疫合格证明书；运抵目的地后，再经本场或专业户所在地兽医验证、检疫并隔离观察1个月以上，确认为健康者，经驱虫、消毒，没有注射过疫苗的还要补注疫苗，然后方可与原有羊混群饲养。

四、有计划地进行免疫接种

免疫接种是激发羊体产生特异性抵抗力，使其对某种传染病从易感转化为不易感的一种手段。有计划的进行免疫接种，是预防和控制羊传染病的重要措施之一。目前，我国用于预防羊主要传染病的疫苗有以下几种：

无毒炭疽芽孢苗、第2号炭疽芽孢苗、炭疽芽孢氢氧化铝佐剂苗、布氏杆菌猪型 2 号疫苗、布氏杆菌羊型5号疫苗、破伤风明矾沉降类毒素、破伤风类毒素、羊快疫猝狙肠毒血症三联灭活疫苗、羔羊痢疾灭活疫苗、羊黑疫快疫混合灭活疫苗、羔羊大肠杆菌病灭活疫苗、羊厌气菌氢氧化铝甲醛五联灭活疫苗、肉毒梭菌(C 型)灭活疫苗、山羊传染性胸膜肺炎氢氧化铝灭活疫苗、羊肺炎支原体氢氧化铝灭活疫苗、羊豆鸡胚化弱毒疫苗、山羊痘弱毒疫苗、兽用狂犬病ERA 株弱毒细胞苗、羊链球菌病活疫苗等。

免疫接种的效果，与羊的健康状况、年龄大小、是否正在怀孕或哺乳，以及饲养管理条件的好坏有密切关系。成年的、体质健壮或饲养管理条件好的羊群，接种后会产生较强的免疫力；反之，幼年的、体质瘦弱的、有慢性疾病或饲养管理条件不好的羊群，接种后产生的免疫力就要差些，甚至可能引起较明显的接种反应；怀孕母羊，特别是临产前的母羊，在接种时由于驱赶、捕捉等影响，或者由于疫苗所引起的反应，有时会发生流产或早产，或者可能影响胎儿的发育；哺乳期的母羊免疫接种后，有时会暂时减少泌乳量。免疫过的怀孕母羊所产羔羊通过吮吸初乳后，在一定时间内其体内有母源抗体存在，因而对幼龄羔羊免疫接种往往不能获得满意结果。所以，对那些幼羊、弱羊、有慢性病的羊和怀孕后期母羊，除非已经受到传染的威胁，最好暂时不予接种。对那些饲养管理条件不好的羊群，在进行免疫接种的同时，必须创造条件改善饲养管理。

免疫接种须按合理的免疫程序进行，各地区、各羊场可能发生的传染病不止一种,而可以用来预防这些传染病的疫苗的性质又不尽相同,免疫期长短不一。因此,羊场往往需用多种疫苗来预防不同的病,也需要根据各种疫苗的免疫特性来合理地安排免疫接种的次数和间隔时间,这就是所谓的免疫程序。目前国际上还没有一个统一的羊免疫程序,只能在实践中总结经验,制订出合乎本地区、本羊场具体情况的免疫程序。

五、做好消毒工作

消毒是消灭传染源散播于外界环境中的病原微生物,切断传播途径,阻止疫病继续蔓延。羊场应建立切实可行的消毒制度,定期对羊舍(包括用具)、地面土壤、粪便、污水、皮毛等进行消毒。

(一)羊舍消毒　一般分两个步骤进行:第一步先进行清扫,第二步用消毒液消毒。清扫是搞好羊舍环境卫生最基本的一种方法。据试验,采用清扫方法,可使畜舍内的细菌数减少20%左右,如果清扫后再用清水冲洗,则畜舍内的细菌数可减少50%以上,清扫、冲洗后再用药物喷雾消毒,畜舍内的细菌数可减少90%以上。

用化学消毒液消毒时,消毒液的用量,以羊舍内每平方米面积用1 L药液计算。常用的消毒药有10%~20%石灰乳、10%漂白粉溶液、0.5%~1.0%二氯异氰尿酸钠(以此药为主要成分的商品消毒剂有“强力消毒灵”、“灭菌净”、“抗毒威”等)、0.5%过氧乙酸等。消毒方法是将消毒液盛于喷雾器内,先喷洒地面,然后喷墙壁,再喷天花板,最后再开门窗通风,用清水刷洗饲槽、用具,将消毒药味除去。如羊舍有密闭条件,可关闭门窗,用福尔马林熏蒸消毒12~24 h,然后开窗通风24 h。福尔马林的用量为每立方米空间用12.5~50.0 mL,加等量水一起加热蒸发,无热源时,也可加入高锰酸钾(每立方米用30 g),即可产生高热蒸发。在一般情况下,羊舍消毒每年可进行2次(春、秋各1次)。产房的消毒,在产羔前应进行1次,产羔高峰时进行多次,产羔结束后再进行1次。在病羊舍、隔离舍的出入口处应放置浸有消毒液的麻袋片或草垫，消毒液可用2%～4%氢氧化钠。

（二）地面土壤消毒　土壤表面可用10%漂白粉溶液、4%福尔马林或10%氢氧化钠溶液。停放过芽孢杆菌所致传染病（如炭疽）病羊尸体的场所，应严格加以消毒，首先用上述漂白粉溶液喷洒地面，然后将表层土壤掘起30 cm左右，撒上干漂白粉，并与土混合，将此表土妥善运出掩埋。其他传染病所污染的地面土壤，则可先将地面翻一下，深度约30 cm，在翻地的同时撒上干漂白粉（用量为每平方米面积0.5 kg），然后以水浸湿，压平。如果放牧地区被某种病原体污染，一般利用自然因素（如阳光）来消除病原体；如果污染的面积不大，则应使用化学消毒药消毒。

（三）粪便消毒　羊的粪便消毒方法有多种，最实用的方法是生物热消毒法，即在距羊场100～200 m以外的地方设一堆粪场，将羊粪堆积起来，上面覆盖10 cm厚的沙土，堆放发酵30 d左右，即可用作肥料。

（四）污水消毒　最常用的方法是将污水引入污水处理池，加入化学药品（如漂白粉或其他氯制剂）进行消毒，用量视污水量而定，一般1 L污水用2～5 g漂白粉。

（五）皮毛消毒　羊患炭疽病、口蹄疫、布氏杆菌病、羊痘、坏死杆菌病等，其羊皮、羊毛均应消毒。应当注意，羊患炭疽病时，严禁从尸体上剥皮；在储存的原料皮中即使只发现1张患炭疽病的羊皮，也应将整堆与它接触过的羊皮进行消毒。皮毛的消毒，目前广泛利用环氧乙烷气体消毒法。消毒时必须在密闭的专用消毒室或密闭良好的容器（常用聚乙烯或聚氯乙烯薄膜制成的篷布）内进行。在室温15℃时，每立方米密闭空间使用环氧乙烷0.4～0.8 kg，维持12～48 h，相对湿度在30%以上。此法对细菌、病毒、霉菌均有良好的消毒效果，对皮毛等产品中的炭疽芽孢也有较好的消毒作用。但本品对人、畜有毒性，且其蒸汽遇明火会燃烧以至爆炸，故必须注意安全,具备一定条件时才可使用。

六、实施药物预防

羊场可能发生的疫病种类很多,其中有些病目前已研制出有效的疫苗,还有不少病尚无疫苗可供利用;有些病虽有疫苗但实际应用还有问题,因此,用药物预防这些疫病也是一项重要措施。通常将安全而价廉的药物加入饲料和饮水中,让羊群自行采食或饮用。常用的药物有磺胺类药物、抗生素、硝基呋喃类药。磺胺类药、四环素族抗生素(土霉素、四环素等)和硝基呋喃类药,常拌入饲料或混于饮水中使用。药物占饲料或饮水的比例一般是:磺胺类药,预防量0.1%～0.2%,治疗量0.2%～0.5%;四环素族抗生素,预防量0.01%～0.03%,治疗量0.05%;硝基呋喃类药物,预防量0.01%～0.02%,治疗量0.03%～0.04%。一般连用5～7 d,必要时也可酌情延长。但如长期使用化学药物预防,容易产生耐药性菌株,影响药物的防治效果。要经常进行药敏试验,选择有高度敏感性的药物用于防治。此外,成年羊口服土霉素等抗生素时,常会引起肠炎等中毒反应,必须注意。

抗菌增效剂是一类新广谱抗菌药,与磺胺药并用能显著增强疗效,又能与一些抗生素(如四环素、庆大霉素)起协同作用,在疫病防治上具有广阔的应用前景。目前常用的抗菌增效剂有三甲氧苄氨嘧啶(TMP)和二甲氧苄氨嘧啶(DVD,又称敌菌净),按1∶5的比例与磺胺药混合使用,可使磺胺药的抗菌效力提高数倍至数十倍。三甲氧苄氨嘧啶和磺胺药的复方制剂如复方磺胺嘧啶(SD-TMP)和复方新诺明(SMZ-TMP)等,对多种传染病有良好疗效。二甲氧苄氨嘧啶的抗菌作用与三甲氧苄氨嘧啶相似,其价格比较低廉,毒性反应较小,内服后吸收较差,在胃肠道内保持较高抑菌浓度,故常以其复方制剂(复方敌菌净)防治羔羊肠道感染。

饲料添加剂可促进羊的生长发育,且可增强其抗感染的能力。

目前广泛使用的饲料添加剂中，含有各种维生素、无机盐、氨基酸、抗氧化剂、抗生素、中草药等，且每年都在研究改进添加剂的成分和用量，以便不断提高羊的生产性能和抗病能力。

微生态制剂是根据微生态学原理，利用机体正常的有益微生物或其促进物质制成的一种新型活菌制剂，近10年来国内外发展很快，广泛用于人类、动物和植物。用于动物者称为动物微生态制剂。目前国内已有促菌生、乳康生等10余种制剂。这类制剂的特点是，具有调整动物肠道菌群比例失调、抑制肠道内病原菌增殖、防止幼畜下痢等功能，并有促进动物生长、提高饲料利用率等作用。粉剂可供拌料(用量为饲料的0.1%～2.0%)，片剂可供口服。应避免与抗菌药物同时服用。

七、组织定期驱虫

为了预防羊的寄生虫病，应在发病季节到来之前，用药物给羊群进行预防性驱虫。预防性驱虫的时机，根据寄生虫病季节动态调查确定。

预防性驱虫所用的药物有多种，应视病的流行情况选择应用。丙硫咪唑(丙硫苯咪唑)具有高效、低毒、广谱的优点，对羊常见的胃肠道线虫、肺线虫、肝片吸虫和绦虫均有效，可同时驱除混合感染的多种寄生虫，是较理想的驱虫药物。使用驱虫药时，要求剂量准确，并且要先做小群驱虫试验，取得经验后再进行全群驱虫。驱虫过程中发现病羊，应进行对症治疗，及时解救出现毒、副作用的羊。

药浴是防治羊的外寄生虫病，特别是羊螨病的有效措施，可在剪毛后10 d左右进行。药浴液可用0.1%～0.2%杀虫脒(氯苯脒)水溶液、1%敌百虫水溶液、0.03%～0.05%的辛硫磷。也可用石硫合剂，其配法为生石灰7.5 kg、硫黄粉末12.5 kg，用水拌成糊状，加水150 L，边煮边拌，直至煮沸呈浓茶色为止，弃去下面的沉渣，上清液便是母液。在母液内加500 L温水，即成药浴液。药浴可在特建的药浴池内进行，或在特设的淋浴场淋浴，也可用人工方法抓羊在大盆(缸)中逐只洗浴。

八、预防毒物中毒

(一)预防中毒的措施

(1)不在生长有毒植物的地区放牧。

(2)不饲喂霉败饲料。要把饲料储存在干燥、通风的地方；饲喂前要仔细检查，如果发霉变质，应废弃不用。

(3)注意饲料的调制、搭配和贮藏。有些饲料本身含有有毒物质，饲喂时必须加以调制。如棉子饼含有游离棉子油酚，具有毒性作用，经高温处理后可减毒，减毒后再按一定比例同其他饲料混合搭配饲喂，就不会发生中毒。有些饲料如马铃薯若贮藏不当，其中的有毒物质龙葵素会大量增加，对羊有害，因此应储存在避光的地方，防止变青发芽；饲喂时也要同其他饲料按一定比例搭配。

(4)妥善保存农药及化肥。一定要把农药和化肥放在仓库内，由专人负责保管，以免误作饲料，引起中毒。被污染的用具或容器应消毒处理后再使用。对其他有毒药品如灭鼠药等的运输、保管及使用也必须严格遵守规定，以免羊接触发生中毒事故。

(5)防止水源性毒物。对喷洒过农药和施有化肥的农田排放的水，不应作饮用水；对工厂附近排出的水或池塘内的死水，也不宜让羊饮用。

(二)中毒病羊的急救 羊发生中毒时，要查明原因，及时进行紧急救治。一般原则如下。

1.除去毒物 有毒物质如系经口摄入，初期可用胃管洗胃，用温水反复冲洗，以排出胃内容物。在洗胃水中加入适量的活性炭，可提高洗胃效果。如中毒发生时间较长，大部分毒物已进入肠道时，应灌服泻剂；一般用盐类泻剂，如硫酸钠或硫酸镁，内服50～100 g，在泻剂中加活性炭，有利于吸附毒物，效果更好。也可用清水或肥皂水反复给病羊深部灌肠。对已吸收入血液中的毒物，可从颈静脉放血，放血后随即静脉输入相应剂量的5%葡萄糖生理盐水或复方氯化钠注射液，有良好效果。大多数毒物可经肾脏排泄，所以利尿排毒有一定效果，可用利尿素0.5～2.0 g，或醋酸钾2～5 g，加适量水给羊内服。

2.应用解毒药　在毒物性质未确定之前，可使用通用解毒药。其配方是：活性炭或木炭末2份，氧化镁1份，鞣酸1份，混合均匀，每只羊内服20～30 g。该配方兼有吸附、氧化及沉淀3种作用，对于一般毒物都有解毒作用。如毒物性质已确定，则可有针对性地使用解毒药。

3.对症治疗　心脏衰弱时，可用强心剂；呼吸功能衰竭时，使用呼吸中枢兴奋剂；病羊不安时，使用镇静剂；为了增强肝脏解毒能力，可大量输液。

第二节　羊病的一般临床诊断和基本用药方法

一、羊病的基本临床诊断

临床诊断方法是诊断羊病最常用的方法。通过问诊、视诊、触诊、叩诊和嗅诊所发现的症状表现及异常变化，综合起来加以分析，往往可以对疾病做出诊断，或为进一步检验提供依据。检查羊病与非病一般从以下几个方面检查。

（一）*行为动作*　健康羊精神活泼，步态平稳，不离群，不掉队。而病羊多精神不振、沉郁或兴奋不安，步行踉跄或呈旋回状。当羊的四肢肌肉、关节或蹄部发生疾病时，则表现为跛行，前肢软弱跪地或后肢麻痹等。

健康羊吃饱后多合群卧地休息，时而进行反刍，有警觉性，有轻微的刺激即竖耳，当人接近时常起立离去。病羊常独自呆立一侧，肌肉震颤及痉挛，或离群单卧，长时间不见其反刍，人接近也不理睬。发现这样的羊应作进一步检查。如羊的声音异常，如听到磨牙声、咳嗽声或喷嚏声时，要引起重视。

健康羊在放牧时多走在前头，边走边吃草，饲喂时也多抢着吃草，当饮水时或放牧中遇见水时，多迅速奔向饮水处，争先喝水。病羊吃草时，多落在后边，时吃时停，或离群停立不吃草，当全群羊吃饱后，病羊的饥窝（肷部）仍不臌起，饮水时或不喝或暴饮。

（二）被毛和皮肤　健康羊的被毛，平整而不易脱落，富有光泽，皮肤柔软并有弹性。在病理状态下，被毛蓬松，失去光泽，而且容易脱落。患螨病的羊，患部被毛可成片脱落，同时皮肤变厚变硬，出现蹭痒和擦伤。在检查皮肤时，除注意皮肤的颜色外，还要注意有无水肿、炎性肿胀、外伤以及皮肤是否温热等。

（三）鼻孔、眼睛、黏膜　一般健康羊的眼结膜、鼻腔、口腔、阴道和肛门黏膜呈光滑粉红色。如口腔黏膜发红，多半是由于体温升高，身体上有发炎的地方。黏膜发红并带有红点、血丝或呈紫色，是由于严重的中毒或传染病引起的。黏膜呈苍白色，多为患贫血病；呈黄色，多为患黄疸病；呈蓝色，多为肺脏、心脏患病。健康羊鼻镜湿润，鼻孔、眼及嘴角干净，病羊则表现鼻镜干燥，鼻孔流出分泌物，有时鼻孔周围污染脏土杂物，眼角附着脓性分泌物，嘴角流出唾液。

（四）吃食、饮水、口腔、粪尿　羊吃食或饮水忽然增多或减少，以及喜欢舔泥土、吃草根等，也是有病的表现，可能是慢性营养不良。反刍减少、无力或停止，表示羊的前胃有病。口腔有病时，如喉头炎、口腔溃疡、舌有烂伤等，打开口腔就可以看出来。羊的排粪检查，主要检查其形状、硬度、色泽及附着物等。正常时，羊粪呈小球形，没有难闻臭味。病理状态下，粪便有特殊臭味，见于各型肠炎；粪便过于干燥，多为缺水和肠弛缓；粪便过于稀薄，多为肠机能亢进；前部肠管出血粪呈黑褐色，后部出血则呈鲜红色；粪内有大量黏液，表示肠黏膜有卡他性炎症；粪便混有完整谷粒和纤维很粗，表示消化不良；混有纤维素膜时，表示为纤维素性肠炎；混有寄生虫及其节片时，体内有寄生虫。正常羊每天排尿3或4次，排尿次数和尿量过多或过少，以及排尿痛苦、失禁，都是有病的征兆。

（五）呼吸　可以把手放在腹肋上或观察腹肋部的起伏测得，也可以在冬天观察羊鼻孔的出气来测得。正常时，羊每分钟呼吸12～20次。呼吸次数增多，见于热性病、呼吸系统疾病、心脏衰弱及贫血、腹压升高等；呼吸次数减少，主要见于某些中毒、代谢障碍、昏迷。另外，还要检查呼吸型、呼吸节律以及呼吸是否困难等。羊在正常的运动、刺激、天热或通风不良等情况下，也会表现为呼吸次数增加。

（六）体温　羊的体温是指直肠温度。一般用手摸羊耳朵或把手插进羊嘴里去握住舌头，可以知道病羊是否发烧。但是准确的方法，是用体温表测量，将畜用温度计后端系绳，前端插入羊直肠，并保留2～3 min即测得。羊的体温，一般幼羊比成年羊高一些，热天比冷天高一些，运动后比运动前高一些，这都是正常的生理现象。羊的正常体温是38～40℃。如高于正常体温，则为发热，常见于传染病。

（七）脉搏检查　用手指摸后肢股部内侧的动脉。健康羊每分钟脉搏跳动70～80次。但在运动、刺激、外界温度高等情况下会增加。羊有病时，脉搏的跳动次数和强弱都和正常羊不同。

二、病羊常用的给药方法

羊的给药方法有多种，应根据病情、药物的性质、羊的大小和头数，选择适当的给药方法。

(一)群体给药法 为了预防或治疗羊的传染病和寄生虫病以及促进畜禽发育、生长等,常常对羊群体施用药物,如抗菌药(四环素族抗生素、磺胺类药、硝基呋喃类药等)、驱虫药(如硫苯咪唑等)、饲料添加剂、微生态制剂(如促菌生、调痢生等)等。大群用药前,最好先做小批的药物毒性及药效试验。常用给药方法有以下两种。

1. 混饲给药 将药物均匀混入饲料中,让羊吃料时能同时吃进药物。此法简便易行,适用于长期投药。不溶于水的药物用此法更为恰当。应用此法时要注意药物与饲料的混合必须均匀,并应准确掌握饲料中药物所占的比例;有些药适口性差,混饲给药时要少添多喂。

2. 混水给药 将药物溶解于水中,让羊自由饮用。有些疫苗也可用此法投服。对因病不能吃食但还能饮水的羊,此法尤其适用。采用此法须注意根据羊可能饮水的量,来计算药量与药液浓度。在给药前,一般应停止饮水 0.5 d,以保证每只羊都能饮到一定量的水。所用药物应易溶于水。有些药物在水中时间长了易破坏变质,此时应限时饮用药液,以防止药物失效。

(二)口服法

1. 长颈瓶给药法 当给羊灌服稀药液时,可将药液倒入细口长颈的玻璃瓶、塑料瓶或一般的酒瓶中,抬高羊的嘴巴,给药者右手拿药瓶,左手用食指、中指自羊右口角伸入口内,轻轻压迫舌头,羊口即张开;然后,右手将药瓶口从左口角伸入羊口中,并将左手抽出,待瓶口伸到舌头中段,即抬高瓶底,将药液灌入。

2. 药板给药法 专用于给羊服用舔剂。舔剂不流动,在口腔中不会向咽部滑动,因而不致发生误咽。给药时,用竹制或木制的药板。药板长约30 cm、宽约3 cm、厚约3 mm,表面须光滑没有棱角。给药者站在羊的右侧,左手将开口器放入羊口中,右手持药板,用药板前部刮取药物,从右口角伸入口内到达舌根部,将药板翻转,轻轻按压,并向后抽出,把药抹在舌根部,待羊下咽后,再抹第二次,如此反复进行,直到把药给完。

(三)灌肠法　灌肠法是将药物配成液体,直接灌入直肠内。羊可用小橡皮管灌肠。先将直肠内的粪便清除,然后在橡皮管前端涂上凡士林,插入直肠内,把连接橡皮管的盛药容器提高到羊的背部以上。灌肠完毕后,拔出橡皮管,用手压住肛门或拍打尾根部,以防药液排出。灌肠药液的温度,应与体温一致。

(四)胃管法　羊插入胃管的方法有两种:一种是经鼻腔插入,另一种是经口腔插入。

1.经鼻腔插入　先将胃管插入鼻孔,沿下鼻道慢慢送入,到达咽部时,有阻挡感觉,待羊进行吞咽动作时乘机送入食道;如不吞咽,可轻轻来回抽动胃管,诱发吞咽。胃管通过咽部后,如进入食道,继续深送会感到稍有阻力,这时要向胃管内用力吹气,或用橡皮球打气,如见左侧颈沟有起伏,表示胃管已进入食道。如胃管误入气管,多数羊会表现不安、咳嗽,继续深送,感觉毫无阻力,向胃管内吹气,左侧颈沟看不见波动,用手在左侧颈沟胸腔入口处摸不到胃管,同时,胃管末端有与呼吸一致的气流出现。如胃管已进入食道,继续深送即可到达胃内。此时从胃管内排出酸臭气体,将胃管放低时则流出胃内容物。

2.经口腔插入　先装好木质开口器,用绳固定在羊头部,将胃管通过木质开口器的中间孔,沿上腭直插入咽部,借吞咽动作胃管可顺利进入食道,继续深送,胃管即可到达胃内。

胃管插入正确后,即可接上漏斗灌药。药液灌完后,再灌少量清水,然后取掉漏斗,用嘴对胃管吹气,或用橡皮球打气,使胃管内残留的液体完全入胃,用拇指堵住胃管管口,或折叠胃管,慢慢抽出。该法适用于灌服大量水剂及有刺激性的药液。患咽炎、咽喉炎和咳嗽严重的病羊,不可用胃管灌药。

（五）注射法

1. 皮下注射　皮下注射是把药液注射到羊的皮肤和肌肉之间。羊的注射部位是在颈部或股内侧皮肤松软处。注射时，先把注射部位的毛剪净，涂上碘酒，用左手捏起注射部位的皮肤，右手持注射器，将针头斜向刺入皮肤，如针头能左右自由活动，即可注入药液；注毕拔出针头，在注射点上涂擦碘酒。凡易于溶解又无刺激性的药物及疫苗等，均可进行皮下注射。

2. 肌内注射　肌内注射是将灭菌的药液注入肌肉比较多的部位。羊的注射部位是在颈部。注射方法基本上与皮下注射相同，不同之处是，注射时以左手拇指、食指成“八”字形压住所要注射部位的肌肉，右手持注射器将针头向肌肉组织内垂直刺入，即可注药。一般刺激性小、吸收缓慢的药液，如青霉素等，均可采用肌内注射。

3. 静脉注射　静脉注射是将灭菌的药液直接注射到静脉内，使药液随血流很快分布到全身，迅速发生药效。羊的注射部位是颈静脉。注射方法是将注射部位的毛剪净，涂上碘酒，先用左手按压静脉靠近心脏的一端，使其怒张，右手持注射器，将针头向上刺入静脉内，如有血液回流，则表示已插入静脉内，然后用右手推动活塞，将药液注入；药液注射完毕后，左手按住刺入孔，右手拔针，在注射处涂擦碘酒即可。如药液量大，也可使用静脉输液器，其注射方法是：先将针头刺入静脉，再接上静脉输液器。凡输液（如生理盐水、葡萄糖溶液等），以及药物刺激性大，不宜皮下或肌内注射的药物（如九一四、氯化钙、葡萄糖酸钙等），多采用静脉注射。

4. 气管注射　气管注射是将药液直接注入气管内。注射时，多取侧卧保定，且头高臀低，将针头穿过气管软骨环之间，垂直刺入，摇动针头，若感觉针头确已进入气管，接上注射器，抽动活塞，见有气泡，即可将药液缓缓注入。如欲使药液流入两侧肺中，则应注射2次，第二次注射时，须将羊翻转，卧于另一侧。本法适用于治疗气管、支气管和肺部疾病，也常用于肺部驱虫（如羊肺线虫病）。

5. 羊瘤胃穿刺注药法　当羊发生瘤胃臌胀时，可采用此法。穿刺部位是在左肷窝中央臌胀最高的部位。其方法是局部剪毛，用碘酒涂擦消毒，将皮肤稍向上移，然后将套管针或普通针头垂直地或朝右侧肘头方向刺入皮肤及瘤胃壁，放出气体后，可从套管针孔注入止酵防腐药(如鱼石脂)。拔出套管针后，穿刺孔用碘酒涂擦消毒。

第三节　常见的羊病

一、传染病

(一)羊肠毒血症　羊肠毒血症又称“软肾病”或“羊快疫”，是由D型魏氏梭菌在羊肠道内大量繁殖产生毒素引起的主要发生于绵羊的一种急性毒血症。本病以急性死亡、死后肾组织易于软化为特征。

1. 病原体　魏氏梭菌又称为产气荚膜杆菌，分类上属于梭菌属。广泛存在于土壤中，几乎各种温血动物的消化道内都有此菌存在，并污染周围环境。本菌为厌气性粗大杆菌，革兰氏染色阳性，在动物体内可形成荚膜，芽孢位于菌体中央。魏氏梭菌分为A,B,C,D,E 5个毒素型。羊肠毒血症由D型魏氏梭菌所引起。

2. 流行病学

(1)本病多呈散发流行。主要发生在冬、春两季，其他季节发病较少。

(2)发病以绵羊为多，山羊较少。通常以2～12月龄、膘情较好的羊为主。

(3)天气突然变冷，运动缺乏，突然饲喂适口性较好的饲料，或偷吃过多精料，均可诱发本病。

3. 症状　本病的症状和毒素进入血液的数量有着密切的关

系。羊仅可能表现暂时性无精打采和腹泻，继而恢复正常，此种病型易被误认为其他内科病，只有当羊表现出严重的全身毒血症症状时，才怀疑羊肠毒血症。严重的肠毒血症通常有以下两种病型：

(1)最急性型：常见白天活泼而健康的羊突然于夜间死亡，或者于白天发病不久迅速死去，在这种情况下，大多表现急剧水泻，行走不稳，继之倒卧于地，两目凝视，呼吸困难急促，每分钟可达200余次，口中流出大量涎沫，头向后仰，四肢伸直作急促的游泳样运动，全身发抖，呈显著的疝痛症状，一般于1～2 h 哀叫痉挛而死。也有少数病羊仅表现神经症状而不腹泻者。

(2)急性型：最初精神委顿，短时后发生急剧下痢，粪便呈粥状，为黄棕或暗绿色，有恶臭气味，灰渣样料粒。以后迅速变稀，搀杂有黏液，继而呈黑褐色稀水，内含长条状灰白色假膜，或混有黑色小血块，移动时拉成一条粪路。排粪之后，往往肛门外翻，露出鲜红黏膜。羊有时抖毛、展腰。肠音响亮，有时不用听诊器即可听到。有时张口呼吸，大多数有疝痛表现。精神沉郁，常低头面向墙呆立或孤卧于墙角，强迫行走时可见运动失调。最后表现肌肉痉挛，卧地不起，头向后仰，四肢作游泳状运动，大声哀叫之后死去。个别病例死前则完全昏迷静躺不动，口流清水，角膜反射消失，呼吸逐渐衰减而死，犹如睡眠，不显丝毫痛苦。此型病程一般 5～18 h，很少超过24 h 以上。

4. 剖检　尸体腹部高度膨胀，四肢伸张，口流白沫，肛门张开，口鼻和眼黏膜充血，略现紫色。皱胃和小肠有卡他出血性炎症，黏膜肿胀、充血，有的有溃疡。十二指肠病变轻微。大肠黏膜的潮红肿胀程度不如小肠严重。整个肠道内有多量气体和黏稠的内容物。肠系膜淋巴结水肿、出血，切面上有黑红色液体浸出。胆囊显著胀大，充满胆汁，如死后经数小时剖检，肾脏软化，严重者质地如稀泥样，稍加触压，即行朽烂(故本病又名软肾病)。肺脏大多充血、水肿，表面可看到大小不等的出血点，气管及支气管内有多量白色泡沫，黏膜偶有出血小点。心包液常增量(50～60 mL)。心肌变性，左心室常有出血斑点，心内膜下出血，少数病例胸水可增至500 mL左右。

5. 诊断　当羊呈现沉郁、中毒和运动失调时，即应怀疑为肠毒血症，根据发病的情况和病理变化可做出初步诊断，但确诊本病则有赖于实验室检验。

6. 防治

(1)良好的饲养管理在预防本病上有很好的作用，主要有以下措施：a. 每天最少须有2 h的运动。b. 在饲养管理上应该先喂草，后喂料，每天保证其吃到足够的干草或秸秆。c. 喂给适口性强的饲料时，应控制饲喂量，勿使过食，要防止羊跳出羊栏，偷吃过量精料。d. 天气突然变冷时，圈棚内应铺褥草保暖，喂料量亦应酌减。e. 尽量避免调换饲料，必须调换时，应逐渐调换。任何年龄的羊，当精料或秸秆由此种类型变为另一种类型时，应有10～15 d的逐渐变换阶段，如当饲料中的蛋白质水平由14%变为18%时，每周增加的蛋白质水平不应超过2%，应逐渐增加到所需要的水平。

(2)做好预防注射：注射羊四防疫苗。

(3)治疗：最急性型因病程短促，常常来不及用药，或药效未作用之前即已死去，目前尚无良好的办法，对于急性病例，采用下列疗法，效果良好。a. 刚发病的羊，第一次注射青霉素80万IU，以后每隔4 h注射40万IU，轻者3或4次即可治愈；对于发生腹泻或粪便带血的病例，可用青霉素80万IU，链霉素500 mg混合后1次肌内注射，每8 h 1次，连续3或4次，在2次混合注射之间，加用青霉素20万IU。b. 病程在6 h以上的，可用磺胺类药物8～12 g，第一天1次灌服，第二天分2次灌服，也可配合应用下列处方：鞣酸蛋白12.0 g，次硝酸铋10.0 g，酞磺胺噻唑伊(PST) 12.0 g(第一次用6.0 g)，矽炭银30片，药用炭15.0 g。混合研末，分3次灌服，每6 h 1次。c. 根据病情随时进行对症治疗。有脱水现象时应及时输液。

可静脉注射葡萄糖盐水500 mL，加10%安钠咖5 mL，每3～5 h 1次。有疝痛症状的，可肌内注射安乃近5～10 mL，对怀孕已2个月以上症状重剧的母羊，应肌内注射黄体酮20～30 mg进行保胎，每天1次，连续2～3 d，对严重病例，如能静脉输血150～200 mL，效果更好。d. 对病羊必须加强护理。经常供给温食盐水，以补充水分的损失。给水应掌握“量少、次数多”的原则，可以每隔1～2 h给水1次，饮用少量之后即拿走水盆。如过饮，会增加泻痢。在饲养上可以只给优质干草，不给精料。如果饲喂之后迅速排出，就应禁食，只给喝水。

(二)布氏杆菌病　布氏杆菌病是由布氏杆菌引起的人、畜共患的慢性传染病。主要侵害生殖系统。羊感染后，以母羊发生流产和公羊发生睾丸炎为特征。

1. 病原　布氏杆菌是革兰氏阴性需氧杆菌。为布氏杆菌属，本属细菌为非抗酸性，无芽孢，无荚膜，无鞭毛，呈球杆状。布氏杆菌属有6个种，即牛种、羊种、猪种、绵羊种、犬种和沙林鼠种，前5种感染家畜。羊、猪的布氏杆菌病，亦可相互感染。羊型对人危害最强。病菌存于病畜流产胎儿、胎水、胎衣、流产后阴道分泌物及患病公畜的精液中，主要经消化道或阴道、皮肤和结膜感染。该菌可通过皮肤或黏膜传染给人。布氏杆菌在土壤、水中和皮毛上能存活几个月，一般消毒药能很快将其杀死。

2. 临床症状　多数病羊症状不够明显。部分病羊呈现关节炎、滑液囊炎，通常是个别关节(特别是膝关节和腕关节)，偶尔见多数关节肿胀疼痛，呈现跛行。怀孕母羊流产是本病的主要症状，但不是必然的症状。流产多发生在怀孕后3～4个月。流产前数日精神、食欲不好，乳房及外阴部水肿、发红，阴门流黏液或脓性分泌物，然后流出死胎或即将死亡的弱胎。有的继发胎衣滞留、子宫内膜炎，导致不孕症，但多数以后可照常怀孕产羔，很少再次发生流产。公羊可发生睾丸炎、睾丸肿大、性机能降低，甚至不能配种。

3. 剖检变化　剖检常见的病变是胎衣部分或全部呈黄色胶样浸润,其中部分覆有纤维蛋白和脓液,胎衣增厚并有出血点。流产胎儿主要为败血症病变,浆膜与黏膜有出血点与出血斑,皮下和肌肉间发生浆液性浸润,脾脏和淋巴结肿大,肝脏中出现坏死灶。公羊得病时,可发生化脓性坏死性睾丸炎和附睾炎,睾丸肿大,后期睾丸萎缩。

4. 预防　布氏杆菌病目前还没有较好的治疗方法。主要是预防和防止其传播蔓延。本着"预防为主"的方针,提倡自繁自养。必须从外地引进新品种时,应到无病地区采购,并严格检疫,取得无布氏杆菌病证明才能购进。本病流行区要严格检疫,检出病畜要进行隔离,病羊坚决淘汰。流产胎儿、胎衣应烧毁或深埋。对被污染的圈舍、饲槽及用具等,用10%石灰乳或5%热火碱水、5%来苏儿消毒。病羊的粪便要经2个月泥封发酵后方可利用。定期免疫接种:目前应用的疫苗有布氏杆菌病猪型2号弱毒菌苗饮水免疫和布氏杆菌病羊型5号菌苗气雾免疫,也可用于预防注射。护理病羊及接产人员等必须加强防护,注意消毒,以防感染。

(三)羔羊痢疾　羔羊梭菌性痢疾简称羔羊痢疾,是初生羔羊的一种毒血症,以剧烈腹泻和小肠发生溃疡为特征。

1. 病因　病原主要是B型魏氏梭菌,有时是C型和D型。大肠杆菌、沙门氏菌等可参与致病。本病主要发生于7日龄内的羔羊,又以2～5日龄的发病最多。纯种羊和杂交羊均较土种羊易于患病。诱发本病的原因,主要是母羊怀孕期营养不良,羔羊体质瘦弱,羊舍潮湿气候寒冷等。传染途径主要是通过消化道,也可能通过脐带或伤口感染。

2. 症状　本病潜伏期1～2 d。病羊精神不振,孤独呆立,卧地不起。有时出现腹痛,继而发生腹泻。粪便呈绿色、黄绿色或灰白色,恶臭。后期排出带有泡沫的血便,高度衰竭,迅速死亡。有的病羔腹胀而不下痢,或只排少量稀粪,主要表现神经症状,四肢瘫软,卧地不起，呼吸急促，口流白沫。最后昏迷，头向后仰，体温降至常温以下，若不加紧救治，常在十几小时内死亡。剖检可见第四胃黏膜和黏膜下层出血、水肿，表面有小的坏死灶。小肠黏膜充血、发红，常可见到多数直径1～2 mm 的溃疡，溃疡周围有一出血带环绕，有的肠内容物呈血色。肠系膜淋巴结肿胀、充血或出血心包积液，心内膜有时有出血点。

3.预防 加强饲养管理，做好母羊的夏、秋季抓膘和冬、春季保膘工作，保证新产羔羊健壮，乳汁充足，增加羔羊抗病力。还应计划配种，避免在寒冷季节产羔。产羔前对羊舍和用具进行彻底消毒，产羔后脐带要用碘酊严格消毒，做好预防接种。每年秋季可给母羊注射"羊快疫、猝狙、肠毒血症、羔羊痢疾、黑疫五联菌苗"或单苗，产前2～3 周再接种1 次；近年来制成的"羊快疫、猝狙、肠毒血症、羔羊痢疾、黑疫和大肠杆菌病六联菌苗"，对由大肠杆菌引起的羔痢也有预防作用。羔羊生后12 h 内，口服土霉素0.15～0.2 g，每天1 次，连续灌服3 d，有一定预防效果。

4.治疗方法 病初可用青霉素、链霉素各20 万IU 注射；发病较慢、排稀粪的病羔，可灌服6%硫酸镁(内含0.5%福尔马林)30～60 mL，6～8 h 后再灌服1%高锰酸钾液10～20 mL；磺胺脒0.5 g，鞣酸蛋白0.2 g，次硝酸铋0.2 g，碳酸氢钠0.2 g或再加呋喃唑酮0.12～0.2 g，水调灌服，每天3 次。速灭杀星肌内注射，0.2 mL/kg体重，每天2 次，一般2 d 即可治愈。

(四)羊口疮 羊口疮，又名传染性脓疱坏死性皮炎，是绵羊和山羊常见的一种散发性传染病。以3～6 月龄羔羊多发生，呈群发流行。本病多发于秋季，无性别和品种差异。本病以患羊口唇等部位皮肤、黏膜形成丘疹、脓疱、溃疡以及疣状厚痂为特征。

1. 病原 羊口疮病毒分类上属于痘病毒科，副痘病毒属。核酸类型为双股脱氧核糖核酸(DNA)。羊口疮病毒对外界环境抵抗力强。干燥痂皮内的病毒于夏季日光下经30～60 d 开始丧失其传染性；散落于地面的病毒可以越冬，至来春仍具有感染性。病料在低温冷冻条件下保存，可保持毒力达数年之久。本病毒对高温较为敏感，60℃经30 min即可被灭活。常用的消毒药为2%氢氧化钠溶液、10%石灰乳、20%热草木灰溶液。

2. 流行特点　本病只危害绵羊和山羊，且以3～6月龄的羔羊发病为多，常呈群发性流行。成年羊也可感染发病，但呈散发性流行。人也可感染羊口疮病毒。病羊和带毒羊为传染源，主要通过损伤的皮肤、黏膜感染。自然感染是由于引入病羊或带毒羊，或者利用被病羊污染的厩舍或牧场而引起。由于病毒的抵抗力较强，本病在羊群内可连续危害多年。

3. 临床症状　本病在临床上分为唇型、蹄型和外阴型，也偶尔有混合型。

(1)唇型：发生在各种年龄的绵羊羔及山羊羔，是本病的主要病型。一般在唇部、口角和鼻镜上出现散在的小红斑，很快形成大麻子大的小结节，继而成为水疱和脓疱，破溃后结成黄色或棕褐色的疣状硬痂，牢固地附着在有真皮层的红色乳头状增生物上，这种痂块可经10～14 d脱落而痊愈。在严重病例，由于不断产生的丘疹、水疱、脓疱、痂垢互相融会，在整个口唇周围及颜面、眼睑和耳廓皮部，形成大面积具有龟裂、易出血的污秽垢痂，痂下伴双肉芽组织增生，极大地影响采食，同时常有化脓菌和坏死杆菌等继发感染，引起深部组织的化脓和坏死。

口黏膜亦常受害(有时仅见口黏膜病变)。在唇内面，齿龈、颊、口黏膜、舌和软腭上，发生被红晕所围绕的灰白色水疱，继之变成脓疱和烂斑，或愈合而康复；或恶化，形成大面积溃疡，且往往有坏死杆菌等继发感染，发生伴有恶臭的深部组织坏死，有时甚至可见部分舌的坏死脱落。少数严重病例可因继发性肺炎而死亡。

(2)蹄型：几乎都发生在绵羊。通常单独发生(偶有混合型)，在1～4肢的蹄叉、蹄冠和系部皮肤上，出现痘样湿疹，从丘疹到扁平水疱到脓疱,破裂后形成溃疡,有继发感染时即成为腐蹄病。病期缠绵,严重者衰弱而死或因败血病死亡。

(3)外阴型:外阴型很少见。在公羊,阴鞘肿胀,阴鞘口及阴茎上发生小脓疱和溃疡。在母羊,有黏性或脓性阴道分泌物,阴唇及其附近皮肤肿胀并有溃疡。乳房和乳头皮肤上同时或者单独(多系病羔吮乳时传染)发生疱疹、烂斑和痂块。

4. 实验室诊断 采取自然发病材料,进行超薄切片,电镜检验。经负性染色和超薄切片制样,进一步可查到典型的羊口疮病毒。对不同地区的不同毒株进行交叉免疫试验及理化试验,确定诊断。

一般根据临床症状及流行情况,不能做出诊断。患病部的局灶性特殊性疣垢及痂垢下肉芽组织增生(桑葚状)等特征可作病理学诊断的依据。

5. 防治方法 病羊(包括潜伏期及痊愈后数周的羊只)是主要的传染源,它们主要从病变部渗出液排毒。病毒的抵抗力很强,干燥病理材料在冰箱中可保持传染力达3年以上,在有本病存在的羊群,可多年连续发生本病,可因直接接触或者经污染的羊舍,饲喂用具、草场、饲料、饮水等而间接感染。感染门户是皮肤、黏膜,皮肤和黏膜的损伤(如炎症、带瓦刺的植物或饲料的刺伤、擦伤、咬伤、潮湿环境或坚硬不平的道路所致的肢端损伤等)为发病的诱因。因此,本病的防治应从下列几方面着手。

(1)加强饲养管理,保护黏膜、皮肤不发生损伤。

(2)不从疫区引进羊和购买畜产品,做好引进羊时的检疫消毒。

(3)发病时做好被污染环境的消毒,应特别注意厩舍饲管用具、病羊体表和蹄部的消毒。消毒剂可采用2%苛性碱、2%福尔马林、30%草木灰水、10%～20%石灰乳剂或含2%有效氯的漂白粉。

(4)治疗:用中草药牙膏涂抹患处,每天2次,有较好的疗效;

将复方新诺明研成粉末,与适量猪油拌匀涂抹患处效果也可。以上两配方特别适用于口腔内部病灶的好转。

(五)口蹄疫 口蹄疫又称“口疮”、“蹄癀”,是由口蹄疫病毒引起的偶蹄兽的一种急性、热性、高度接触性传染病。本病以口腔黏膜、蹄部和乳房部皮肤发生水疱、溃烂为特征。本病广泛流行于世界各地,传染性极强,不仅直接引起巨大经济损失,而且影响经济贸易活动,对养殖业危害严重。

1. 病原 口蹄疫病毒分类上属于小核糖核酸病毒科,口蹄疫病毒属。核酸类型为单股核糖核酸(RNA),病毒粒子呈球形,不具有囊膜。口蹄疫病毒具有多型性,目前所知有7个主型,同一血清型内又有若干个不同的亚型。各血清型之间几乎没有交叉免疫性,同一血清型内各亚型之间仅有部分交叉免疫性。口蹄疫病毒具有相当易变的特征。病毒主要存在于患病动物的水疱皮以及淋巴液中。发热期,病畜的血液中病毒的含量高,而退热后在乳汁、口涎、泪液、粪便、尿液等分泌物、排泄物中都含有一定量的病毒。口蹄疫病毒对外界环境抵抗力强,自然情况下,含毒组织和污染的饲料、牧草、皮毛及土壤等可保持传染性达数日、数周甚至数月之久。口蹄疫病毒对日光、热、酸、碱均很敏感。常用的消毒剂有2%氢氧化钠溶液、20%～30%草木灰水、1%～2%甲醛溶液、0.2%～0.5%过氧乙酸、4%碳酸氢钠溶液等。

2. 流行特点 口蹄疫病毒可侵害多种动物,而以偶蹄兽易感性高。除绵羊、山羊发病外,牛、猪、骆驼以及野生偶蹄兽也能感染发病。人对口蹄疫病毒也具有易感性。病畜和带毒动物为主要传染源。当易感羊群中存在传染源时,病毒常借助于直接接触方式传递,病毒也可以通过各种媒介物而间接接触传递。消化道是主要的感染门户,也可经损伤的皮肤、黏膜感染。近年来证明,呼吸道感染也是重要途径,病毒可随空气流动而传播到很远的地区。新疫区常呈流行性,发病率可达100%,而在老疫区,发病率则较低。口蹄疫在牧区的流行常表现有一定的季节性,一般秋末开始,冬季加剧,春季减缓,夏季平息。易感动物的大批流动,污染的畜产品和饲料的转运,运输工具和饲管用具的任意流动,利用污染的牧场、水源和饲料,非易感动物和人员的随意往来以及兽医卫生防疫措施执行不严等,均是本病发生流行的因素。

3. 临床症状 患羊体温升高,精神不振,食欲低下,常于口腔黏膜、蹄部皮肤上形成水疱、溃疡和糜烂,有时病害也见于乳房部位。口腔损害常在唇内面,齿龈、舌面及颊部黏膜发生水疱和糜烂,疼痛、流涎,涎水呈泡沫状。如单纯于口腔发病,一般1～2周可望痊愈,而当涉及蹄部或乳房时,则2～3周方能痊愈。一般呈良性经过,死亡率不超过1%～2%。羔羊发病则常表现为恶性口蹄疫,发生心肌炎,有时呈出血性胃肠炎而死亡,死亡率可达20%～50%。

4. 病理变化 病死羊除见口腔、蹄部和乳房部等处出现水疱、烂斑外,严重病例咽喉、气管、支气管和前胃黏膜有时也有烂斑和溃疡形成。前胃和肠道黏膜可见出血性炎症。心包膜有散在性出血点。心肌松软,似煮熟状,心肌切面呈现灰白色或淡黄色的斑点或条纹,好似老虎身上的斑纹,称为"虎斑心"。

5. 防治措施

(1)无病地区严禁从有病国家或地区购进动物及动物产品、饲料、生物制品等。来自无病地区的动物及其产品,也应进行检疫。检出阳性动物时,全群动物销毁处理,运载工具、动物废料等污染器物应就地消毒。

(2)无口蹄疫的地区,一旦发生疫情,应采取果断措施,患病动物和同群动物全部扑杀销毁,被污染的环境严格、彻底消毒。

(3)口蹄疫流行区,坚持免疫接种。用与当地流行毒株同型的口蹄疫弱毒疫苗或灭活疫苗接种动物。由于牛、羊的弱毒疫苗对猪可能致病,安全性差,故目前已逐渐改用口蹄疫灭活疫苗。

(4)当动物群发生口蹄疫时,应立即上报疫情,确定诊断,划定疫点、疫区和受威胁区，实施隔离封锁措施，对疫区和受威胁区未发病动物进行紧急免疫接种。

(5)羊发生口蹄疫后，一般经10～14 d 可望自愈。为促进病畜早日康复，缩短病程，特别是防止继发感染和死亡，在严格隔离的条件下，及时对病羊进行治疗。治疗时，要加强护理，精心饲喂，当动物不能采食时，注意人工补饲或饮水，防止因过度饥饿使病情恶化而死亡。羊舍应保持清洁、通风、干燥和暖和。a. 口腔可用清水、食醋或0.1%高锰酸钾洗漱，糜烂面涂以1%～2%明矾溶液或碘酊甘油(碘7 g、碘化钾5 g、酒精100 mL，溶解后加入甘油10 mL)；也可外敷冰硼散(冰片15 g、硼砂150 g、芒硝18 g，共研为末)。b. 蹄部可用3%来苏儿或3%臭药水洗涤，干后涂拭松馏油或鱼石脂软膏等，并用绷带包扎。c. 乳房可用肥皂水或2%～3%硼酸水洗涤，再涂拭青霉素软膏或其他防腐软膏，并定期将奶挤出以防发生乳房炎。d. 恶性口蹄疫患畜除局部治疗外，可补液强心(用葡萄糖盐水、安钠咖)，或口服结晶樟脑，每次5～8 g，每天2次，效果良好。

(六)绵羊痘　绵羊痘又名绵羊"天花"，是由绵羊痘病毒引起的一种急性、热性、接触性传染病。本病以无毛或少毛部位皮肤、黏膜发生痘疹为特征。典型绵羊痘病程一般初为红斑、丘疹，后变为水疱、脓疱，最后干结成痂，脱落而痊愈。

1. 病原　绵羊痘病毒分类上属于痘病毒科，山羊痘病毒属。病毒核酸类型为DNA。病毒主要存在于病羊皮肤、黏膜的丘疹、脓疱以及痂皮内，病羊鼻分泌物内也含有病毒，发热期血液内也有病毒存在。本病毒对直射阳光、高热较为敏感，碱性消毒药及常用的消毒剂均有效，2%石炭酸15 min 可灭活病毒，但耐干燥，干燥的痂皮中病毒可存活6～8周。

2. 流行特点　自然条件下，绵羊痘只发生于绵羊，不传染给山羊和其他家畜。病羊和带毒羊为主要传染源，主要通过呼吸道传播，也可经损伤的皮肤、黏膜感染。饲养人员、饲管用具、皮毛产品、饲草、垫料以及外寄生虫均可成为传播媒介。绵羊痘是各种家畜痘病中危害最严重的传染病，羔羊发病、死亡率高，妊娠母羊可发生流产，故产羔季节流行，可招致很大损失。本病一般于冬末春初多发。气候寒冷、雨雪、霜冻、饲料缺乏、饲管不良、营养不足等因素均可促发本病。

3. 临床症状　潜伏期平均6～8 d。流行初期只有个别羊发病，以后逐渐蔓延至全群。病羊体温升高达41～42℃，精神不振，食欲减退，并伴有可视黏膜卡他性、脓性炎症。经1～4 d后，开始发痘。痘疹多发生于皮肤、黏膜无毛或少毛部位，如眼周围、唇、鼻、颊、四肢内侧、尾内面、阴唇、乳房、阴囊以及包皮上。开始为红斑，1～2 d后形成丘疹，突出于皮肤表面，坚实而苍白。随后，丘疹逐渐扩大，变为灰白色或淡红色半球状隆起的结节。结节在2～3 d变成水疱，水疱内容物逐渐增多，中央凹陷呈脐状。在此期间，体温稍有下降。由于白细胞的渗入，水疱变为脓性，不透明，成为脓疱。化脓期间体温再度升高。如无继发感染，则几日内脓疱干缩成为褐色痂块，脱落后遗留微红色或苍白色的瘢痕，经3～4周痊愈。

非典型病例不呈现上述典型症状或经过。有些病例，病程发展到丘疹期而终止，即所谓“顿挫型”经过。少数病例，因发生继发感染，痘疱出现化脓和坏疽，形成较深的溃疡，发出恶臭，常为恶性经过，病死率可达25%～50%。

4. 病理变化　除上述临诊所见病变外，尸检前胃和第四胃黏膜往往有大小不等的圆形或半球形坚实结节，单个或融合存在，严重者形成糜烂或溃疡。咽喉部、支气管黏膜也常有痘疹，肺部则见干酪样结节以及卡他性肺炎区。

实验诊断：典型绵羊痘结合流行病学分析，一般可做出较为确实的诊断。对非典型病例，则须进行实验室检验。

5. 防治措施

(1)加强饲养管理，勿从疫区引进羊和购入羊肉、皮毛产品。抓膘保膘，冬、春季节适当补饲，注意防寒保暖。

(2)疫区坚持免疫接种，使用羊痘鸡胚化弱毒疫苗，大小羊一律尾部或股内侧皮内注射 0.5 mL，4～6 d 产生免疫力，保护期 1 年。

(3)发生疫情时，划区封锁，立即隔离病羊，彻底消毒环境，病死羊尸体深埋。疫区和受威胁区未发病羊用鸡胚化弱毒疫苗实施紧急免疫接种。

(4)治疗应在严格隔离的条件下进行，防止病原扩散。皮肤上的痘疱，涂碘酊或紫药水；黏膜上的病灶，用0.1%高锰酸钾溶液充分冲洗后，涂拭碘甘油或紫药水。继发感染时，肌内注射青霉素 80 万～160 万 IU，连用 2～3 d；也可用 10%磺胺嘧啶钠 10～20 mL，肌内注射 1～3 次。有条件时可用羊痘免疫血清治疗，每只羊皮下注射 10～20 mL，必要时重复用药 1 次。

(七)山羊痘　山羊痘是由山羊痘病毒引起的一种传染病。本病的临床症状和病理变化与绵羊痘相似，主要在皮肤和黏膜上形成痘疹。山羊痘病毒与绵羊痘病毒在分类上同属于痘病毒科，山羊痘病毒属，病毒核酸类型为DNA。山羊痘病毒的生物学特征与绵羊痘相似。自然情况下，山羊痘病例较为少见。山羊痘只感染山羊，同群绵羊不受传染。山羊痘的诊断方法同绵羊痘。临床上，通常与羊传染性脓疱进行鉴别。羊传染性脓疱在绵羊、山羊均可感染发病，主要于口唇和鼻孔周围皮肤、黏膜上形成水疱、脓疱，后结成厚而硬的痂，痂皮下有肉芽组织增生性病变，一般无全身反应。山羊痘弱毒疫苗，可用于山羊痘的预防，皮下接种 0.5～1.0 mL，安全有效，保护期可达 1 年。其他防治措施参见绵羊痘。

二、普通病

(一)瘤胃臌胀　急性瘤胃臌胀(气胀)，是羊采食大量易发酵的饲料，迅速产生大量气体而引起的前胃疾病。该病多发于春末夏初放牧的羊群，往往绵羊较山羊多见。

1.病因 瘤胃臌胀可分为原发性和继发性两种。原发性瘤胃臌胀的病因是摄取容易发酵的饲料，尤其是豆科牧草，如苜蓿草、草木犀、沙打旺、大豆秧、秋后豆地茬，夏、秋季放牧苦荬菜、白菜、萝卜秧地等。早晨放牧于附有露水且易发酵的草地，而发酵饲料在胃内发酵产生大量气体(二氧化碳、甲烷、硫化氢等)，不能通过嗳气排出体外，而存瘤胃内使瘤胃膨胀，严重影响心肺功能，以至自身中毒而死。继发性膨胀常见于食道梗塞、瘤胃积食、创伤性网胃炎、破伤风以及消化不良等病。

2.症状 最急性膨胀在采食过程中，患羊呆立，腹围迅速增大，左侧高出脊背，表现腹痛，伸颈举尾，扭身子、频抬后腿，呼吸逐渐困难，张口伸舌，可视黏膜发绀，大多在十几分钟内死亡。有时没等放牧人员发现就死于牧地。

急性型膨胀的症状与最急性基本相同，但发展较缓慢一点，在2～3 h 死亡。慢性型膨胀发展较慢，时发时消，膨胀程度也轻，不易死亡，体温、脉搏、呼吸变化明显。

3.治疗 治疗胃膨胀病要根据发病地点和膨胀程度，采取不同的治疗方法。如果在放牧中发生膨胀，来不及用药时，可先用较软的树枝条或长草扭成绳系于羊的口中，则羊张口嚼动，此时两手附于腹围外侧有规律地按压腹部，能排出一部分气体，症状缓和时赶快回圈舍，再进行药物治疗。药物治疗可选择以下几种药物。

福尔马林液2～5 mL，混水200 mL，1次口服。

氧化镁8～12 g，混水口服。

松节油5 mL，酒精30 mL，1次口服。

稀盐酸5～10 mL，酒精10 mL，水100 mL，1次口服。

豆油80 mL，人工盐25～30 g，将豆油放入搪瓷茶缸内加热至开，候温放入人工盐混合口服。

硫代硫酸钠30～40 g，加热水100 mL 溶化后口服。病情严重，危及病羊生命时，应迅速施行瘤胃穿刺术。

（二）中暑

1．病因　中暑是日射病和热射病的总称。日射病是在烈日下曝晒，使头部血管扩张而引起脑及脑膜急性充血，使血管运动中枢和呼吸中枢发生麻痹，体温调节发生紊乱的一种疾病。热射病是在闷热的环境中，因机体散热不足，因而引起机体过热，并伴发血管运动中枢和呼吸中枢麻痹的一种疾病。在炎热的夏季，长时间在烈日下放牧羊群，长途驱赶或长期车船运输又无防暑设备，夏季羊舍内通风不畅，运输中过度拥挤，运动场没有凉棚等，都能发生本病。

2．症状　病羊食欲减退或废绝，精神极度沉郁，步态蹒跚，站立不稳，严重者卧地不起，体温升高，体表发热，心悸，脉搏微弱，呼吸困难。可视黏膜发红，血液浓稠暗红色，肌肉震颤，全身出汗，有些病羊因脑部发生严重充血，表现兴奋不安、出汗、痉挛以及意识不清等。严重者突然倒地，在挣扎和昏迷状态下死亡。

3．预防　天气炎热时，不要在中午放牧或赶运羊群，休息场所要选择通风阴凉处，要供应充足的饮水，运输羊时，车厢内不要过于拥挤，注意通风换气，并供给足够的饮水。

4．治疗　因本病病程急速，故应及时抢救。如发现病羊后，应迅速把病羊赶到树荫下或通风凉爽的羊舍，保持安静。头部或全身用冷水浇洒，或用冷水灌肠。当肺有充血及水肿时，可进行静脉放血。放血后应静脉注射生理盐水500～1 000 mL，当心脏衰弱或严重肺水肿时，应注射强心剂。可肌内注射10%安钠咖2～10 mL或樟脑磺酸钠2～10 mL。亦可采用中药治疗：连翘12 g，金银花9 g，生石膏10～45 g，知母12 g，枝子12 g，生甘草6 g，共研为细末，开水冲灌。

（三）流产　流产是指母羊妊娠中断，或胎儿不足月就排出子宫而死亡。流产分为小产、流产、早产。

1．病因　流产的原因极为复杂。属传染性流产者，多见于布氏杆菌病、弯杆菌病、毛滴虫病。非传染性者,可见于子宫畸形、胎盘坏死、胎膜炎和羊水增多症等;内科病,如肺炎、肾炎、有毒植物中毒,食盐中毒、农药中毒等;外科病,如外伤、蜂窝织炎,败血症等。营养代谢障碍病,如无机盐缺乏,微量元素不足或过量,维生素A、维生素E 缺乏等。长途运输过于拥挤,水草供应不均,饲喂冰冻和发霉饲料,也可导致流产。

2. 诊断要点 突然发生流产者,产前一般无特征表现。发病缓慢者,表现精神不佳,食欲停止,腹痛起卧,努责咩叫,阴户流出羊水,待胎儿排出后稍为安静。若在同一群中病因相同,则陆续出现流产,直至受害母羊流产完毕,方能稳定下来。外伤性致病,可使羊发生隐性流产,即胎儿不排出体外,溶解物排出子宫外,或形成胎骨在子宫内残留,由于受外伤程度的不同,受伤的胎儿常因胎膜出血、剥离,于数小时或数天排出。

3. 防治措施 以加强饲养管理为主,重视传染病的防治,根据流产发生的原因,采取有效的防治保健措施。对于已排出了不足月胎儿或死亡胎儿的母羊,一般不需要进行特殊处理,但需加强饲养。

对有流产征兆的母羊,可用人用黄体酮注射液 3 支(每支含 10 mg),1 次肌内注射,每天1 次,可连用数次,直至症状消失。

中药治疗宜用四物胶艾汤加减:当归6 g、熟地6 g、川芎4 g、黄芩3 g、阿胶 12 g、艾叶 9 g、菟丝子 6 g,共研末用开水调服,每天1 次,灌服两剂。死胎滞留时,应采用引产或助产措施。胎儿死亡,子宫颈未开时,应先肌内注射雌激素(如己烯雌酚或苯甲酸雌二醇)2～3 mg,使子宫颈开张,然后从产道拉出胎儿。母羊出现全身症状时,应对症治疗。

(四)口炎 羊的口炎是口腔黏膜表层和深层组织的炎症。在病理过程中,口腔黏膜和齿龈发炎,可使病羊采食和咀嚼困难,口流清涎,痛觉敏感性增高。临床常见单纯性局部炎症和继发性全身反应。

1. 病因　原发性口炎多由外伤引起。羊可因采食尖锐的植物枝杈、秸秆刺伤口腔而发病，也可因接触氨水、强酸、强碱损伤口黏膜而发病。在羊口疮、口蹄疫、羊痘、霉菌性口炎时，也可发生口炎症状。

2. 诊断要点　采食与咀嚼障碍是口炎的一种症状。临床表现常见有卡他性、水疱性、溃疡性口炎。原发性口炎病羊常采食减少或停止，口腔黏膜潮红、肿胀、疼痛、流涎。严重者可见有出血、糜烂、溃疡，或引起体质消瘦。

继发性口炎多见有体温升高等全身反应。如羊口疮时，口黏膜以及上下嘴唇、口角处呈现水疱疹和出血干痂样坏死；口蹄疫时，除口黏膜发生水疱及烂斑外，趾间及皮肤也有类似病变；羊痘时除口黏膜有典型的痘疹外，在乳房、眼角、头部、腹下皮肤等处亦有痘疹。

霉菌性口炎，常有采食发霉饲料的病史，除口腔黏膜发炎外，还表现腹泻、黄疸等。

过敏反应性口炎，多与突然采食或接触某种过敏原有关，除口腔有炎症变化外，在鼻腔、乳房、肘部和股内侧等处见有充血、渗出、溃烂、结痂等变化。

3. 防治措施　加强管理和护理，防止因口腔受伤而发生原发性口炎。对传染病合并口炎者，宜隔离消毒。轻度口炎，可用2%～3%重碳酸钠溶液，或0.1%高锰酸钾溶液，或2%食盐水冲洗；对慢性口炎发生糜烂及渗出时，用1%～5%蛋白银溶液或2%明矾溶液冲洗；有溃疡时用1∶9碘甘油或蜂蜜涂擦。

全身反应明显时，用青霉素40万～80万IU，链霉素100万IU，1次肌内注射，连用3～5 d；亦可服用磺胺类药物。

中药疗法，可用柳花散：黄柏50 g、青黛12 g、肉桂6 g、冰片2 g，各研细末，和匀，擦口内疮面上。亦可用青黄散：青黛100 g、冰片30 g、黄柏150 g、五倍子30 g、硼砂80 g、枯矾80 g，共为细末，蜂蜜混合贮藏，每次用少许擦口疮面上。

为杜绝口炎的蔓延，宜用2%碱水刷洗消毒饲槽。给病羊饲喂青嫩、多汁、柔软的饲草。

（五）谷物酸中毒　谷物酸中毒是因羊采食或偷食谷物饲料过多，从而引起瘤胃内产生乳酸的异常发酵，使瘤胃内微生物区系和纤毛虫生理活性降低的一种消化不良疾病。临床表现以精神兴奋或沉郁，食欲和瘤胃蠕动废绝，胃液酸度升高，瘤胃积食胀软，脱水等为特征。

1. 病因　主要为过食富含碳水化合物的谷物如大麦、小麦、玉米、高粱、水稻，或麸皮和糟粕等浓厚饲料所引起。本病发生的原因主要是对羊管理不严，致使偷食大量谷物饲料或突然增喂大量谷物饲料，使羊突然发病。

2. 诊断要点　通常在过食谷物饲料后4～6 h发病，呈急性消化不良，表现精神沉郁，腹胀，喜卧，亦见有腹泻，很快死亡。

一般症状为食欲、反刍减少，很快废绝，瘤胃蠕动变弱，很快停止。触诊瘤胃胀软，内容物为液体。体温正常或升高，心律和呼吸增数，眼球下陷，血液黏稠，皮肤丧失弹性，尿量减少，常伴有瘤胃炎和蹄叶炎。瘤胃液pH值在6以下，血液碱贮和二氧化碳结合力也降低。在病程中亦见有视觉紊乱，盲目运动者。

3. 防治措施　加强饲养管理，严防羊偷食谷物饲料及突然增加浓厚精饲料的喂量，应控制喂量，做到逐步增加，使之适应。

中和胃液酸度，用5%碳酸氢钠1 500 mL胃管洗胃，或用石灰水洗胃。石灰水制作：生石灰1 kg，加水5 L，搅拌均匀，沉淀后用上清液。

强心补液可用5%葡萄糖盐水500～1 000 mL，10%樟脑磺酸钠5 mL，混合静脉注射。

健胃轻泻用大黄苏打片15片、橙皮酊10 mL、豆蔻酊5 mL、石蜡油100 mL,混合加水,1次内服。

(六)瘤胃积食　瘤胃积食是瘤胃充满多量食物,使正常胃的容积增大,胃壁急性扩张,食糜滞留在瘤胃引起严重消化不良的疾病。该病临床特征为反刍、嗳气停止,瘤胃坚实,疝痛,瘤胃蠕动极弱或消失。

1. 病因　该病主要是吃了过多的喜爱采食的饲料,如苜蓿、青饲、豆科牧草,或养分不足的粗饲料,如干玉米秸秆等;采食干料,饮水不足,也可引起该病的发生。

此外,因过食或偷食谷物精料,引起急性消化不良,使碳水化合物在瘤胃中形成大量乳酸,导致机体酸中毒,亦可显示瘤胃积食的病理过程。

该病还可继发于前胃弛缓、瓣胃阻塞、创伤性网胃炎、腹膜炎、皱胃炎及皱胃阻塞等疾病过程。

2. 诊断要点　发病较快,采食、反刍停止,病初不断嗳气,随后嗳气停止,腹痛摇尾,或后蹄踏地,弓背,咩叫。后期病羊精神委靡。左侧腹部轻度臌大,肷窝略平或稍凸出,触诊硬实。瘤胃蠕动初期增强,以后减弱或停止,呼吸促迫,脉搏增数,黏膜发绀。严重者可见脱水,发生自体酸中毒和胃肠炎。

3. 防治措施　严格饲养管理制度,加强对羊群检查,建立合理的饲喂和放牧操作程序。治疗应遵循消导下泻,止酵防腐,纠正酸中毒,健胃,补充液体的治疗原则。

消导下泻,可用石蜡油100 mL,人工盐或硫酸镁50 g,芳香氨酯10 mL,加水500 mL,1次内服。

止酵防腐,可用鱼石脂1～3 g、陈皮酊20 mL,加水250 mL,1次内服。亦可用煤油3 mL,加温水250 mL,摇匀呈油悬浮液,1次内服。

纠正酸中毒,可用5%碳酸氢钠100 mL,5%葡萄糖溶液200 mL,1次静脉注射;或用11.2%乳酸钠30 mL,1次静脉注射。

心脏衰弱时，可用10%安钠咖注射液5 mL，或10%樟脑磺酸钠注射液4 mL，肌内注射。呼吸系统和血液循环系统衰竭时，可用尼可刹米注射液2 mL，肌内注射。

中药治疗可用大黄12 g、芒硝30 g、枳壳9 g、厚朴12 g、玉片1.5 g、香附子9 g、陈皮6 g、千金子9 g、青皮9 g、木香3 g、二丑12 g，煎水500 mL，1次内服。

羊发生急性瘤胃积食，若应用药物治疗不能达到目的时，宜迅速进行瘤胃切开手术，进行急救。

（七）胃肠炎　胃肠炎是胃肠黏膜及其深层组织的出血性或坏死性炎症。临床表现以食欲减退或废绝，体温升高，腹泻，脱水，腹痛和不同程度的自体中毒为特征。

1. 病因　该病多因前胃疾病引起。饲养管理上的不当占重要地位，如采食大量的冰冻、发霉饲料，饲草、饲料中混进具有刺激性的化肥等。服用过量的蓖麻油、芦荟、芒硝等，也可致病。圈舍潮湿，卫生不良，春季羊体质乏弱，营养不良，以及投服驱虫药剂量偏大，也是该病发生的原因之一。

该病还可继发于羊副结核、巴氏杆菌病、肠毒血症、羔羊大肠杆菌病等疾病。

2. 诊断要点　初期病羊多呈现急性消化不良的症状，其后逐渐或迅速转为胃肠炎。病羊表现食欲减少或废绝，口腔干燥、发臭，舌有黄厚苔或薄白苔，伴有腹痛。肠音初期增强，其后减弱或消失，排稀粪或水样便，排泄物腥臭或恶臭，粪中混有血液、黏脓、坏死脱落的组织片。脱水严重，少尿，眼球下陷，皮肤弹性降低，消瘦，腹围紧缩。当虚脱时，病羊卧地，脉搏微细，心力衰竭。体温在整个病程中升高。病至后期，因循环和微循环障碍，病羊四肢冷凉，昏睡，搐搦而死。

慢性胃肠炎病程较长，病势缓慢，主要症状同于急性胃肠炎。

3. 防治措施　消炎可用磺胺脒4～8 g、小苏打3～5 g，加水适量，1 次内服。或用黄连素片 15 片、链霉素片 2 片(每片 0.5 g)、红根草粉15 g，加水适量，1 次内服；或用泻速宁 2 号 30 g，加水内服；或用青霉素 40 万～80 万 IU，链霉素 50 万～100 万 IU，蒸馏水 10 mL溶解，1 次肌内注射，连用 5 d；或用土霉素或四环素 0.5 g，溶解于生理盐水 100 mL 中，1 次静脉注射；或用氯霉素注射液 10 mL，1 次肌内注射。

脱水严重的宜补液，可用 5%葡萄糖溶液 500 mL、生理盐水 500 mL、5%碳酸氢钠溶液 100 mL，混合后 1 次静脉注射，必要时可以重复应用。下泻严重者可用1%硫酸阿托品注射液 2 mL，皮下注射。

心力衰竭时，可用 10%樟脑磺酸钠 3 mL，1 次肌内注射；或用尼可刹米注射液 2 mL，皮下注射。

急性胃肠炎可用白头翁12 g、秦皮9 g、黄连2 g、黄芩3 g、大黄3 g、山枝3 g、茯苓6 g、泽泻6 g、玉金9 g、木香2 g、山楂6 g，水煎，1 次内服。

亦可服白头翁汤、葛根芩连汤。葛根12 g、黄芩9 g、黄柏9 g、黄连6 g、白头翁15 g、银花15 g、连翘15 g、秦皮15 g、赤芍9 g、丹皮6 g，加水煎煮，1 次内服。

(八)小叶性肺炎及化脓性肺炎　小叶性肺炎是支气管与肺小叶或肺小叶群同时发生炎症。其临床特征为，病羊呼吸困难，呈现弛张热，叩诊胸部有局灶性浊音区，听诊肺区有捻发音。化脓性肺炎常由小叶性肺炎继发而来。

1. 病因　小叶性肺炎多因羊受寒感冒，物理化学因素的刺激，条件性病原菌的侵害，如巴氏杆菌、链球菌、化脓放线菌、坏死杆菌、绿脓杆菌、葡萄球菌等的感染；羊肺线虫也可引起发病。此外，本病可继发于口蹄疫、放线菌病、子宫炎、乳房炎。还可见于羊鼻蝇、外伤所致的肋骨骨折、创伤性心包炎、胸膜炎的病理过程中。

2. 诊断要点　小叶性肺炎初期呈急性支气管炎的症状，即咳嗽,体温升高,呈弛张热型,高达40℃以上;呼吸浅表、增数,呈混合性呼吸困难。呼吸困难的程度,随肺脏发炎的面积大小而不同,发炎面积越大,呼吸越困难,呈现低弱的痛咳。胸部叩诊,出现不规则的半浊音区。浊音则多见于肺下区的边缘,其周围健康部的肺脏,叩诊音高朗。听诊肺区肺泡音减弱或消失,初期出现干啰音,中期出现湿啰音、捻发音。

化脓性肺炎病灶常呈现散在性的特点,是小叶性肺炎没有治愈、化脓菌感染的结果。病羊呈现间歇热,体温升高至41.5℃;咳嗽,呼吸困难。肺区叩诊,常出现固定的似局灶性浊音区,病区呼吸音消失。其他基本同小叶性肺炎。血液检查白细胞总数增加,达每立方毫米1.5万;白细胞分类嗜中性白细胞占70%,核分叶增多。

根据病羊的临床表现即可确诊。但应注意与大叶性肺炎、咽炎、副鼻窦疾病加以区别。

3. 治疗

(1)消炎止咳:可应用10%磺胺嘧啶钠20 mL,或用抗生素(青霉素、链霉素)肌内注射;氯化铵1～5 g、酒石酸锑钾0.4 g、杏仁水2 mL,加水混合灌服;亦可应用青霉素40万～80万 IU、0.5%普鲁卡因2～3 mL,气管注入;或用卡那霉素0.5 g,肌内注射,每天2次,连用5 d。

(2)解热强心:可用10%樟脑水注射液4 mL或复方氨基比林10 mL,肌内注射。

4. 预防 加强饲养管理,保持圈舍卫生,防止吸入灰尘。勿使羊受寒感冒,杜绝传染病感染。

(九)羔羊白肌病 羔羊白肌病亦称肌肉营养不良症,是伴有骨骼肌和心肌变性,并发生运动障碍和急性心肌坏死的一种微量元素缺乏症。其临床特征为,生后数周或2个月后发病。患病羔羊弓背,四肢无力,运动困难,喜卧地。死后剖检骨骼肌苍白,营养不良。

1. 病因　该病是与母乳中缺乏维生素E，或缺硒、钴、铜和锰等微量元素有关。

2. 诊断要点　病羔精神不振，运动无力，站立困难，卧地不愿起立；有时呈现强直性痉挛状态，随即出现麻痹、血尿，死亡前昏迷，呼吸困难。

有的羔羊病初不见异常，往往由于放牧时受到惊动后剧烈运动或过度兴奋而突然死亡。该病常呈地方性同群发病，应用其他药物治疗不能控制病情。

3. 防治措施　应用硒制剂，如0.2%亚硒酸钠溶液2 mL，每月肌内注射1次，连用2次。与此同时，应用氯化钴3 mg、硫酸铜8 mg、氯化锰4 mg、碘盐3 g，加水适量内服。如辅以维生素E注射液300 mg，肌内注射，则效果更佳。

加强母畜饲养管理，供给豆科牧草，母羊产羔前补硒，可收到良好的效果。

（十）佝偻病　佝偻病是羔羊在生长发育期中，因维生素D不足，钙、磷代谢障碍所致的骨骼变形的疾病。多发生在冬末春初季节。

1. 病因　该病主要见于饲料中维生素D含量不足及日光照射不够，以致哺乳羔羊体内维生素D缺乏；怀孕母羊或哺乳羊饲料中钙、磷比例不当。圈舍潮湿、污浊、阴暗，羊消化不良，营养不佳，可成为该病的诱因。放牧母羊秋膘差，冬季未补饲，春季产羔，羔羊更易发此病。

2. 诊断要点　病羊轻者主要表现为生长迟缓，异嗜，喜卧，呆滞，卧地起立缓慢，四肢负重困难，行走步态摇摆，或出现跛行。触诊关节有疼痛反应，病程稍长则关节肿大，以腕、球关节较为明显。长骨弯曲，四肢可以展开，形如青蛙。后期病羊以腕关节着地爬行，后躯不能抬起。重症者卧地，呼吸和心跳均加快。

3. 防治措施　改善和加强母羊的饲养管理，加强运动和放牧，多给青饲料，补喂骨粉，增加幼羔的日照时间。

4. 药物治疗，可用维生素AD注射液3 mL，肌内注射；精制鱼肝油3 mL灌服或肌内注射，每周2次。为了补充钙制剂，可用10%葡萄糖酸钙液5～10 mL，静脉注射，亦可用维丁胶性钙2 mL肌内注射，每周1次，连用3次。

也可喂给三仙蛋壳粉：神曲60 g、焦山楂60 g、麦芽60 g、蛋壳粉120 g、麦饭石粉60 g，混合后每只羔羊喂12 g，连用1周。

（十一）氢氰酸中毒　氢氰酸中毒是羊吃了富有氰苷的青饲料，在胃内由于酶的水解和胃液中盐酸的作用，产生游离的氢氰酸而致病。其临床特征为，发病急促，呼吸困难，伴有肌肉震颤等综合征的组织中毒性缺氧症。

1. 病因　该病常因羊采食过量的胡麻苗、高粱苗、玉米苗等而突然发作。饲喂机榨胡麻饼，因含氰苷量多，也易发生中毒。当用于治疗的中药中杏仁、桃仁用量过大时，亦可致病。

2. 诊断要点　该病发病迅速，多于采食含有氰苷的饲料后15～20 min出现症状。首先表现腹痛不安，瘤胃臌胀，呼吸加快，可视黏膜鲜红，口流白色泡沫状唾液；先呈现兴奋状态，很快转入沉郁状态，随之出现极度衰弱，行步不稳或倒地；严重者体温下降，后肢麻痹，肌肉痉挛，瞳孔散大；全身反射减少乃至消失，心脏搏动徐缓，脉细弱，呼吸浅微，直至昏迷而死亡。

3. 防治措施　禁止在含有氰苷作物的地方放牧。应用含有氰苷的饲料喂羊时，宜先加工调制。发病后速用亚硝酸钠0.2 g，配成5%溶液，静脉注射，然后再用10%硫代硫酸钠溶液10～20 mL，静脉注射。

（十二）有机磷中毒　有机磷中毒是由于接触、吸入或采食某种有机磷制剂所致。该病的病理过程是有机磷与羊体内的胆碱酯酶结合，形成不易水解的磷酰化胆碱酯酶而失去其活性，使乙酰胆碱不能分解而在体内大量蓄积，导致神经生理机能紊乱。本病以神经过度兴奋为其特征。

1. 病因 有机磷农药种类繁多，常用的有：对硫磷(1605)、内吸磷(1509)，为剧毒类；敌敌畏、乐果、杀螟松，为强毒类；敌百虫、马拉硫磷，为弱毒类。上述药剂敏感性和毒性效果各不相同。引起中毒事故多见于对农药保管和使用违反操作规程，使羊直接接触或误食农药而发病；或间接食入农药污染的牧草、精料、饮水而致病。亦见于驱除外寄生虫时，应用有机磷过量而发生中毒。

2. 诊断要点 常出现毒蕈碱中毒样症状，如食欲不振，流涎呕吐，疝痛腹泻，多汗，尿失禁，瞳孔缩小，黏膜苍白，呼吸困难，肺水肿等；有的表现为烟碱中毒样症状，如肌纤维性震颤、麻痹，血压上升，脉频数，致使中枢神经系统机能紊乱，表现兴奋不安，全身抽搐，以至昏睡等。除上述症状外，还可有体温升高，水样下泻，便血也较多见。在发生呼吸困难的同时，病羊表现痛苦，眼球震颤，四肢厥冷，出汗。当呼吸肌麻痹时，导致窒息而死亡。实验室检查，胆碱酯酶活性降低。

依据症状、毒物接触史和毒物分析，并测定胆碱酯酶活性，可以确诊。

3. 防治措施 严格农药管理制度，勿在喷洒有机磷农药的地点放牧，拌过有机磷农药的种子不得再喂羊。治疗可用解磷定，剂量按每千克体重15～30 mg，溶于5%葡萄糖溶液100 mL中，静脉注射；或用硫酸阿托品10～30 mg，肌内注射。症状未见减轻时，仍可重复应用解磷定和硫酸阿托品。

(十三)胎衣不下 胎衣不下是指孕羊产后超过6 h，胎衣仍排不下来的疾病。

1. 病因 该病多因孕羊缺乏运动，饲料中缺乏钙盐、维生素，饮饲失调，体质虚弱。此外，子宫炎、布氏杆菌等也可致病。羊缺硒也可致胎衣不下。

2. 诊断要点 病羊常表现弓腰努责，食欲减少或废绝，精神较差，喜卧地，体温升高，呼吸脉搏增快。胎衣滞留不下，可发生腐败，从阴户中流出污红色腐败恶臭的恶露，其中杂有灰白色未腐败的胎衣碎片或脉管。

3. 防治措施

(1)药物疗法：病羊分娩后不超过12 h的，垂体后叶素注射液或催产素注射液0.8～1.0 mL，1次肌内注射。

(2)手术剥离法：应用药物已达48～72 h胎衣仍然不下时，应立即采用此法。宜先保定好病羊，按常规准备及消毒后，进行手术。术者一手握住阴门外的胎衣，稍向外牵拉；另一手沿胎衣表面伸入子宫，可用食指和中指夹住胎盘周围绒毛成一束，以拇指剥离开母子胎盘相互结合的周边，剥离半周后，手向手背侧翻转以扭转绒毛膜，使其从小窦中拔出，与母体胎盘分离。子宫角尖端难以剥离，常借子宫角的反射收缩而上升，再行剥离。最后给宫内灌注抗生素或防腐消毒药，如土霉素2 g，溶于100 mL生理盐水中，注入子宫腔内。

(3)自然剥离法：不借助手术剥离，而辅以防腐消毒药或抗生素，让胎膜自行排出，达到自行剥离的目的。可于子宫内投放土霉素(0.5 g)胶囊，效果较好。

(4)中药：可用当归9 g、白术6 g、益母草9 g、桃仁3 g、红花6 g、川芎3 g、陈皮3 g，共研细末，开水调后内服。当体温高时，宜用抗生素注射。

为了预防本病，可用亚硒酸钠维生素E注射液，在妊娠期肌内注射3次，每次0.5 mL。

(十四)乳房炎　乳房炎是乳腺、乳池、乳头局部的炎症；多见于泌乳期的绵羊、山羊。其临床特征为，乳腺发生各种不同性质的炎症，乳房发热、红肿、疼痛，影响泌乳机能和产乳量。常见的有浆液性乳房炎、卡他性乳房炎、脓性乳房炎和出血性乳房炎。

1. 病因　该病多因挤乳人员技术不熟练，损伤了乳头、乳腺体；或因挤乳人员手臂不卫生，使乳房受到细菌感染；或羔羊吮乳咬伤乳头。亦见于胎衣不下、子宫炎、脓毒败血症等疾病过程中。

2. 诊断要点　轻者不显临床症状，病羊全身无反应，仅乳汁有变化。一般多为急性乳房炎，乳房局部肿胀、硬结、热痛，乳量减少，乳汁变性，其中混有血液、脓汁等，乳汁有絮状物，褐色或淡红色。炎症延续，病羊体温升高，可达41℃。挤乳或羔羊吃乳时，母羊抗拒、躲闪。若炎症转为慢性，则病程延长。由于乳房硬结，常丧失泌乳机能。脓性乳房炎可形成脓腔，使腔体与乳腺相通，若穿透皮肤可形成瘘管。山羊可患坏疽性乳房炎，为地方流行性急性炎症，多发生于产羔后4～6周。

3. 防治措施　注意挤乳卫生，扫除圈舍污物，在绵羊产羔季节应经常注意检查母羊乳房。

病初可用青霉素40万IU、0.5%普鲁卡因5 mL，溶解后用乳房导管注入乳孔内，然后轻揉乳房腺体部，使药液分布于乳房腺中，或应用磺胺类药物抗菌消炎。为了促进炎性渗出物吸收和消散，除在炎症初期冷敷外，2～3 d后可施热敷，用10%硫酸镁水溶液1 000 mL，加热至45℃，每天外洗热敷1或2次，连用4 d。

中药治疗，急性者可用当归15 g、生地6 g、蒲公英30 g、金银花12 g、连翘6 g、赤芍6 g、川芎6 g、瓜蒌6 g、龙胆草24 g、山栀6 g、甘草10 g，共研细末，开水调服，每天1剂，连用5 d。亦可将上述中药煎水内服，同时应积极治疗继发病。

对脓性乳房炎及开口于乳池深部的脓肿，宜向乳房脓腔内注入0.02%呋喃西林溶液，或用3%过氧化氢溶液，或用0.1%高锰酸钾溶液冲洗消毒脓腔，引流排脓。必要时应用四环素族药物静脉注射，以消炎和增强机体抗病能力。为使乳房保持清洁，可用0.1%新洁尔灭溶液经常擦洗乳头及其周围。

三、寄生虫病

（一）螨病　羊螨病是由疥螨和痒螨寄生在体表而引起的慢性寄生性皮肤病。螨病又叫疥癣、疥虫病、疥疮等，俗称羊癞，具有高度传染性，往往在短期内可引起羊群严重感染，危害十分严重。

1. 病原

疥螨：寄生于皮肤角化层下，并不断在皮内挖凿隧道，虫体即在隧道内不断发育和繁殖。疥螨的成虫形态特征为，虫体小，长0.2～0.5 mm，肉眼不易看见；体呈圆形，浅黄色，体表生有大量小刺；前端口器呈蹄形；虫体腹面前部和后部各有两对粗短的足，后两对足不突出于体后缘之外。每对足上均有角质化的支条，第一对足的后支条在虫体中央并成一条长杆，第三、四对足上的后支条，在雄虫是互相连接的。雌虫第一、二对足及雄虫第一、二、四对足的末端具有与不分节柄连接的钟形吸盘，无吸盘足的末端则生有长刚毛（图 11-1a）。

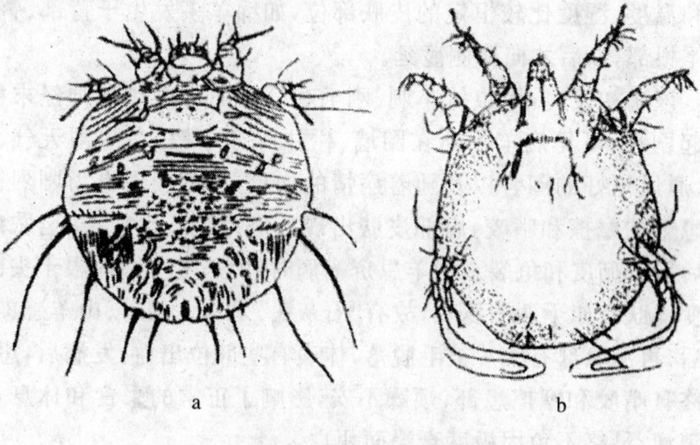

a　　　　　　　　　b

a. 疥螨背面　b. 痒螨腹面

图 11-1　疥螨与痒螨

痒螨：寄生在皮肤表面。虫体呈长圆形，较大，长0.5～0.9 mm，肉眼可见。口器长，呈圆锥形。4对足细长，尤其前两对更为发达。雌虫第一、二、四对足和雄虫前足有细长的柄和吸盘，柄分3节。雌虫第三对足上有两根长刚毛；雄虫第四对足短且无吸盘和刚毛，尾端有两个尾突，在尾突前方腹面上有两个性吸盘(图11-1b)。

2. 生活史　疥螨与痒螨的全部发育过程都在宿主体上度过，包括虫卵、幼虫、若虫和成虫4个阶段，其中雄螨有1个若虫期，雌螨有两个若虫期。疥螨的发育是在羊的表皮内不断挖凿隧道，并在隧道中不断繁殖和发育，完成一个发育周期需8～22 d。痒螨在皮肤表面进行繁殖和发育，完成一个发育周期10～12 d。本病的传播是由于健畜与患畜直接接触，或通过被螨及其卵所污染的厩舍、用具的间接接触引起感染。

3. 临床症状　该病主要发生于冬季、秋末和春初。发病时，疥螨病一般始发于皮肤柔软且毛短的部位，如嘴唇、口角、鼻面、眼圈及耳根部，以后皮肤炎症逐渐向周围蔓延；痒螨病则起始于被毛稠密和温度、湿度比较恒定的皮肤部位，如绵羊多发生于背部、臀部及尾根部，以后才向体侧蔓延。

该病初发时，因虫体小刺、刚毛和分泌的毒素刺激神经末梢，引起剧痒，可见病羊不断在圈墙、栏柱等处摩擦；在阴雨天气、夜间、通风不好的圈舍以及随着病情的加重，痒觉表现更为剧烈；由于患羊的摩擦和啃咬，患部皮肤出现丘疹、结节、水疱，甚至脓疱，以后形成痂皮和龟裂。绵羊患疥螨病时，因病变主要局限于头部，病变皮肤有如干涸的石灰，故有“石灰头”之称。绵羊、山羊感染痒螨后，可见患部有大片被毛脱落，体表有些部位出血。发病后，患羊因终日啃咬和摩擦患部，烦躁不安，影响了正常的采食和休息，日渐消瘦，最终不免因极度衰竭而死亡。

4. 实验室检查　根据羊的症状表现及疾病流行情况，刮取皮肤组织查找病原，以便确诊。其方法是：用经过火焰消毒的凸刃小刀，涂上50%甘油水溶液或煤油，在皮肤的患部与健康部的交界处刮取皮屑，要求一直刮到皮肤轻微出血为止；刮取的皮屑放入10%氢氧化钾或氢氧化钠溶液中煮沸，待大部分皮屑溶解后，经沉淀取其沉渣镜检虫体。无此条件时，亦可将刮取物置于平皿内，把平皿在热水上稍微加温或在日光下照晒后，将平皿放在黑色背景上，用放大镜仔细观察有无螨虫在皮屑间爬动。

本病要与以下疾病相鉴别：

(1)与湿疹的鉴别：湿疹痒觉不剧烈，且不受环境、温度影响，无传染性，皮屑内无虫体。

(2)与秃毛癣的鉴别：秃毛癣患部呈圆形或椭圆形，界限明显，其上覆盖的浅黄色干痂易于剥落，痒觉不明显。镜检经10%氢氧化钾处理的毛根或皮屑，可发现癣菌的孢子或菌丝。

(3)与虱和毛虱的鉴别：虱和毛虱所致的症状有时与螨病相似，但皮肤炎症、落屑及形成痂皮较轻，容易发现虱与虱卵，病料中找不到螨虫。

5. 防治措施 治疗方法及注意事项如下。

(1)注射或口服药物疗法：可选用伊维菌素或与伊维菌素药理作用相似的药物，此类药物不仅对螨病，而且对其他的节肢动物疾病和大部分线虫病均有良好疗效。应用伊维菌素时，剂量按每千克体重50～100 μg。

(2)涂药疗法：适合于病畜数量少，患部面积小的情况，可在任何季节应用，但每次涂药面积不得超过体表的1/3。可选用的药物如下：

克辽林擦剂：克辽林1份、软肥皂1份、酒精8份，调和即成。

5%敌百虫溶液：来苏儿5份，溶于温水100份中，再加入5份敌百虫即成。

杀虫脒：配成0.1%～0.2%水溶液涂擦患处。新星癣特灵：用小刷蘸药液涂患处，每2天涂1次。

灭疥灵药膏:涂于患处,间隔3～5 d涂药1次。

辣椒烟叶合剂:辣椒500 g,烟叶1 500 g,水1 500～2 500 mL,混合后煮沸,熬至500～1000 mL,滤去粗渣,使用时加温到60～70℃,每天1次,连涂7 d。

此外,亦可应用林丹、单甲脒、双甲脒、溴氰菊酯(倍特)等药物,按说明书涂擦使用。

(3)药浴疗法:该法适用于病畜数量多且气候温暖的季节,也是预防本病的主要方法。药浴时,药液可选用0.025%～0.030%林丹乳油水溶液,0.05%蝇毒磷乳剂水溶液,0.5%～1.0%敌百虫水溶液,0.05%辛硫磷乳油水溶液,0.05%双甲脒溶液等。

(4)治疗时的注意事项:

第一,为使药物有效杀灭虫体,涂擦药物时应剪除患部周围被毛,彻底清洗并除去痂皮及污物。大规模药浴最好选择山羊抓绒、绵羊剪毛后数天时进行。药液温度应按药物种类所要求的温度予以保持,药浴时间应维持1 min左右,药浴时应注意羊头的浸浴。

第二,大规模治疗时,应对选用的药物先做小群安全试验。药浴前让羊饮足水,以免误饮药液。工作人员亦应注意自身安全防护。

第三,因大部分药物对螨的虫卵无杀灭作用,治疗时可根据使用药物情况重复用药2或3次,每次间隔6 d,方能杀灭新孵出的螨虫,达到彻底治愈的目的。

6. 预防　每年定期对羊群进行药浴,可取得预防与治疗的双重效果;加强检疫工作,对新购进的羊应隔离检查后再混群;经常保持圈舍卫生、干燥和通风良好,定期对圈舍和用具清扫和消毒;对患畜应及时治疗,可疑患畜应隔离饲养;治疗期间,应注意对饲管人员、圈舍、用具同时进行消毒,以免病原散布,不断出现重复感染。

(二)片形吸虫病　片形吸虫病是羊的主要寄生虫病之一,是由肝片吸虫和大片吸虫寄生于羊的肝脏胆管所致。本病能引起急性或慢性肝炎和胆管炎,并伴发全身性中毒现象和营养障碍。幼畜及绵羊常因此病导致大批死亡。慢性和隐性症状的患羊可因消瘦、发育不良及毛、乳产量显著降低而造成严重损失。该病在全国各地均有不同程度的发生,并可危害其他反刍动物及猪和马属动物,人亦可遭受感染。

1. 病原

(1)肝片吸虫:虫体外观呈扁平叶状,体长20～35 mm,宽5～13 mm。自胆管内取出的鲜活虫体为棕红色,固定后呈灰白色。其前端呈圆锥状突起,称头锥。头锥基部扩展变宽,形成肩部,肩部以后逐渐变窄。体表生有许多小刺。口吸盘位于头锥的前端,腹吸盘在肩部水平线中部。生殖孔开口于腹吸盘前方。虫体的消化系统由口、咽、食道和左右分开的两条肠管组成,每条肠管上又有许多侧小分枝。生殖系统为雌雄同体。两个分枝状的睾丸前后排列于虫体的中后部。1个鹿角状分枝的卵巢位于腹吸盘后方的右侧。卵膜位于紧靠睾丸前方的虫体中央。在卵膜与腹吸盘之间为盘曲的子宫,内充满黄褐色的虫卵。卵黄腺由许多褐色小滤泡组成,分布在虫体两侧。肝片吸虫卵呈椭圆形,黄褐色;长120～150 μm,宽70～80 μm;前端较窄,有一不明显的卵盖,后端较钝。在较薄而透明的卵内,充满卵黄细胞和1个胚细胞。

(2)大片吸虫:成虫呈长叶状;长33～76 mm,宽5～12 mm。大片吸虫与肝片吸虫的区别在于,虫体前端无显著的头锥突起,肩部不明显;虫体两侧缘几乎平行,前后宽度变化不大,虫体后端钝圆;腹吸盘较大,吸盘腔向后延长,并形成盲囊;肠管的内侧分枝较多,并有明显的小枝;睾丸分枝较少,所占的空间及其长度也较小。大片虫卵呈深黄色,长150～190 μm,宽75～90 μm。

2. 生活史 肝片吸虫的成虫寄生于羊及其他宿主的胆管内,产出的虫卵随胆汁进入消化道,并与粪便一同排出体外。虫卵在适宜的温度(15～30℃)和充足的氧气、水分及光照条件下,经10～25 d孵化出毛蚴。毛蚴在水中游动,通常只能生存1～2昼夜,其生活期间如遇中间宿主各种椎实螺,则侵入其体内,经过胞蚴、母雷蚴、7雷蚴各阶段发育,最后形成大量的尾蚴自螺体逸出。尾蚴附着于水生植物上或在水面上形成囊蚴,羊等终末宿主在吃草或饮水时吞食了囊蚴即遭受感染,并移行到胆管寄生。

在小肠内脱囊的幼虫向胆管移行的途径有3条:一是穿过肠壁进入腹腔,经肝包膜和肝实质到达寄生部位;二是钻入肠黏膜,进入肠静脉,经门脉循环到达肝脏,并最终移行至胆管;三是可通过胆道在十二指肠的开口处逆行到达胆囊和胆管。幼虫在羊体内移行时,尤其是经腹腔和肝实质移行过程中,可造成肠壁和肝组织的损伤,引起急性肝炎、腹膜炎和内出血等。囊蚴进入羊体并在胆管内发育为成虫,需3～4个月。成虫可在宿主体内生存3～5年,但大多数虫体1年左右可自行排出体外。

大片吸虫的生活史与肝片吸虫相似。

3. 诊断要点　该病的症状表现因感染强度(有约50条虫会出现明显症状)、病程长短、家畜的抵抗力、年龄及饲养条件不同而异,幼畜轻度感染即可表现症状。

急性型症状多发生于夏末秋初,是因短时间内遭受严重感染所致。慢性型症状较多见于患羊耐过急性期或轻度感染后,在冬、春季节转为慢性。急性型病羊,初期发热,衰弱,易疲劳,离群;叩诊肝区半浊音界扩大,压痛明显,很快出现贫血、黏膜苍白,红细胞及血红素显著降低,严重者多在几天内死亡。慢性型病羊,主要表现消瘦,贫血,黏膜苍白,食欲不振,异嗜,被毛蓬乱无光泽,且易脱落,步行缓慢;眼睑、颌下、胸前及腹下出现水肿;便秘与下痢交替发生,病情逐渐恶化,最终可因极度衰竭而死亡。

4. 剖检变化　剖检时,病理变化主要呈现在肝脏,其变化程度与感染虫体的数量及病程长短有关。

在大量感染、急性死亡的病例中,可见到急性肝炎和大出血后的贫血现象,肝肿大,包膜有纤维沉积,有2～5 mm长的暗红色虫道,虫道内有凝固的血液和少量幼虫。腹腔中有血红色的液体,有腹膜炎病变。

慢性病例主要呈现慢性增生性肝炎,在肝组织被破坏的部位出现淡白色索状瘢痕,肝实质萎缩、退色、变硬、边缘钝圆,小叶间结缔组织增生。胆管肥厚、扩张呈绳索样突出于肝表面;胆管内有磷酸钙和磷酸镁等盐类的沉积使内膜粗糙,刀切时有沙沙声;胆管内有虫体和污浊稠厚的液体。病尸出现消瘦、贫血和水肿现象;胸腹腔及心包内蓄积有透明的液体。

5. 防治措施　防治该病,必须采取综合性防治措施,才能取得较好的效果。其主要措施包括:

(1)定期驱虫:驱虫是预防和治疗的重要方法之一。在进行预防性驱虫时,驱虫的次数和时间必须与当地的具体情况及条件相结合。通常情况下,每年如进行1次驱虫,可在秋末冬初进行;如进行2次驱虫,另一次驱虫可在翌年的春季进行。

(2)粪便处理:及时对畜舍内的粪便进行堆肥发酵,以便利用生物热杀死虫卵。

(3)饮水及饲草卫生:尽可能避免在沼泽、低洼地区放牧,以免感染囊蚴。饮水最好用自来水、井水或流动的河水,保持水源清洁卫生。有条件的地区可采用轮牧方式,以减少感染机会。

(4)消灭中间宿主:肝片吸虫的中间宿主椎实螺生活在低洼阴湿地区,可结合水土改造,破坏椎实螺的生活条件。流行地区应用药物灭螺时,可选用1∶50 000的硫酸铜溶液或2.5∶1 000 000的血防67对椎实螺进行浸杀或喷杀。

6. 药物治疗　驱除片形吸虫的药物,常用的有下列几种:

(1)丙硫咪唑(抗蠕敏):为广谱驱虫药,对驱除片形吸虫的成虫有良效,剂量按每千克体重5～15 mg,口服。

(2)硝氯酚(拜耳9015):驱成虫有高效,剂量按每千克体重4～5 mg,口服。

(3)五氯柳胺(氯羟杨苯胺):驱成虫有高效,剂量按每千克体重15 mg,口服。

(4)碘醚柳胺:驱成虫和6～12周的未成熟幼虫都有效,剂量按每千克体重7.5 mg,口服。

(5)双酰胺氧醚:对1～6周龄肝片吸虫幼虫有高效,但随虫龄的增长,药效也随之降低。用于治疗急性期的病例,剂量按每千克体重100 mg,口服。

(6)硫双二氯酚(别丁):驱成虫有效,但使用后有较强的泻下作用。剂量按每千克体重80～100 mg,口服。

(7)四氯化碳液体石蜡注射液:每次4～6 mL,幼羊每次2 mL,肌内注射。驱成虫效果显著,但有一定副作用。

(三)反刍动物绦虫病 反刍动物绦虫病是由莫尼茨绦虫、曲子宫绦虫及无卵黄腺绦虫寄生于绵羊、山羊和牛的小肠所引起。其中莫尼茨绦虫危害最为严重,特别是羔羊、犊牛感染时,不仅影响生长发育,甚至可引起死亡。3种绦虫既可单独感染,也可混合感染。

1. 病原

(1)莫尼茨绦虫:常见有贝氏莫尼茨绦虫和扩展莫尼茨绦虫,二者外观难以区别。莫尼茨绦虫虫体呈带状。由头节、颈节及链体部组成,全长可达6 m,最宽处16～26 mm,呈乳白色。头节上有4个近于椭圆形的吸盘,无顶突和小钩。节片短而宽,但后部的孕卵节片则长宽几乎相等而呈方形。成熟节片具有两组生殖器官,在两侧对称分布,即卵巢和卵黄腺围绕着卵膜构成圆环形,位于节片的两侧。其输精管、雄茎囊和雄茎均与雌性生殖管并列,亦开口于节片两侧边缘的生殖孔内。睾丸有数百个,分布在节片的两纵排泄管内侧,但靠近纵排泄管处较为稠密。扩展莫尼茨绦虫在每个节片后缘有8～15个泡状节间腺单行排列，其两端几乎达到纵排泄管。贝氏莫尼茨绦虫的节间腺则呈密集的小颗粒状，仅排列于节片后缘的中央部位。莫尼茨绦虫的孕卵节片内子宫会合呈网状，内含大量呈三角形、圆形或不整立方形的虫卵。虫卵长50～60 μm，内含一个被梨形器包围的六钩蚴。

(2)曲子宫绦虫：虫体可长达2 m，宽约12 mm。每个节片有1组生殖器官，偶然也见两组。排列成环状的卵巢、卵黄腺和卵膜靠近生殖孔一侧。生殖孔不规则地交替开口于节片边缘。睾丸位于纵排泄管外侧。孕节的子宫有许多弯曲，呈波浪状。在子宫侧枝的末端有许多子宫周围器。每个子宫周围器含有3～8个虫卵。虫卵近于圆形，无梨形器。

(3)无卵黄腺绦虫：其是反刍兽绦虫中较小的一类，虫体长2～3 m，宽仅为3 mm左右。节片短，眼观分节不明显。每个节片有一组生殖器官，生殖孔亦不规则地交替开口于节片边缘，无卵黄腺，卵巢位于生殖孔一侧，睾丸在纵排泄管的内外两侧，子宫在节片的中央，虫卵无梨形器，被包在大而壁厚的子宫周围器内。由于各节片中央的子宫相互靠近，肉眼观察能明显地看到虫体后部中央贯穿着一条白色的线状物。

2. 生活史　莫尼茨绦虫、曲子宫绦虫及无卵黄腺绦虫的中间宿主均为地螨。寄生于羊、牛小肠的绦虫成虫，它们的孕卵节片或虫卵随粪便排出后，如被地螨吞食，则虫卵内的六钩蚴在地螨体内发育为似囊尾蚴。当终末宿主羊、牛等反刍动物在采食时连同牧草一起吞食了含有似囊尾蚴的地螨后，似囊尾蚴在反刍动物消化道逸出，附着在肠壁上逐渐发育为成虫。

3. 诊断要点

(1)临床症状：患羊症状表现的轻重通常与感染虫体的强度及体质、年龄等因素密切相关。一般可表现为食欲减退，出现贫血与水肿。羔羊腹泻时，粪中混有虫体节片，有时还可见虫体的一段吊在肛门处。被毛粗乱无光，喜躺卧，起立困难，体重迅速减轻。若虫体阻塞肠管时，则出现肠臌胀和腹痛表现，甚至因肠破裂而死亡。有时病羊亦可出现转圈、肌肉痉挛或头向后仰等神经症状。后期，患畜仰头倒地，经常作咀嚼运动，口周围有泡沫，对外界反应几乎丧失，直至全身衰竭而死。

(2)剖检变化：剖检死羊可在小肠中发现数量不等的虫体；其寄生处有卡他性炎症，有时可见肠壁扩张，肠套叠乃至肠破裂；肠系膜、肠黏膜、肾脏、脾脏甚至肝脏发生增生性变性过程；肠黏膜、心内膜和心包膜有明显的出血点；脑内可见出血性浸润和出血；腹腔和颅腔贮有渗出液。

(3)实验室检查：查找可疑羊的粪便中是否排出有虫体的节片，必要时亦可用饱和盐水漂浮法进行虫卵检查。

4. 防治措施　可选择下列药物治疗：

(1)丙硫咪唑：剂量按每千克体重5～20 mg，做成1%的水悬液，口服。

(2)氯硝柳胺：剂量按每千克体重100 mg，配成10%水悬液，口服。

(3)硫双二氯酚：剂量按每千克体重75～100 mg，包在菜叶里口服，亦可灌服。

(4)砷制剂：包括砷酸亚锡、砷酸铅及砷酸钙，各药剂量均按羔羊每只0.5 g，成年羊每只1 g，装入胶囊口服。

(5)硫酸铜：使用时，可将其配制成1%水溶液。为了使硫酸铜充分溶解，可在配制时每1 000 mL 溶液中加入1～4 mL 盐酸。配制的溶液应储存于玻璃或木质的容器内。其治疗剂量为：1～6 月龄的绵羊15～45 mL，7 月龄至成年羊50～100 mL，成年山羊不超过60 mL，可用长颈细口玻璃瓶灌服。

(6)仙鹤草根芽粉：绵羊每只用量30 g，1 次口服。

预防：在虫体成熟前，即羊放牧后30 d 内进行第一次驱虫，再经10～15 d后进行第二次驱虫，此法不仅可驱除寄生的绦虫，还可防止牧场或外界环境遭受污染。有条件的地区可实行科学轮牧。尽可能避免雨后、清晨和黄昏放牧，以减少羊吃入中间宿主——地螨的机会。结合牧场改良，进行深耕，种植优良牧草或农牧轮作，不仅能大量减少地螨还可提高牧草质量。

（四）鼻蝇蛆病　羊鼻蝇蛆病是由羊鼻蝇的幼虫寄生在羊的鼻腔及附近腔窦内所引起的疾病。在我国西北、东北、华北地区较为常见。羊鼻蝇主要危害绵羊，对山羊危害较轻。病羊表现为精神不安，体质消瘦，甚至发生死亡。

1. 病原

（1）成虫：羊鼻蝇形似蜜蜂，全身密生短绒毛，体长10～12 mm；头大呈半球形、黄色；两复眼小，相距较远；触角球形，位于触角窝内；口器退化；胸部有4条断续而不明显的黑色纵纹，腹部有褐色及银白色斑点。

（2）幼虫：第一期幼虫呈淡黄白色，长1 mm，前端有两个黑色口前钩，体表丛生小刺，末端的肛门分左右两叶，后气门很小，呈管状；第二期幼虫呈椭圆形，长20～25 mm，体表刺不明显，后气门呈弯肾形；第三期幼虫长约30 mm，背面拱起，各节上有深棕色的横带，腹面扁平，各节前缘有数行小刺，体前端尖，有两个强大的黑色口前钩，虫体后端齐平，有两个黑色的后气孔。

2. 生活史　羊鼻蝇的发育需经幼虫、蛹及成虫3个阶段。成虫出现于每年5～9月份，雌雄交配后，雄虫很快死亡，雌虫则于有阳光的白天以急剧而突然的动作飞向羊鼻，将幼虫产在羊鼻孔内或羊鼻孔周围，雌虫在数天内产完幼虫后亦很快死亡。产出的第一期幼虫活动力很强，爬入鼻腔后以其口前钩固着于鼻黏膜上，并逐渐向鼻腔深部移行，到达额窦或鼻窦内（有些幼虫还可以进入颅腔），经2次蜕化发育为第三期幼虫。幼虫在鼻腔内寄生9～10个月，到翌年春天，发育成熟的第三期幼虫由鼻腔深部向浅部返回移行，当患羊打喷嚏时，将其喷出鼻孔，三期幼虫即在土壤表层或羊粪内变蛹，蛹的外表形态与三期幼虫相同。蛹经1～2个月羽化为成虫。成虫寿命2～3周。在温暖地区羊鼻蝇每年可繁殖2代，在寒冷地区每年繁殖1代。

3．诊断要点

临床症状：羊鼻蝇幼虫进入羊鼻腔、额窦及鼻窦后，在其移行过程中，由于体表小刺和口前钩损伤黏膜引起鼻炎，可见羊流出多量鼻液，鼻液初为浆液性，后为黏液性和脓性，有时混有血液；当大量鼻漏干涸在鼻孔周围形成硬痂时，使羊发生呼吸困难。此外，可见病羊表现不安，打喷嚏，时常摇头，摩鼻，眼睑浮肿，流泪，食欲减退，日渐消瘦。症状表现可因幼虫在鼻腔内的发育期不同而持续数月。通常感染不久呈急性表现，以后逐渐好转，到幼虫寄生的晚期，则疾病表现更为剧烈。有时，当个别幼虫进入颅腔损伤了脑膜或因鼻窦发炎而波及脑膜时，可引起神经症状，病羊表现为运动失调，旋转运动，头弯向一侧或发生麻痹，最后病羊食欲废绝，因极度衰竭而死亡。

4．防治措施　防治该病应以消灭第一期幼虫为主要措施。各地可根据不同气候条件和羊鼻蝇的发育情况，确定防治的时间，一般在每年11月份进行为宜。可选用如下药物：

(1)精制敌百虫

①口服：剂量按每千克体重0.12 g，配成2%溶液，灌服。

②肌内注射：取精制敌百虫60 g，加95%酒精31 mL，在瓷容器内加热溶解后，加入31 mL蒸馏水，再加热至60～65℃，待药完全溶解后，加水至总量100 mL，经药棉过滤后即可注射。剂量按羊体重10～20 kg用0.5 mL；体重20～30 kg用1 mL；体重30～40 kg用1.5 mL；体重40～50 kg用2 mL；体重50 kg以上用2.5 mL。

(2)敌敌畏

①口服：剂量按每千克体重5 mg，每天1次，连用2 d。

②烟雾法：常用于羊群的大面积防治，药量按熏蒸场所的空间体积计算，每立方米空间使用80%敌敌畏0.5～1.0 mL。吸雾时间应根据小群羊的安全试验和驱虫效果而定，一般不超过1 h为宜。

③气雾法：亦适合于大群羊的防治，可用超低量电动喷雾器或气雾枪使药液雾化。药液的用量及吸雾时间与烟雾法相同。

④涂药法：对个别良种羊，可在成蝇的飞翔季节将1%敌敌畏软膏涂擦在羊的鼻孔周围，每5 d 1次，可杀死雌蝇产下的幼虫。

(五)羊梨形虫病　羊梨形虫病是由泰勒科和巴贝斯科的各种梨形虫引起的血液原虫病。其中绵羊泰勒虫和绵羊巴贝斯虫是使绵羊和山羊致病的主要病原体；疾病由硬蜱吸血时传播。该病在我国甘肃、青海和四川等地均有发生。据笔者所知，近几年来，山东不少地方的绵羊和山羊也发生了本病，有的地方大批羊死亡，危害严重。

1. 病原

绵羊泰勒虫：寄生在红细胞内的虫体大多数呈圆形和卵圆形，约占80%，其次为杆状，边虫形很少。圆形虫体的直径为0.6～2.0 μm，卵圆形虫体长约1.6 μm。1个红细胞内的虫体数可有1～4个，红细胞的染虫率一般低于2%。在淋巴涂片中可见到淋巴细胞内或游离其外的石榴体。石榴体直径约8 μm，有的达10～20 μm，其内含1～80个直径1～2 μm的紫红色染色质颗粒。

绵羊巴贝斯虫：病原寄生于红细胞内，虫体有双梨籽形、单梨籽形、椭圆形和变形虫等各种形状，其中双梨籽形占60%以上，其他形状虫体较少。梨籽形虫体为(2.5～3.5) μm×1.5 μm，大于红细胞半径，虫体有两个染色质团块。双梨籽虫体尖端以锐角相连，位于红细胞中央。

2. 生活史　羊梨形虫的生活史尚不十分明了，有待更加详尽的研究。资料记载，我国绵羊巴贝斯虫病的主要传播者为扇头蜱属的蜱，绵羊泰勒虫病的主要传播者为血蜱属的蜱，病原在蜱体内要经过有性的配子生殖并产生子孢子，当蜱吸血时即将病原注入羊体内。绵羊巴贝斯虫寄生于羊的红细胞内并不断进行无性繁殖；绵羊泰勒虫在羊体内首先侵入网状内皮系统细胞，在肝、脾、淋巴结和肾脏内进行裂体繁殖(石榴体)，并继而进入红细胞内寄生。病原的传播者——上述种类的硬蜱吸食羊血液时，病原又进入蜱体内发育，如此周而复始，流行发病。

3. 诊断要点　临床症状与剖检变化。

(1)泰勒虫感染：病初体温升高至40～42℃，呈稽留热型；呼吸促迫，鼻发鼾声；心律不齐；食欲减退，便秘或腹泻；精神沉郁，四肢僵硬，喜卧地；眼结膜初为充血，继而苍白，并轻度黄染；羊体逐渐消瘦；体表淋巴结肿大，肩前淋巴结肿大尤为显著，可由核桃大至鸭蛋大，触之有痛感。

死于泰勒虫感染的羊，可见尸体消瘦，贫血；全身淋巴结不同程度的肿大，尤以肩前、肠系膜、肝、肺等处更为明显；肝脏、胆囊、脾脏显著肿大并有出血点；肾脏呈黄褐色，表面有淡黄色或灰白色结节和小出血点；真胃黏膜有溃疡斑，肠黏膜有少量出血点。

(2)巴贝斯虫感染：病羊的主要症状为，体温升高至41～42℃，稽留数日或直至死亡；呼吸浅表，脉搏加速，精神委顿，食欲减退乃至废绝；黏膜苍白，显著黄染；时而出现血红蛋白尿，并出现腹泻；红细胞每立方毫米减少200万～400万，大小不匀。

剖检死于巴贝斯虫感染的羊时，可见黏膜与皮下组织贫血、黄染；肝、脾肿大变性，有出血点；胆囊肿大2～4倍；心内、外膜及浆、黏膜亦有出血点和出血表现；肾脏充血发炎；膀胱扩张，充满红色尿液。

实验室检查：进行血液或淋巴检查，找出病原以便确诊。血液检查可采取羊的静脉血液，制成血片，经染色后镜检虫体。染色通常采用姬姆萨或瑞氏染色法。血液红细胞虫体感染率较低时,可先进行集虫,再制片检查。集虫的方法是,在离心管中加入 3～4 mL 2%柠檬酸钠生理盐水,再加静脉血 6～7 mL,混匀后,先以每分钟 500 转的速度离心 5 min,吸取含有少量红细胞及白细胞的上层血浆,补加少量生理盐水,再以每分钟2 500 转的速度离心10 min,取其沉淀物涂片染色即可。该法处理后可显著提高虫体的检出率。

泰勒虫病患羊,除进行血液检查外,还必须做淋巴穿刺,采取淋巴穿刺物涂片染色后镜检石榴体。死后诊断则可以淋巴结等直接涂片染色镜检。

4. 防治措施　可选用下列药物治疗:

(1)贝尼尔:剂量按每千克体重 7～10 mg,以蒸馏水配成 2%溶液,肌内注射 1 或 2 次。

(2)阿卡普林:剂量按每千克体重使用5%的水溶液 0.02 mL,皮下或肌内注射。脉搏加快时,可将总量分 3 次注射,每 2 h 1 次。必要时,24 h 后可重复用药。

(3)黄色素:剂量每千克体重 3 mg,配成 0.5%～1.0%水溶液,静脉注射。注射时药物不可漏出血管外。注射后数天内须避免强烈阳光照射,以免灼伤。症状未见减轻时,间隔24～48 h 再注射 1 次。

治疗同时应辅以强心、补液等措施,加强管护,以使患羊早日治愈。

(4)预防:在本病的流行地区,应于每年发病季节对羊群进行药物预防注射;同时做好灭蜱工作,防止蜱叮咬传播疾病,对购入的羊,应经隔离检疫后再合群。

参考文献

1 王建民编．波尔山羊饲养与繁育新技术．北京：中国农业大学出版社，2000

2 徐桂芳主编．肉羊饲养技术手册．北京：中国农业出版社，2000

3 杨和平主编．牛羊生产．北京：中国农业出版社，2001

4 内蒙古家畜改良工作站．家畜胚胎移植技术培训讲义，1996

5 内蒙古家畜改良站．羊胚胎移植技术规程．内蒙古自治区地方标准，1999

6 王兴元，郎介金主编．动物繁殖学．南京：江苏科学技术出版社，1993

7 中央农业广播电视学校．家畜饲养学．北京：中国农业出版社，1999

8 李英，郭泰，等编．肉羊快速育肥技术手册．北京：中国农业出版社。1997

9 沈正达主编．羊病防治手册．修订版．北京：金盾出版社，1998

10 山西农业大学主编．养羊学．北京：农业出版社，1981

图书在版编目(CIP)数据

肉羊生产技术指南/冯德民主编.—北京:中国农业大学出版社,2003.6

(全方位养殖技术丛书)

ISBN 7-81066-574-X/S·460

Ⅰ.肉… Ⅱ.冯… Ⅲ.肉用羊-饲养管理-指南 Ⅳ.S826.9-62

中国版本图书馆 CIP 数据核字(2002)第 019786 号

出版发行 中国农业大学出版社
经　　销 新华书店
印　　刷 莱芜市圣龙印务有限责任公司
版　　次 2003 年 6 月第 1 版
印　　次 2006 年 11 月第 2 次印刷
开　　本 32　10 印张　245 千字
规　　格 850×1 150
定　　价 14.00 元

图书如有质量问题本社负责调换

社址 北京市海淀区圆明园西路 2 号　**邮政编码** 100094

电话 010-62732633　**网址** www.cau.edu.cn/caup

致读者

为提高“三农”图书的科学性、准确性、实用性，推进“三农”出版物更加贴近读者，使农民朋友确实能够“看得懂、用得上、买得起”的优秀“三农”图书进一步得到市场的认可、发挥更大的作用，中央宣传部、新闻出版总署和农业部于2006年6～7月份组织专家对“三农”图书进行了认真评审，确定了推荐“三农”优秀图书150种(套)(新出联〔2006〕5号)。我社共6种(套)名列其中：

无公害农产品高效生产技术丛书

新编21世纪农民致富金钥匙丛书

全方位养殖技术丛书

农村劳动力转移职业技能培训教材

科学养兔指南

养猪用药500问

这些图书自出版以来，深受广大读者欢迎，近来一次性较大量购买的情况较多，为方便团体购买，请客户直接到当地新华书店预购，特殊情况可与我社联系。联系人董先生，电话010－62731190，司先生，010－62818625。

中国农业大学出版社

2006年9月